パワーオートメイトフォーデスクトップ

Power Automate for desktop

× チャットジーピーティー

ChatGPT

業務自動化 開発入門

RPA と AI による自動化 & 効率化テクニック

アールピーエー　エーアイ

株式会社完全自動化研究所 小佐井 宏之 ｜著｜

JN240135

SE
SHOEISHA

本書内容に関するお問い合わせについて

　このたびは翔泳社の書籍をお買い上げいただき、誠にありがとうございます。弊社では、読者の皆様からのお問い合わせに適切に対応させていただくため、以下のガイドラインへのご協力をお願い致しております。下記項目をお読みいただき、手順に従ってお問い合わせください。

ご質問される前に

　弊社Webサイトの「正誤表」をご参照ください。これまでに判明した正誤や追加情報を掲載しています。

　正誤表　https://www.shoeisha.co.jp/book/errata/

ご質問方法

　弊社Webサイトの「書籍に関するお問い合わせ」をご利用ください。

　書籍に関するお問い合わせ　https://www.shoeisha.co.jp/book/qa/

　インターネットをご利用でない場合は、FAXまたは郵便にて、下記〝翔泳社 愛読者サービスセンター〟までお問い合わせください。

　電話でのご質問は、お受けしておりません。

回答について

　回答は、ご質問いただいた手段によってご返事申し上げます。ご質問の内容によっては、回答に数日ないしはそれ以上の期間を要する場合があります。

ご質問に際してのご注意

　本書の対象を超えるもの、記述個所を特定されないもの、また読者固有の環境に起因するご質問等にはお答えできませんので、予めご了承ください。

郵便物送付先およびFAX番号

　送付先住所　〒160-0006　東京都新宿区舟町5
　FAX番号　　03-5362-3818
　宛先　　　　（株）翔泳社 愛読者サービスセンター

はじめに

　Microsoftが提供するデスクトップ型RPA「Power Automate for desktop」は、毎月アップデートされ、強力な業務自動化ツールへと進化しています。また、ChatGPTを代表とする生成AIも日々進化し、世界に衝撃を与え続けています。この両者を組み合わせる鍵は「OpenAI API」にあります。

　本書では、Power Automate for desktopからOpenAI APIを使ったAIへの質問と応答から始まり、AIと会話を行うチャットボットへと発展します。このAIと会話を行うチャットボットを共有化して、複数のフローから利用できるようにします。その後は、この共通チャットボットを利用して業務効率化を行う特化型チャットボットへと応用する流れです。実際に本書で紹介するチャットボットアプリの動作は、Power Automate for desktopとAIを組み合わせることで実現しています。

　無料版のPower Automate for desktopの開発技術を向上させたい、AIも活用したいというITエンジニアの方々にとって、最初から最後までじっくりと楽しめる一冊になっていると自負しています。それでは、いっしょに未知なる旅に出かけましょう！

2024年9月吉日
株式会社完全自動化研究所
代表取締役社長　小佐井宏之

書籍の内容

　本書の手順に沿って開発すると、AIを組み込んだ独自のチャットボットアプリが作れます。**図1**をご覧ください。最初にAIと日常的な会話を行っていますが、次に「AA商事の営業を担当している人って誰ですか？」と質問しています。「AA商事」は筆者が作った架空の会社名ですので、AIが知っているはずがありませんよね？しかし、適切な回答を得られます。さらに、「このやり取りをメール送信してください」と依頼しています。さて、どんな結果になるでしょうか？

　この画面も興味深いですよね。Power Automate for desktopを使って、思い通りの入力画面を作成する方法も理解できます。

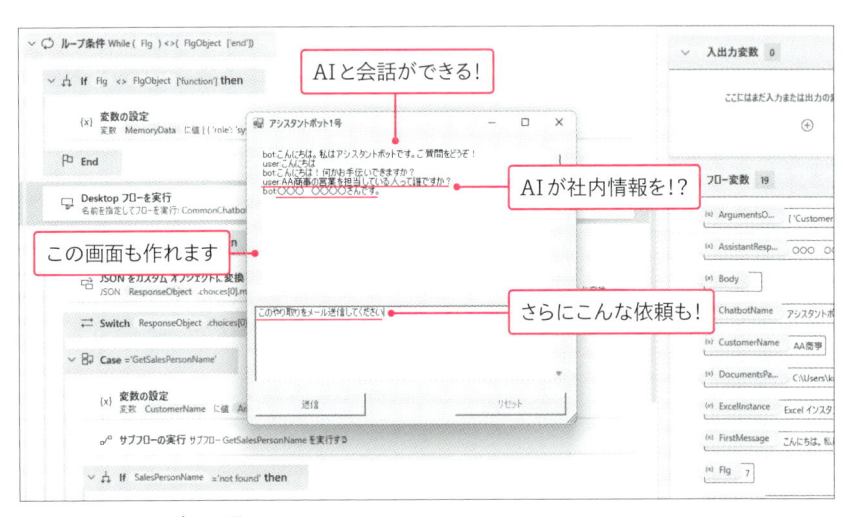

図1：アシスタントボット1号

　この本で開発方法を解説しているAIチャットボットアプリをもう1つ紹介します。**図2**のデータゲットボットは顧客情報分析が得意です。「売上累計の高い上位10人を抽出してください。」という依頼に応えて、データを抽出して画面に表示してくれます。データ保存機能も完備しています！

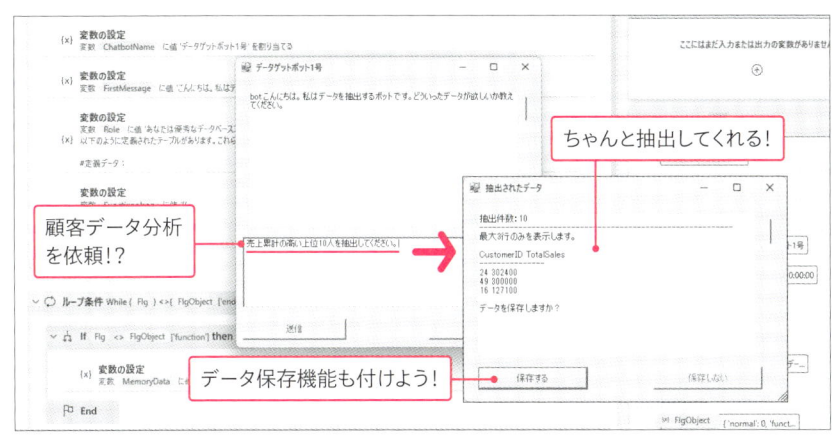

図2：データゲットボット1号

　いかがでしょうか。このように自然言語でデータやパソコンを操作できるように
なれば、ITエンジニアでないユーザーでも簡単に高度なデータ分析やデータ抽出が
できるようになりますよね。情報システム部門としても、ユーザー部門からの依頼
や問い合わせが削減され、業務負荷が軽減されるでしょう。

対象読者

　本書は、情報システム部門に勤務するITエンジニアを対象とし、Power Automate
for desktopによる業務自動化の基本的な知識と技術を基盤に、さらにAIを組み合
わせた効率化テクニックを探求する方のために書かれています。重要な点として、
この本は生成AIの専門書ではなく、Power Automate for desktopを使ったプロ
グラミングの本であり、フロー開発や設計技法を身に付けることを目的としていま
す。その上で、AIを実務に活用するアイデアを展開しています。

　ChatGPTとPower Automate for desktopの基礎知識については非常に簡易的
な解説を提供しており、Chapter2は「プログラミングの基礎が身に付いているが、
Power Automate for desktopを使ったことがない」エンジニアを対象としていま
す。それ以外の部分は、Power Automate for desktopでの開発経験があるエンジ
ニアを想定して書かれています。JSONやカスタムオブジェクト、APIの利用など、
エンジニアではない方には難しい内容が含まれていますので、基礎的なIT知識を身
に付けた上で本書を読むことをお勧めします。

特別難しい技術は使っていないため、初級のITエンジニアでも理解できます。情報システム部門に所属しているが「プログラミングが苦手」という方でも、本書の手順通りに操作すれば、誰でも同じゴールにたどり着けます。

OpenAI APIへの登録

本書ではOpenAI APIを利用します。そのため、本書の内容を試すには、OpenAI APIを利用できる状態にセットアップできる程度のITリテラシーが必要です。

本書で実装するフローでは、高額な費用が発生することはありませんが、多少の料金が発生する可能性があります。個人的に数千円程度の料金を支払う可能性がありますので、その理解がある方を前提としています。OpenAI APIは、3ヶ月限定で5ドル分まで無料で利用できます。ただし、クレジットカードの情報を設定する必要はあります。

本書で扱わないこと

生成AIの仕組み、機械学習の専門知識などについては解説しません。これらについて詳しく知りたい方は専門書を読むことをお勧めします。

本書のサンプルのテスト環境

本書のサンプル（サンプルフロー）は以下の環境で、問題なく動作することを確認しています。なお、インターネットに接続できる環境で実行していることが前提です。

- OS：Windows11 Pro
- Power Automate for desktop：バージョン2.45
- Excel：Microsoft365 バージョン2406
- Outlook：Microsoft365 バージョン2406
- SQLite：バージョン3.45.3
- OpenAI APIで使用するモデル：gpt-4o mini

付属データと会員特典データについて

🔲 付属データのご案内

付属データは、以下のサイトからダウンロードして入手いただけます。

- 付属データのダウンロードサイト
URL https://www.shoeisha.co.jp/book/download/9784798184319

注意

付属データに関する権利は著者および株式会社翔泳社が所有しています。許可なく配布したり、Webサイトに転載することはできません。

付属データの提供は予告なく終了することがあります。あらかじめご了承ください。

図書館利用者の方もダウンロード可能です。

🔲 会員特典データのご案内

会員特典データは、以下のサイトからダウンロードして入手いただけます。

- 会員特典データのダウンロードサイト
URL https://www.shoeisha.co.jp/book/present/9784798184319

注意

会員特典データのダウンロードには、SHOEISHA iD（翔泳社が運営する無料の会員制度）への会員登録が必要です。詳しくは、Webサイトをご覧ください。

会員特典データに関する権利は著者および株式会社翔泳社が所有しています。許可なく配布したり、Webサイトに転載することはできません。

会員特典データの提供は予告なく終了することがあります。あらかじめご了承ください。

図書館利用者の方もダウンロード可能です。

免責事項

　付属データおよび会員特典データの記載内容は、2024年9月現在の法令等に基づいています。

　付属データおよび会員特典データに記載されたURL等は予告なく変更される場合があります。

　付属データおよび会員特典データの提供にあたっては正確な記述につとめましたが、著者や出版社などのいずれも、その内容に対してなんらかの保証をするものではなく、内容やサンプルに基づくいかなる運用結果に関してもいっさいの責任を負いません。

　付属データおよび会員特典データに記載されている会社名、製品名はそれぞれ各社の商標および登録商標です。

著作権等について

　付属データおよび会員特典データの著作権は、著者および株式会社翔泳社が所有しています。個人で使用する以外に利用することはできません。許可なくネットワークを通じて配布を行うこともできません。個人的に使用する場合は、ソースコードの改変や流用は自由です。商用利用に関しては、株式会社翔泳社へご一報ください。

2024年9月

株式会社翔泳社　編集部

CONTENTS

Chapter4　AIと会話を続けるフローの開発　049

Chapter9 ChatGPTとPower Automate for desktopの拡張と進化 285

Chapter1

ChatGPTの基礎知識

ChatGPTという言葉に触れない日はほとんどありませんね。この本の中で直接的にChatGPTを操作することはありませんが、ChatGPTの基礎的な知識を確認しておくことが、この先の開発に役立ちます。特に、「プロンプトのコツ」、「ChatGPTの有料プランとは」といったセクションは重要なので、しっかりと理解していただくことが大切です。

1.1 ChatGPTとは何か

ChatGPTはOpenAIが開発した大規模言語モデル（LLM）の1つであるGPT（Generative Pre-training Transformer）を応用した対話型AIです。LLMについては、「MEMO：大規模言語モデル（LLM）とは何か」を参照してください。ChatGPTは、事前に大量のテキストデータを学習し、その知識を基にしてユーザーと自然な形でコミュニケーションを取ることができます。これにより、日常会話から専門的な問い合わせまで、幅広いトピックに対応することが可能です。

MEMO 大規模言語モデル（LLM）とは何か

大規模言語モデル（Large Language Model, LLM）とは、膨大なテキストデータを用いてパターンや関連性を学習する深層学習モデルです。LLMは、文章生成、質問応答、機械翻訳、文書要約などの自然言語処理タスク（NLP）を高精度で実行できます。代表的なLLMには、OpenAIの「GPT-3.5」「GPT-4」「ChatGPT-4o」、Googleの「PaLM2」や「LaMDA」、Metaの「Llama2」などがあります。これらのモデルは、それぞれの強みを活かし、様々な分野で利用されています。

ChatGPTはLLMを利用したサービスの一例です。ChatGPTは対話形式のタスクに特化しており、ユーザーとの自然なやり取りを実現するために設計されています。

LLMは、教育分野、カスタマーサポート、クリエイターの支援など、応用範囲が広がり続けています。理解と活用が進むことで、さらなる技術革新が期待されています。

1.2 ChatGPTが注目される理由

　ChatGPTは、高い自然言語理解能力と生成能力によって注目されています。このモデルは過去のデータを参照するだけでなく、新しい内容を作り出すことができるため、従来のITツールとは異なる価値を見出す人が増えています。一方で、その強力な能力はポジティブな側面だけでなく、様々な懸念点も引き起こしており、これらの視点についてはChapter9の「9.1 ChatGPTのポジティブな視点と懸念点」で詳細に触れます。

> **COLUMN　ChatGPTの衝撃**
>
> AI研究者でもない一般人がAIと会話できる時代は、遠い未来の話だと思っていました。しかし、ChatGPTの登場により、その未来は驚くべき速さで現実となりました。しかも、難しい技術を必要とせず、テキストボックスに文章を入力するだけで、ほとんどのことに答えてくれるだけでなく、仕事も手伝ってくれる非常に優秀な仕事仲間として登場したのです。普段使用するツールやサービスにもAIがどんどん組み込まれており、AIを利用することが日常になってきています。
>
> 筆者はWindowsが発売される前からパソコンを触っていましたが、ChatGPTの登場は、Windowsやインターネットの登場を超える衝撃かもしれません。30年前にパソコンに触れたことで筆者の人生は変わりましたが、同様に、今の段階でAIに触れておくことは、10年後、20年後に大きな差を生むでしょう。

1.3 ChatGPTの使い方

　多くの読者の方々がすでにChatGPTを使用した経験があるでしょう。そのため、本書ではすでに広く知られている登録方法についての詳細は省略します。このセクションでは、基本的な使い方について簡潔に触れておくことにします。

　ChatGPTの入力ボックス（図1.1.❶）に質問や依頼文を入力して、[Enter] キーを押すと、ChatGPTが応答します。この質問や依頼文のことを「プロンプト」と呼びます。

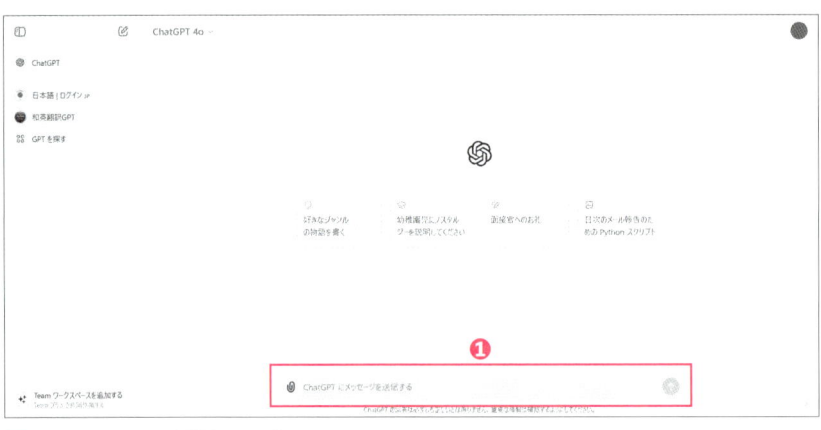

図1.1：ChatGPTの画面イメージ

　たとえば、「東京のおすすめの観光地を教えてください」と入力すると、答えてくれます。もっと詳細を知りたい場合は追加の質問をすると、さらに詳しい情報を答えてくれます。

　ChatGPTは、1つのチャットの中で行った会話を記憶しているため、スムーズな会話を行うことができます。「銀座の中では？」といった中途半端な質問を続けても、「銀座の中で特におすすめのスポットは○○です」と答えてくれます。

　別の会話を行いたいときは、画面左上の「ChatGPT」をクリックすることで、新しいチャットに切り替わります。

1.4 プロンプトのコツ

プロンプトの内容によってはAIの応答の精度も変わるため、簡単にコツを押さえておきましょう。

第一に、「明確な指示」が重要です。具体的で明確な指示を出すことで、AIはユーザーの要求を理解しやすくなり、適切かつ正確な応答が可能になります。

第二に、「範囲と制限」を伝えることです。タスクを適切に実行するために必要な背景情報、範囲や制限を含めると、精度が向上します。これにより、AIの解釈の余地を減らし、求める結果に近づけます。

第三に、プロンプトを用いた「会話の継続と微調整」です。初回のプロンプトで完璧な結果を得られるとは限りません。AIの応答を評価し、必要に応じてプロンプトを微調整して試行錯誤を重ねることが大切です。

> **COLUMN 注目されるプロンプトエンジニアリング**
>
> 生成AIの普及により、「プロンプトエンジニアリング」という技術が注目されています。「プロンプトエンジニアリング」とは、生成AIから正確で有用な回答を得るために、最適なプロンプトを設計・開発する技術のことです。
> この技術の発展に伴い、「プロンプトエンジニア」という職業も登場しています。プロンプトエンジニアには、生成AIの基本的な知識に加え、以下の能力が求められます。
> ・明確で具体的な指示を作成する文章力
> ・AIが適切な応答を返すために必要な背景情報やシナリオを提供する能力
> ・プロンプトの設定やテストを行うためのプログラミングスキル
> ・ユーザーからのフィードバックを基にプロンプトを改善し続ける能力
> 今後も成長が期待される分野であるため、挑戦してみるのも面白いかもしれません。

1.5 ChatGPTの有料プランとは

ChatGPTは無料プランの他にも複数の有料プランを提供しています。

1.5.1 ChatGPT Plus

ChatGPT Plusは、追加の費用で提供されるプランです。ChatGPTの無料プランでは最新のAIモデルであるGPT-4oが利用できます。ただし、3時間毎の使用制限があり、制限に達するとGPT-4o miniを使用して会話を続けるか、ChatGPT Plusにアップグレードするよう勧められます。

ChatGPT Plusのユーザーは、無料プランの5倍の使用量が許可されており、使用制限に達した場合でもGPT-4にアクセスできます。また、高速な応答速度と優先サポートなどの利点があるため、ビジネスや研究用途に適しています。

1.5.2 OpenAI API

本書で利用しています。OpenAI APIを利用するには費用がかかりますが、初めてのユーザーは登録してから3ヶ月間は最大$5分まで無償で使用できます。このAPIを通じて、開発者はGPTを自らのアプリケーションやサービスに組み込むことが可能になります。

Chapter 2

Power Automate for desktop の基礎知識

このChapterでは、Power Automate for desktopの基本的な使い方について説明します。本書は、Power Automate for desktopを利用したことのあるITエンジニアを対象としていますので、主要なポイントのみを解説します。もしPower Automate for desktopについてまったく知識がなく、基本的な知識を得たい場合は、他の書籍やインターネットで学んでください。

著者の書籍『Power Automate for desktop 業務自動化最強レシピ』（翔泳社）や完全自動化研究所のサイト URL https://marukentokyo.jp にも情報がありますので、そちらもご参照ください。

2.1 Power Automate for desktopとは

Power Automate for desktopは、Microsoftが提供するデスクトップ型RPAです。Windows11には標準でインストールされているため、別途Power Automate for desktopをインストールする必要はありません。

本書はOSがWindows11であることを前提として執筆しています。しかし、もしWindows10を使っている場合は、以下のURLでPower Automate for desktopのインストール方法を参照してください。

- Power Automate のインストール
URL https://learn.microsoft.com/ja-jp/power-automate/desktop-flows/install

---

MEMO Power Automateとの関係

デスクトップ型RPA「Power Automate for desktop」と、RPAソリューション「Power Automate」の関係について解説します。
「Power Automate for desktop」は、「Power Automate」の一機能です。詳しく見ていきましょう。「Power Automate」には、クラウドフローとデスクトップフローという2種類のフローがあります。

・クラウドフロー
クラウド上で実行され、Webサービスやクラウドアプリケーション、APIとの連携を通じて自動化を行います。

・デスクトップフロー
ローカルコンピュータ上で実行される自動化フローで、「Power Automate for desktop」を利用してExcelやブラウザーなどのデスクトップアプリケーションやファイルシステムの操作を自動化します。

・クラウドフローとデスクトップフローの関係
クラウドフローからデスクトップフローを呼び出すことで、クラウドとローカルの両方のリソースを連携させた自動化を実現できます。ただし組織の有料アカウントが必要です。詳しくは「2.2.1 アカウントの種類による利用できる機能の違い」を参照してください。

初めてPower Automate for desktopを起動する際には、Microsoftアカウントでサインインする必要があります。使用できる機能はMicrosoftアカウントの種類によって異なるため、この点を理解しておくことが重要です。

アカウントの種類による利用できる機能の違い

Microsoftアカウントの種類による利用できる機能の違いを**表2.1**で示します。本書では「個人のMicrosoftアカウント」を使用することを前提としています。

表2.1：Microsoftアカウントの種類と機能

項目	個人のMicrosoft アカウント	組織のMicrosoft アカウント[1]	組織の有料 アカウント
Power Automate for desktopの利用	○	○	○
Power Automate for desktopの手動実行	○	○	○
アテンド型RPAデスクトッ プフローのスケジュール実 行[2]	×	×	○[3]
フローの実行監視、 ログの表示	×	×	○
フローの共有	×[4]	×[4]	○

※1　組織のMicrosoftアカウント：職場または学校アカウント
※2　アテンド型RPA：Windowsにユーザーがログインしている状態で実行されるRPA。ユーザーとRPAが共同で業務を実行する半自動化に向いている。一方、Windowsにユーザーがログインしていない状態であっても、バックグラウンドで実行されるRPAを非アテンド型のRPAと呼ぶ
※3　非アテンド型の完全自動化実行のためには、非アテンド型RPAアドオンの購入が必要
※4　コピー＆ペーストにより共有することはできる（本書のサンプルフローもこの方式を利用している）

ライセンスについては変更があるかもしれませんので、以下のサイトをご確認ください。

- Power Automate の価格
URL https://www.microsoft.com/ja-jp/power-platform/products/power-automate/pricing#compare-plans

2.2.2 有料プランを検討するのはどんなとき？

　本書では、無料で使用できる範囲内でPower Automate for desktopを活用する方法について解説していますが、有料プランを検討するのはどのような場合なのでしょうか？

2.2.2.1 フローをスケジュール実行したい場合

　「毎朝7時から売上集計表を自動的に作成し、8時ちょうどに関係者にメール送信したい」といった要望がある場合、無人でスケジュール実行するためには有料プランが必要です。休日も含めて毎日手動で実行するのは、現実的ではありません。

2.2.2.2 フローを簡単に共有したい場合

　無料版のPower Automate for desktopでも、アクションをコピーしてテキストとして保存し、他のユーザーに渡して共有することは可能です。本書のサンプルフローもこの方法で提供しています。しかし、多人数でフローを簡単に共有したい場合や、フローのアクセス権管理を行いたい場合は、有料プランを検討することをお勧めします。詳しくは以下のURLをご参照ください。

- デスクトップ フローの管理
URL https://docs.microsoft.com/ja-jp/power-automate/desktop-flows/manage

2.2.2.3 フローの稼働状況を監視したい場合

　企業がPower Automate for desktopを運用する際、フローが想定通りに実行されているかどうかを監視することが重要です。このような管理が必要な場合は、有料プランを検討してください。詳しくは以下のURLをご参照ください。

- デスクトップ フロー活動
URL https://learn.microsoft.com/ja-jp/power-automate/desktop-flows/desktop-flow-activity

2.3

Power Automate for desktop の基礎知識

Power Automate for desktop の画面と変数についての基礎的な知識について解説します。

2.3.1 画面の基礎知識

Power Automate for desktop の画面構成を把握しましょう。

Power Automate for desktop はフローの実行と管理を行う「コンソール」とフローの作成と編集を行う「フローデザイナー」という2つの画面から構成されています。それぞれ解説します。

2.3.1.1 コンソール

Power Automate for desktop を起動したときに最初に現れる画面がコンソールです。コンソールの［自分のフロー］タブではフローの実行と管理を行います（図2.1）。

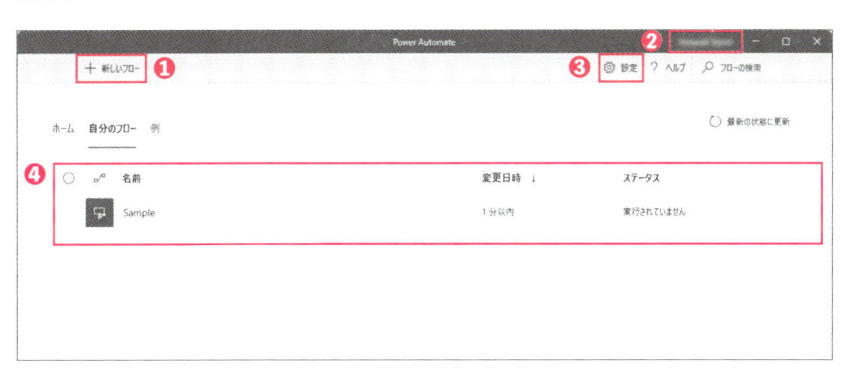

図2.1：コンソール

❶ 新しいフロー：新しいフローを作成することができます。

❷ サインインアカウント名：サインインしているアカウント名が表示されます。

❸ 設定：Power Automate for desktop の設定を行います。

❹ フローの一覧：すべてのフローが一覧で表示されるエリアです。

フローの一覧をもう少し詳しく解説します（図2.2）。最初にコンソールを開いた場合、フローの一覧は空なので、フローを作成しながら確認してください。

図2.2：フローの一覧

❶実行：フローを実行します。

❷停止：フローを停止します。

❸編集：フローを編集するためのフローデザイナーが起動します。

❹その他のアクション：フローの削除、名前の変更、コピーができます。

❺フローの状態：フローの現在の状態が表示されます。ダウンロード中、実行中などがあります。

2.3.1.2 フローデザイナー

フローデザイナーは、アクションを組み合わせてフローを作成する際に使用します（図2.3）。この画面は、コンソールに表示されているフローの［編集］（図2.2❸）をクリックすることで起動します。

図2.3：フローデザイナー

❶メニューバー：フローの保存や実行など、フローの作成に必要な各種操作にアクセスできます。

❷アクションペイン：自動化に必要な部品である「アクション」がグループ毎に分類されて格納されています。

❸ワークスペース：アクションを組み合わせてフローを作成するためのスペースです。

❹ツールバー：フローの保存やデバッグモードでの実行など、フロー開発に必要な機能にアクセスできます。またレコーダー機能のボタンもここに配置されています。

❺[Main] タブ：[Main] タブをクリックすると、メインフローが表示されます。これはフロー実行時に最初に実行されるフローであり、他のサブフローとは異なり、「削除できない」、「名前を変更することができない」という特徴があります。

❻[サブフロー] タブ：[サブフロー] タブでは、サブフローの一覧が表示されます。サブフローを使用することで、アクションの組み合わせを1つの単位としてまとめることができます。

❼変数ペイン：フローで使用する変数の検索、変数名の変更、および変数に格納された値の確認が可能です。

❽UI要素ペインに切り替えるボタン：フローで使用するUI要素が管理できます。

❾状態バー：フローのステータス、選択されたアクション、フロー内のアクション数、サブフローの数が表示されます。フローの実行中は、実行開始からの経過時間やエラーの数も表示されるため、フローのテスト時に役立ちます。

2.3.2 | 変数の基礎知識

2.3.2.1 | 変数名のルール

Power Automate for desktopでは変数名をパーセント文字（%）で囲む必要があります（図2.4）。

図2.4：Power Automate for desktopにおける変数名の記述法

変数名を数値で始めることはできません。また使用できる記号はアンダースコア（_）のみです。変数名に日本語を使用することも可能です。

2.3.2.2 | データ型

変数で保持・参照できるデータや値の種類には、数値、テキスト、日付、ファイルなど様々なデータ型があります。**表**2.2にいくつかの例を挙げます。

表2.2：変数のデータ型と説明

データ型	説明
テキスト型	テキスト（文字列）を扱います。
数値型	数値を扱います。算術演算を行った結果を変数に格納することもできます。
Datetime型	日付や時間を扱います。「月日年 時間」という形式で表現されています。
ブール値型	「True（真）」もしくは「False（偽）」のいずれかが格納されます。
リスト型	複数の値を1つの変数で管理できるデータ型です。表の中の1列を管理するイメージです。格納されている値は、行番号を使用して取得できます。「%変数名[行番号]%」と記述します。行番号は0番目から始まる点に注意してください。
データテーブル型	複数の値を1つの変数で管理できるデータ型です。表全体を管理するイメージです。データテーブルには行と列が含まれています。格納されている値は、行と列の番号を使用して取得できます。「%変数名[行番号][列番号]%」と記述します。行番号も列番号も0番目から始まる点に注意してください。
カスタムオブジェクト型	様々なデータフィールドを1つの単位としてまとめることができるデータ構造です。これにより、異なる種類の情報（たとえば、文字列、数値、日付など）を含む複雑なデータを1つのオブジェクトとして扱うことが可能になります。
インスタンス型	[Excelの起動]アクションや[新しいMicrosoft Edgeを起動する]アクションなどで生成される変数に適用されるデータ型です。インスタンスとはExcelやブラウザーなどのアプリケーションが起動して操作できる状態にあるものを指します。日本語では「実体」と訳されることが多いです。 インスタンス型の変数は、後のアクションで操作対象を指定する際に使用されます。
ファイル型	ファイルの情報が格納されたデータ型で、ファイルのパス、ファイル名、拡張子などが含まれています。
フォルダー型	フォルダーの情報が格納されたデータ型で、フォルダーのパス、名前、作成日などが含まれています。

Chapter3

Power Automate for desktopと AIの連携方法

AIのできることとPower Automate for desktopのできること
は補完関係にあり、それぞれが頭脳と手の役割を果たします。
従来は人間が主に知的作業を担っていましたが、今後はAIがこ
の役割を代替する場面が増えていくでしょう。たとえば、AIの自
然言語処理能力を利用してユーザーの依頼を理解し、Power
Automate for desktopを使ってデータ入力、レポート生成、E
メールの返信などの処理を自動で行うことができます。このよう
に組み合わせることで、業務自動化の効率と効果が大幅に向上
します。

3.1 連携プロセスの概要

　ChatGPTを開発し運営しているOpenAIは、外部からChatGPTのAIモデルにアクセスできるAPI(Application Programming Interface)を提供しています。このAPIは「OpenAI API」と呼ばれており、業務の自動化を行う開発者はこれを利用して自分の自動化プロジェクトにChatGPTと同様の機能を組み込むことが可能です。

　本書では、Power Automate for desktopとの連携を通じて、より高度な業務プロセスの自動化を実現する方法を探求します。具体的な技術解説は「3.3 OpenAI APIを利用するフローの開発」で行いますので、ここでは連携プロセスの概要を以下の3つのステップに分けて解説します。

1 OpenAI APIの呼び出し

　Power Automate for desktopからOpenAI APIを呼び出します。その際、認証情報、エンドポイントURL、およびリクエストパラメータを指定します。

2 APIレスポンスの受け取りと解析

　API呼び出し後、Power Automate for desktopはOpenAI APIからのレスポンスを受け取ります。レスポンスには、質問や依頼に対する応答、出力が終了した理由、使用したトークンの数などの情報が含まれます。これを解析し、必要なデータを抽出します。

3 レスポンスデータの利用

　解析したレスポンスデータを利用します。たとえば、レスポンスから得られたSQLステートメントでデータベースクエリを実行する、文章の要約を報告書に含めるなどが可能です。

3.2 OpenAI APIの基本とキーの取得

OpenAI APIの基本と利用料金について理解しましょう。その後、OpenAI APIのキーを取得する方法について解説します。

3.2.1 言語モデルとAPI

OpenAIの文章生成APIには「Completions API」と「Chat Completions API」があります。APIエンドポイントと対応するモデルを**表3.1**にまとめています。公式のドキュメントは以下のURLを確認してください。

- Generate text from a prompt
URL https://platform.openai.com/docs/guides/text-generation

表3.1：APIエンドポイントと対応するAIモデル

APIとAPIエンドポイント	対応するモデル
https://api.openai.com/v1/completions	davinci-002 babbage-002 gpt-3.5-turbo-instruct
Chat Completions API/v1/chat/completions	gpt-3.5-turbo gpt-4 gpt-4-turbo gpt-4o gpt-4o-mini

Chat Completions APIは、チャットベースのタスクに最適化されています。本書ではChat Completions APIを使用します。そのため、「OpenAI API」と言及されている場合はChat Completions APIのことを指していますので、この点をご留意ください。

また、本書ではAIモデルを単に「AI」と表現しています。AIを細かく定義すると説明が複雑になり、「Power Automate for desktopを用いてAIを活用し業務自動化を行う」という趣旨が伝わりにくくなる可能性があるためです。専門的に追求したい場合は、より正確な定義に基づいて理解していただければと思います。

3.2.2 OpenAI APIの利用料金

OpenAI APIを使用するには費用がかかります。しかし大規模に使うのでなければ、高いものではありませんし、本書の内容を試してみるだけなら無料期間を利用すれば十分です。

OpenAIは新規ユーザーに対して、最初の3ヶ月間で使用できる$5分のトライアルクレジットを提供しています（2024年9月時点）。本書を読んで開発を始める場合は、このトライアルクレジットを使用してください。ただし、トライアルクレジットを利用するためには、クレジットカードの情報を設定する必要があるので、ご注意ください。

では、**表3.2**で価格を確認していきましょう。

表3.2：モデル毎の価格比較

モデル	知識のカバー期間	Inputの価格 （100万トークンあたり）	Outputの価格 （100万トークンあたり）
gpt-4o-mini	2023年10月まで	$0.150	$0.600
gpt-4o	2023年10月まで	$5.00	$15.00
gpt-4-turbo	2023年4月まで	$10.00	$30.00
gpt-3.5-turbo	2021年9月まで	$0.50	$1.50

gpt-4o-miniは2024年7月18日に発表され、gpt-3.5-Turboの半額以下の利用料金でありながら、精度が高いことで話題になりました。本書ではgpt-4o-miniを利用します（2024年9月時点ではgpt-4o-mini-2024-07-18モデルが選択されます）。

ただし、この利用料金と無料期間は2024年9月時点の情報ですので、今後変更があるかもしれません。最新情報は以下のURLで確認してください。

• Pricing
`URL` https://openai.com/api/pricing

📄 MEMO トークンとは

OpenAI APIにおけるトークンは、AIモデルが処理するテキストの単位で、文章や単語を小さな部分に分けたものです。たとえば、日本語の文「こんにちは、世界！」を考えてみましょう。この文をトークンに分割すると、以下のようになります。

1. こんにちは
2. 、
3. 世界
4. ！

つまり「こんにちは、世界！」の場合、4トークン使用することになりますね。

しかし、実際は必ずしも単語と一致するわけではなく、どのようにトークン化されるかはわかりません。実際の文章のトークン数を知りたい場合は、OpenAIの公式サイトで提供されているTokenizerを利用するとトークン数を知ることができます。

• Tokenizer
URL https://platform.openai.com/tokenizer

著者がTokenizerで「こんにちは、世界！」を試してみたときには6トークンに分割されました。

英語の場合、単語間は空白で区切られているため、トークン化は比較的簡単です。たとえば、"Hello, world!"は4つのトークン（`Hello`、`,`、`world`、`!`）に分割されるでしょう（実際Tokenizerでも4トークンでした）。

このように、日本語のトークン数は英語に比べて多くなる可能性があり、これがAPIの利用料金に影響を与えます。OpenAI APIはトークン数に基づいて課金されるため、日本語のテキストは英語のテキストに比べてコストが高くなりやすいです。

3.2.3 | OpenAI APIのキーを取得する

　OpenAIのアカウントを作成し、APIセクションから新しいAPIキーを生成することでOpenAI APIのキーを取得できます。APIキーの取得方法を解説します。

3.2.3.1 | ログインする

　OpenAIの公式サイトにアクセスして、画面上のメニュー内の「API Login」からログインしてください。アカウントを作成していない場合は、アカウントを作成してからログインしてください。

- OpenAIの公式サイト
`URL` https://openai.com/

　ログインするとサービスを選択する画面に遷移するので（`URL` https://platform.openai.com/apps）、［API］（図3.1 ❶）を選択してください。

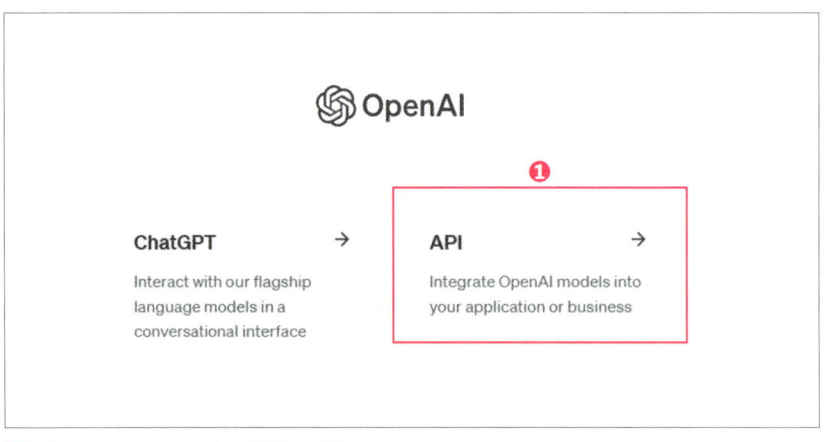

図3.1：OpenAIのサービスを選択する画面

3.2.3.2 | ［API keys］をクリックする

　［WebCome to Playground］画面が表示されるので、画面右下の［Get started］をクリックしてください。PlaygroudのAssistants画面が表示されます（図3.2）。画面右上の「Dashboard」をクリックして（図3.2 ❶）画面左端の［API keys］をクリックしてください（図3.2 ❷）。

図3.2：Playground の Assistants 画面

3.2.3.3 | 電話番号の認証を行う

APIキーの一覧画面に遷移します（**図3.3**）。APIキーを作成するには電話番号の認証が必要です。認証が終わっていない場合は、「Verify your phone number to create an API key」というメッセージと共に［Start verification］ボタンが表示されます（**図3.3❶**）。

こちらでも電話番号認証が可能ですが、この上にある［+ Create new secret key］ボタンをクリックしてください（**図3.3❷**）。

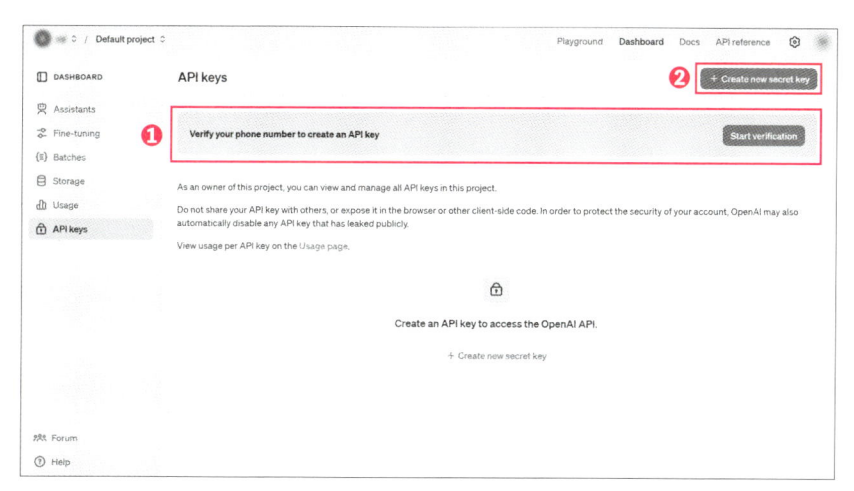

図3.3：APIキーの一覧画面

3.2.3.4 APIキーの作成

［Verify your phone number］画面が表示されるので、電話番号認証を行ってください。すでに電話番号が登録されている場合は、「APIの無料利用枠が付与されない」という趣旨のメッセージが表示されます。認証が完了すると、［Create new secret key］画面が表示されるので（図3.4）、［Name］に任意の名前を入力してください。ここでは「MyAPIKey」と入力しました（図3.4❶）。入力しなくても「Secret Key」といった名前が自動で入りますし、後で修正することもできます。

［Permissions］は「All：全て」「Restricted：制限あり」「Read Only：読み取り専用」が選択できます。これを設定することによりAPIの使用に対してセキュリティがかけられます。今回はテストなのでデフォルトの［All］のままとします（図3.4❷）。他の項目はデフォルトのままにしてください。［Create secret key］をクリックします（図3.4❸）。

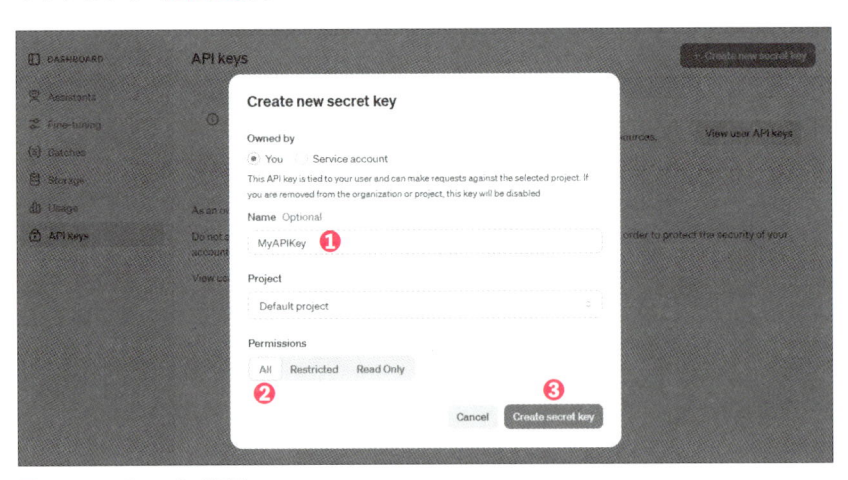

図3.4：APIキーの作成画面

［Save your key］画面が表示されるので（図3.5）、［Copy］をクリックして（図3.5❶）、APIキーをクリップボードにコピーし、テキストファイル等に貼り付けて保管してください。APIキーがわからなくなると、後からOpenAI APIの画面上で確認することはできません。また、こちらのAPIキーの取り扱いには十分に注意してください。［Done］をクリックします（図3.5❷）。

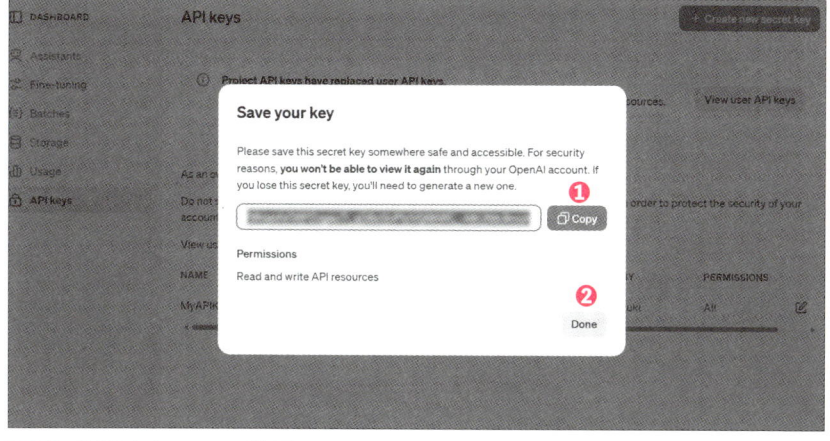

図3.5：発行したAPIキーの確認画面

　APIキーの一覧画面にAPIキーが追加されたのがわかります（**図3.6❶**）。これで
OpenAI APIのAPIキーの取得は完了です。

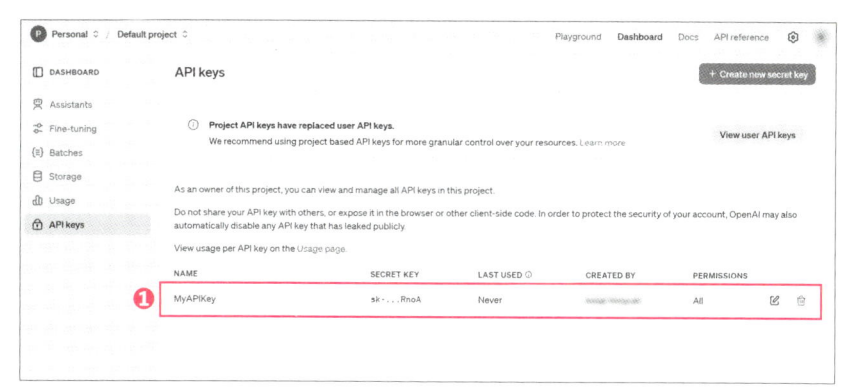

図3.6：APIキーの一覧画面

3.2.3.5 ｜ クレジットカード情報の登録

　右上の歯車アイコン（Setting）をクリックし、画面左端の［Organization］メ
ニュー内の［Billing］をクリックします。［Overview］タブ内の［Add payment
details］ボタンからクレジットカード情報を登録します。クレジットカードの情報
を登録後、デポジットを入れます。無料枠がある場合は5ドルが付与されます。無
料枠がない場合も最低5ドルからデポジットすることができます。本書の通り操作
した場合、使用料が5ドルを超えることは、まずありません。

3.3 OpenAI APIを利用する フローの開発

OpenAI APIの詳しい仕様を勉強するのもいいですが、まず動かしてみて、そこから細かい部分を理解していくほうがいいでしょう。今すぐ、動かしてみたいですよね？

では、さっそくPower Automate for desktopのフローを作ってみましょう。まずはシンプルにAIに問いかけるだけのフローから始めましょう。

3.3.1 新規フローを作成する

Power Automate for desktopのコンソールを開き、左上の［新しいフロー］をクリックして、新しいフローを作成します。フロー名は「bot1」とします。もちろん、フロー名は自由に付けても構いません。

3.3.2 入力ダイアログを表示する

フローデザイナーが起動したら、AIへの質問を入力するための入力ダイアログを表示するフローを作成します。

3.3.2.1 リージョンを追加する

入力ダイアログを表示するアクションを追加する前に、1つ作業を行います。

左側のアクションペインにある［フローコントロール］アクショングループの［>］をクリックし展開します（図3.7❶）。［リージョン］アクションを、ワークスペースにドラッグ＆ドロップで追加します（図3.7❷）。

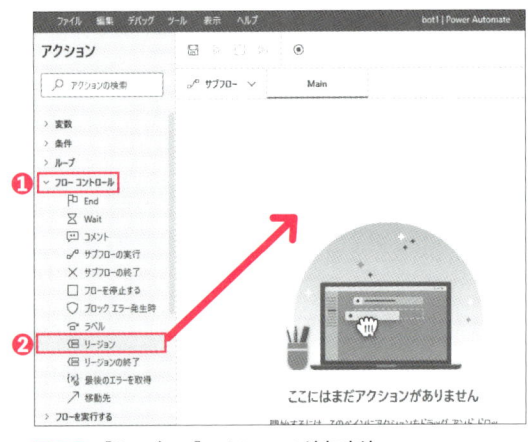

図3.7：［リージョン］アクションの追加方法

設定ダイアログが表示されたら、[名前]に「ユーザー入力画面の表示」と入力し、[保存]をクリックします。

[リージョン]アクションと[リージョンの終了]アクションが追加されます。後ほど、このリージョンブロック[ユーザー入力画面の表示]内にアクションを増やします。

3.3.2.2 | 入力ダイアログを追加する

次に、[リージョン]ブロック（[リージョン]アクションと[リージョンの終了]アクションの間）の中に、[メッセージボックス]アクショングループ内の[入力ダイアログを表示]アクションを追加します。[入力ダイアログを表示]アクションをドラッグし、[リージョン]アクションと[リージョンの終了]アクションの間に挿入ラインが表示された状態でドロップすることで、[リージョン]ブロック内に追加できます。設定ダイアログが表示されたら、[入力ダイアログのタイトル]に「質問入力」と入力し（図3.8❶）、[入力ダイアログ メッセージ]に「質問を入力してください。」と入力します（図3.8❷）。

[既定値]は空白のままで構いません。[入力の種類]もデフォルトの「1行」のままとし、[入力ダイアログを常に手前に表示する]は「有効」にします（図3.8❸）。[生成された変数]に「UserInput」と「ButtonPressed」が設定されていることを確認して（図3.8❹）、[保存]をクリックします（図3.8❺）。

図3.8：[入力ダイアログを表示]アクションの設定

3.3.3 ［Cancel］ボタンがクリックされたときの処理を作成

　フロー実行時に、入力ダイアログには［OK］と［Cancel］という2つのボタンが表示されます。ユーザーが［Cancel］ボタンをクリックした場合は、後続の処理が実行されないようにプログラムしましょう。

　［リージョンの終了］アクションの後に、［条件］アクショングループ内の［If］アクションを追加します。設定ダイアログが表示されたら、［最初のオペランド］に「%ButtonPressed%」を設定します（図3.9❶）。変数［ButtonPressed］は［入力ダイアログを表示］アクションで生成された変数ですね。

　［最初のオペランド］入力ボックスにカーソルをあてると、{x}（変数の選択）アイコンがポップアップします（「MEMO：［変数の選択］が強化されました」を参照してください）。このアイコンをクリックして表示されるリストから［ButtonPressed］を選択すると、パーセント文字（%）が変数名の前後に自動的に付加されますし、入力間違いも防げるので便利です。しかし慣れてくると、「変数の選択アイコンをクリックするよりも直接入力したほうが楽に入力できる」という場合も出てきますので、好みの方法で操作してください。それでは、続きを設定していきましょう。

　［演算子］はデフォルトの「と等しい (=)」のままとします（図3.9❷）。［2番目のオペランド］に「OK」と入力します（図3.9❸）。［保存］をクリックして設定を確定します（図3.9❹）。

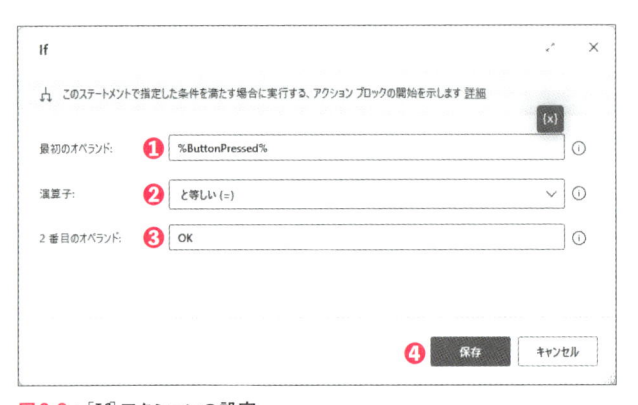

図3.9：［If］アクションの設定

　フローには、［If］アクションだけでなく［End］アクションも追加されましたね。

MEMO ［変数の選択］が強化されました

2024年3月のアップデート（V2.42）で［変数の選択］が強化されました。以前は入力ボックスの右端にあった｛x｝アイコンが消え、入力ボックスにカーソルをあてたときにポップアップ表示するようになりました。
変数を選択するときに名前の昇順/降順で並び替えたり、変数の種別でのフィルターがかけられたりするようになったので、変数の数が増えた場合でも選択しやすくなりました。

ここまでのフローを見ると図3.10のようになっていますね。

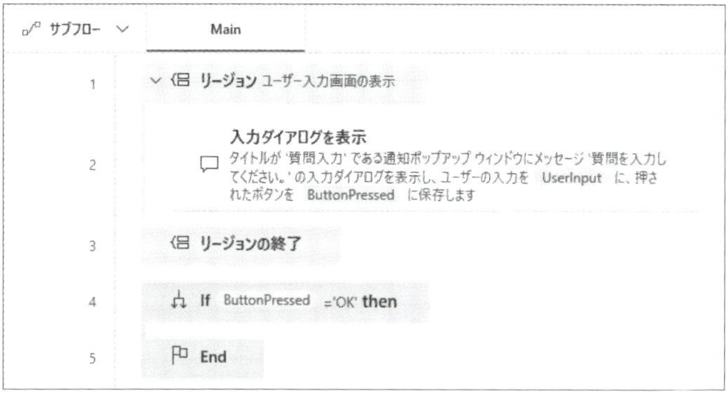

図3.10：［If］アクションを追加した後のフロー

3.3.4 OpenAI APIを呼び出す

これからOpenAI APIを呼び出すのですが、ここでも［リージョン］アクションを追加しておきましょう。

3.3.4.1 リージョンを追加する

4ステップ目の［If］ブロックの中に、［フローコントロール］アクショングループ内の［リージョン］アクションを追加します。設定ダイアログが表示されたら、［名前］には「OpenAI APIの呼び出し」と入力し、［保存］をクリックします。

3.3.4.2 APIキーの格納

OpenAI APIの呼び出しに必要なAPIキーを変数に格納しておきましょう。5ステップ目の［リージョン］ブロックの中に、［変数］アクショングループ内の［変数

の設定］アクションを追加します。設定ダイアログが表示されたら、［変数］を「MyGPTKey」に変更します（**図3.11①**）。［値］に「3.2.3 OpenAI APIのキーを取得する」で取得したAPIキーを入力します（**図3.11②**）。入力し終わったら、［保存］をクリックします（**図3.11③**）。

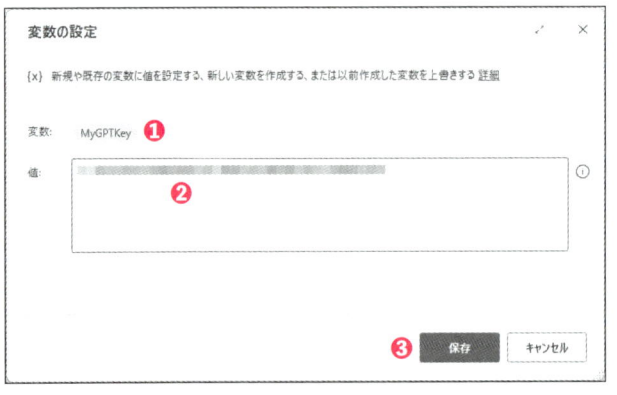

図3.11：［変数の設定］アクションの設定

3.3.4.3 変数を機密情報としてマークする

　このフローはテスト的な開発であり、開発者自身が使用することを想定していますから、APIキーを他の人が見ることはないはずです。しかし、念のため変数［MyGPTKey］は機密情報としてマークしておきましょう。

　フローデザイナーの右上の「{x}」をクリックして変数ペインを開き、［フロー変数］の中にある［MyGPTKey］の上にマウスをホバーさせます。右側に「帽子をかぶった眼鏡の人」のようなアイコンが表示されるので、クリックします（**図3.12①**）。クリックすると「帽子をかぶった眼鏡の人」のようなアイコンが黒くなり、それが機密情報としてマークされたことを示します。

図3.12：変数［MyGPTKey］を機密情報としてマーク

3.3.4.4 | OpenAI APIを呼び出す

いよいよOpenAI APIを呼び出すアクションです。APIを呼び出すには、［Webサービスを呼び出します］アクションを使用します。

3.3.4.4.1 | OpenAI APIを呼び出すアクションを追加する

6ステップ目の［変数の設定］アクションの後に、［HTTP］アクショングループ内の［Webサービスを呼び出します］アクションを追加します。

3.3.4.4.2 | ［全般］パラメータの設定を行う

設定ダイアログが表示されたら、［URL］にはAPIのエンドポイントURLを入力します。ここではChat Completions APIを利用するので、「https://api.openai.com/v1/chat/completions」と入力します（図3.13❶）。［メソッド］にはHTTPメソッドを設定します。ドロップダウンリストから「POST」を選択します（図3.13❷）。［受け入れる］には、受け入れるレスポンスのコンテンツタイプを入力するので、「application/json」と入力します（図3.13❸）。［コンテンツタイプ］にはリクエストボディのコンテンツタイプを設定します。［受け入れる］と同様に「application/json」と入力します（図3.13❹）。

［カスタムヘッダー］に追加のHTTPヘッダーを設定します。OpenAI APIの認証に必要なAuthorizationヘッダーを指定します。「Authorization:Bearer %MyGPTKey%」と入力します（図3.13❺）。APIキーをここで指定するわけですね。［要求本文］にはAPIに送信するデータの本文をJSON形式で指定します。リスト3.1のように入力します。正確な入力が必要であるため、本書付属のサンプルプログラム「Chapter3\リスト3_1.txt」からコピー&ペーストすることをお勧めします。

リスト3.1：［要求本文］の設定内容

```
{
  "model": "gpt-4o-mini",
  "messages": [{"role": "user", "content": "%UserInput%"}],
  "max_tokens": 500,
  "temperature": 0.7
}
```

メッセージの内容を見てみましょう。使用するAIモデルは「gpt-4o-mini」です。role（役割）は「user」で、content（内容）は、ユーザーが入力ダイアログで入力した質問、または依頼文である変数［UserInput］を渡します。他のパラメータ

については「3.4 APIの仕様を確認する」で解説しているので、ここではこのまま入力してください（図3.13❻）。

［応答を保存します］はデフォルトの「テキストを変数に変換します（Webページ用）」のままとします（図3.13❼）。

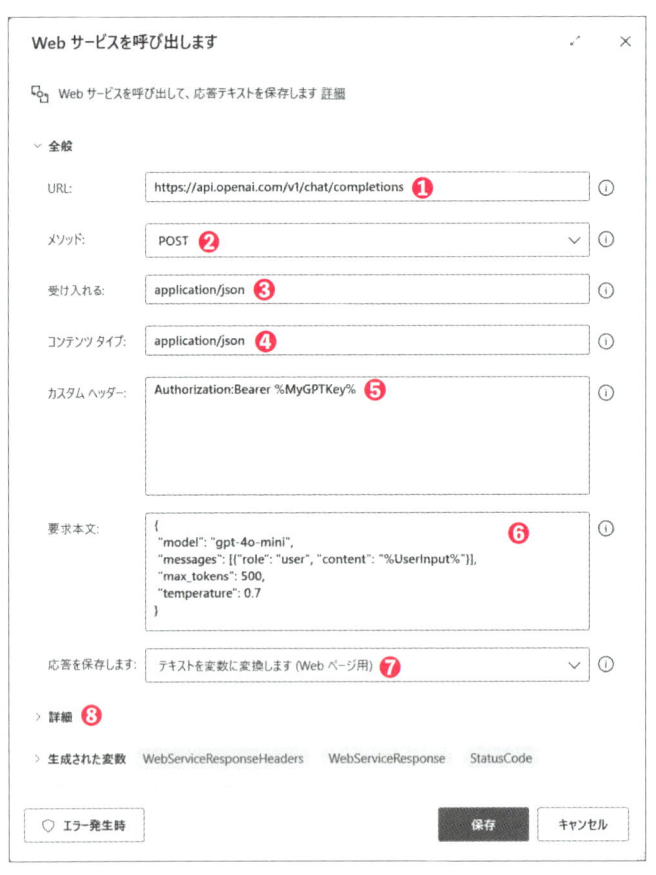

図3.13：［Webサービスを呼び出します］アクションの設定 -1

3.3.4.4.3 ［詳細］パラメータの設定を行う

次に、詳細項目の設定を行うため、［詳細］をクリックします（図3.13❽）。［接続タイムアウト］にAPIへの接続がタイムアウトするまでの秒数を設定します。ここでは180秒を指定します（図3.14❶）。デフォルトでは30秒ですが、30秒ではタイムアウトしてしまうことが多いです。この秒数は実際にフローを動作させて調整してください。

あと2つだけ設定します。［リダイレクトに追従します］と［要求本文をエンコードします］の設定を「無効」にします（図3.14❷❸）。

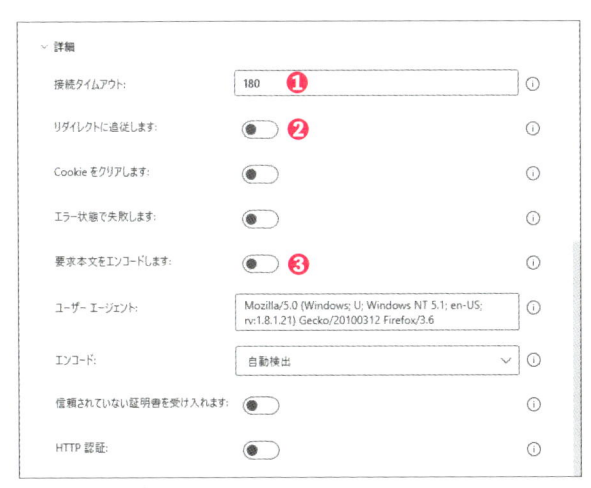

図3.14：［Webサービスを呼び出します］アクションの設定-2

3.3.4.4.4 | 変数の設定を行う

最後に変数の設定を行います。［生成された変数］をクリックして、展開してください。［WebServiceResponse］は［有効］のままとします。このフローでは使用しないので［WebServiceResponseHeaders］と［StatusCode］は［無効］にします（図3.15❶❷）。ここまで設定できたら、［保存］をクリックします（図3.15❸）。

図3.15：［Webサービスを呼び出します］アクションの設定-3

3.3.5 OpenAI APIからのレスポンスを格納する

　OpenAI APIを呼び出すアクションの設定が完了したので、次にOpenAI APIからの戻り値（変数［WebServiceResponse］に合わせて「レスポンス」と呼びます）を格納します。

3.3.5.1　OpenAI APIからのレスポンスを格納する

　OpenAI APIからのレスポンスは、［Webサービスを呼び出します］アクションで生成される変数［WebServiceResponse］にJSON形式で格納されています。後続のフローで利用できるようにカスタムオブジェクトに変換します。

　7ステップ目の［Webサービスを呼び出します］アクションの後に、［変数］アクショングループ内の［JSONをカスタムオブジェクトに変換］アクションを追加します。設定ダイアログが表示されたら、［JSON］に「%WebServiceResponse%」を設定します（**図3.16❶**）。［生成された変数］を「ResponseObject」に変更し（**図3.16❷**）、［保存］をクリックします（**図3.16❸**）。

　ここまでで、OpenAI APIからのレスポンスがカスタムオブジェクトに変換され、変数［ResponseObject］に格納されるようになります。

図3.16：［JSONをカスタムオブジェクトに変換］アクションの設定

　現在、**図3.17**のようにフローが作成されていますね。

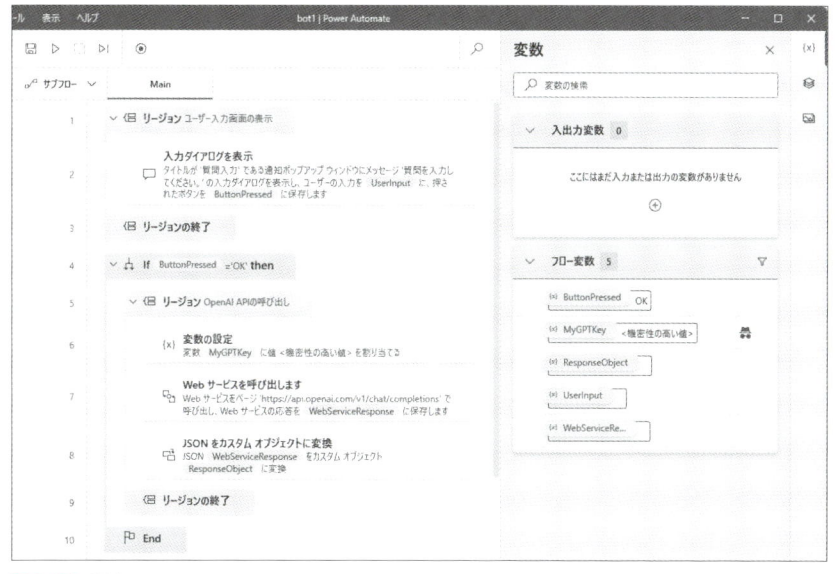

図 3.17：現在のフロー

3.3.5.2　実行してみる

　ここまでの段階で一度実行して、動作を確認しましょう。フローを保存してから実行します。フローを実行するにはフローデザイナーのツールバーにある［実行］をクリックするか、［F5］キーを押します。

　フローが実行されると、［質問入力］というタイトルの入力ダイアログが表示されます（図 3.18）。

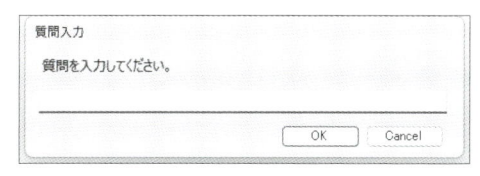

図 3.18：［質問入力］ダイアログの表示

　この入力ボックスに AI への質問や依頼を入力します。テストなので深く考えなくていいです。「こんにちは」と入力してみましょう。［OK］をクリックします。しばらくするとフローが終了するはずです。特になんのアクションもありません。

　この時点でエラーがあれば、この続きは機能しないので変数［ResponseObject］

の内容を確認しておきましょう。変数ペインの中にある［ResponseObject］をダブルクリックしてダイアログを表示します。図3.19の❶のように「error」というテキストが見えたらエラーが発生しています。図3.19の［詳細表示］をクリックすると、エラーの詳細が表示されます。

図3.19：カスタムオブジェクト［**ResponseObject**］の値（エラー時）

「message」プロパティを見ると、「Incorrect API key」とあるので、APIキーが間違っていることがわかります（図3.20❶）。この場合は、もう一度APIキーを確認して、6ステップ目の［変数の設定］アクションの値を正しく設定してください。

図3.20：カスタムオブジェクト［**ResponseObject**['**error**']］の値

　正しいレスポンスが返ってきた場合のカスタムオブジェクト［ResponseObject］の値は、図3.21のようになっています。カスタムオブジェクト［ResponseObject］は「id」「object」「model」など複数のプロパティを持っていて、その中の「choices」プロパティの［詳細表示］をクリックすると（図3.21❶）、リストカスタムオブジェクト［ResponseObject['choices']］が展開します。0番目の要素の［詳細表示］をクリックすると（図3.21❷）、カスタムオブジェクト［Response

Object['choices'][0]] が展開します。「message」プロパティの［詳細表示］をクリックすると（**図3.21❸**）、最終的にカスタムオブジェクト［ResponseObject['choices'][0]['message']］が展開します。

　「content」プロパティにAIからの応答が入っています（**図3.21❹**）。「こんにちは！お困りのことがあればお手伝いいたします。どうぞお気軽にお話しください。」と入っていますね。このメッセージは毎回変わるのですが、ともかくAIからの応答が得られたということですね。これは大きな一歩です！　おめでとうございます。確認したら［閉じる］ボタンでダイアログを閉じておいてください。

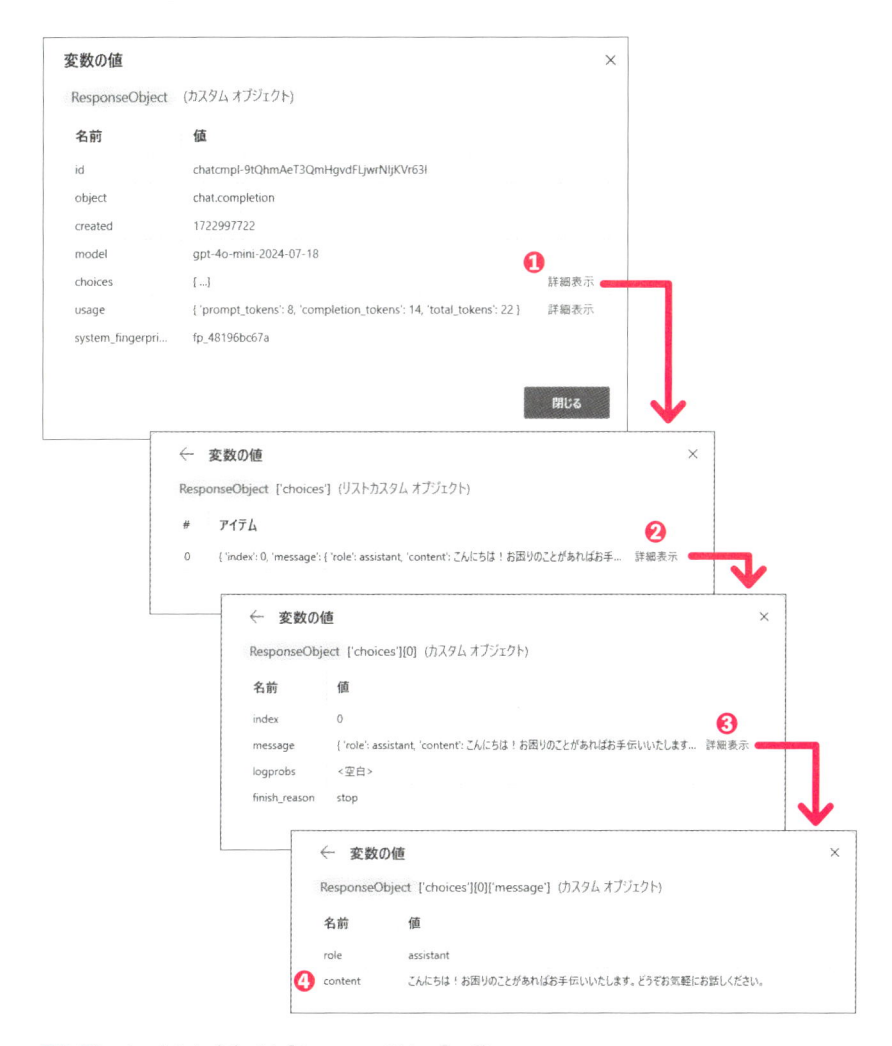

図3.21：カスタムオブジェクト［ResponseObject］の値

では、このAIからの応答をメッセージボックスで表示するように、フローを変更しましょう。レスポンスに含まれる他の要素についても気になると思いますが、「3.4 APIの仕様を確認する」で解説するので、いったん忘れてください。

3.3.6　OpenAI APIからの応答を表示する

OpenAI APIのレスポンスに含まれる［content］要素（**図3.21 ④**）をダイアログで表示します。

9ステップ目の［リージョンの終了］アクションの後に、［メッセージボックス］アクショングループ内の［メッセージを表示］アクションを追加します。設定ダイアログが表示されたら、［メッセージボックスのタイトル］に「AIの応答」と入力し（**図3.22 ①**）、［表示するメッセージ］に「%ResponseObject.choices[0].message.content%」を設定します（**図3.22 ②**）。{x}（変数の選択）アイコンから変数を選択することで「%ResponseObject%」は自動入力できますが、その後は手入力してください。

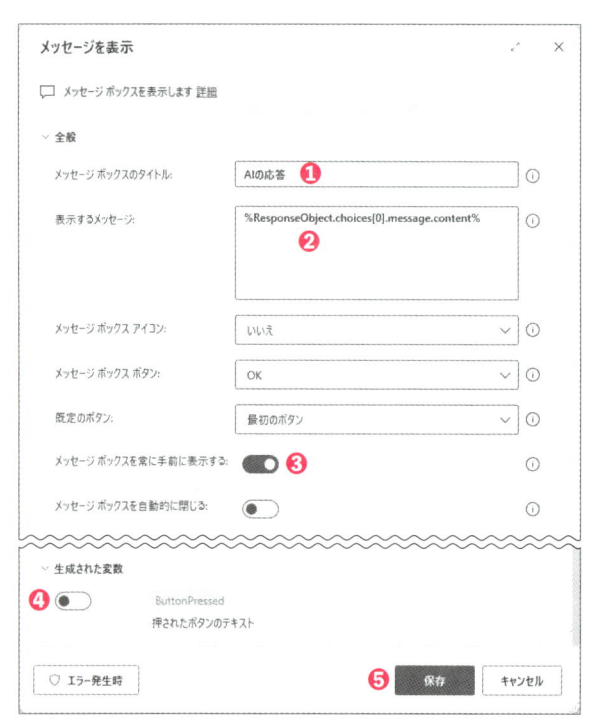

図3.22：［メッセージを表示］アクションの設定

［メッセージボックスを常に手前に表示する］を「有効」にします（**図3.22❸**）。生成された変数は使わないので［生成された変数］は「無効」に設定し（**図3.22❹**）、［保存］をクリックします（**図3.22❺**）。

　これで、ほぼ完成しました。このままでも動作しますが、OpenAI APIのエラーが返ってきたときの対応を行っておきましょう。

3.3.7　エラー処理を追加する

　たとえばAPIキーの入力に誤りがあったときは、レスポンスに含まれる要素［ResponseObject['error'].['message']］には**リスト3.2**のように格納されます。

リスト3.2：［ResponseObject['error'].['message']］の値

```
Incorrect API key provided:<APIキー>. You can find your ➡
API key at https://platform.openai.com/account/api-keys.
```

「APIキーが正しくないですよ！」というエラーです。このことは「3.3.5.2 実行してみる」でも確認しましたね。

　APIエラーが発生した場合、7ステップ目の［Webサービスを呼び出します］アクションと8ステップ目の［JSONをカスタムオブジェクトに変換］アクションではエラーとなりません。エラーが発生するのは、10ステップ目の［メッセージを表示］アクションです。

　［メッセージを表示］アクションの［表示するメッセージ］に入力した「%ResponseObject.choices[0].message.content%」が存在しないので、「変数'ResponseObject'にプロパティ'choices'がありません」というエラーが発生します。

　しかし、このエラー内容を読んだだけでは「APIキーが正しくなかった」というエラーの原因を理解するのは難しいですよね。こういったAPIエラーに対応するために、APIエラーメッセージをメッセージボックスでポップアップ表示できるようにしましょう。その後、フローを正常終了する流れを作成します。

3.3.7.1 | エラー表示用のサブフローを作成する

エラー表示用のサブフローを作成します。サブフロー名「APICatch」というサブフローを追加します。サブフローの追加手順は次の通りです。

STEP 1 ［サブフロー］タブ（［Main］タブの左横）をクリックし、「新しいサブフロー」をクリックします。

STEP 2 ［サブフローの追加］ダイアログが表示されるので［サブフロー名］に「APICatch」と入力します。

STEP 3 ［サブフローの追加］ダイアログの［保存］をクリックします。

図3.23のようになっていますね。以後、サブフローの追加方法についての解説は省略するので、追加手順は覚えておいてください。

図3.23：サブフロー［APICatch］の追加

3.3.7.2 | サブフローにアクションを追加する

サブフロー［APICatch］に2つのアクションを追加します。

3.3.7.2.1 | エラーメッセージを表示する

最初に、［メッセージボックス］アクショングループ内の［メッセージを表示］アクションを追加します。設定ダイアログが表示されたら、［メッセージボックスのタイトル］に「API Error」と入力し（図3.24❶）、［表示するメッセージ］に「APIの戻り値からエラーが検出されました。%ResponseObject['error'].message%」と入力します（図3.24❷）。

［メッセージボックスアイコン］のドロップダウンリストから［エラー］を選択し（図3.24❸）、［メッセージボックスを常に手前に表示する］を「有効」にします（図3.24❹）。生成された変数は使わないので［生成された変数］は「無効」にします（図3.24❺）。設定できたら、［保存］をクリックします（図3.24❻）。

メッセージを表示

💬 メッセージ ボックスを表示します 詳細

∨ 全般

メッセージ ボックスのタイトル: API Error ❶

表示するメッセージ: APIの戻り値からエラーが検出されました。❷
%ResponseObject['error'].message%

メッセージ ボックス アイコン: エラー ❸

メッセージ ボックス ボタン: OK

既定のボタン: 最初のボタン

メッセージ ボックスを常に手前に表示する: 🔘 ❹

メッセージ ボックスを自動的に閉じる: ⚪

∨ 生成された変数

❺ ⚪   ButtonPressed2
押されたボタンのテキスト

♡ エラー発生時   ❻ 保存   キャンセル

図3.24：
［メッセージを表示］
アクションの設定

3.3.7.2.2 | フローを停止する

　次に、もう1つアクションを追加します。［メッセージを表示］アクションの後に、
［フローコントロール］アクショングループ内の［フローを停止する］アクションを
追加します。［フローの終了］は「成功」のままで、［保存］をクリックします。

　図3.25のように設定できましたね。これでサブフロー［APICatch］が完成しま
した。

♂ サブフロー ∨	Main	APICatch
1	💬 **メッセージを表示** タイトルが 'API Error' である通知ポップアップ ウィンドウにメッセージ 'APIの戻り値からエラーが検出されました。' ResponseObject ['error'].message' 'を表示します	
2	☐ **フローを停止する** フローを停止してエラー メッセージを表示します	

図3.25：サブフロー［APICatch］の完成フロー

3.3.7.3 | エラー発生時の動作を指定する

　APIエラーが返ってきたときに、サブフロー［APICatch］を呼び出すように処理を追加します。メインフローの10ステップ目にある［メッセージを表示］アクションを［ブロックエラー発生時］ブロック内に入れます。

　［メッセージを表示］アクションの前に、［フローコントロール］アクショングループ内の［ブロックエラー発生時］アクションを追加します。設定ダイアログが表示されるので、［名前］に「API_Block」と入力します（図3.26❶）。［新しいルール］アイコンをクリックして、表示されるメニューから［サブフローの実行］を選択します。そうすると、［サブフローの実行］という行が追加されます。

　「サブフローの選択」と表示されているドロップダウンリストをクリックして、［APICatch］を選択します（図3.26❷）。すぐ下に［フロー実行を続行する］と［スローエラー］というボタンがあるので、これはデフォルトの［スローエラー］のままとしてください（図3.26❸）。

　さて、これでエラー処理が完成したように思えますが、このまま保存して実行しても、エラーをキャッチしてくれません。「変数'ResponseObject'にプロパティ'choices'がない」というエラーは、Power Automate for desktopが予期していないエラーだからです。このエラーをキャッチするために、［予期しないロジックエラーを取得］を［有効］にします（図3.26❹）。これで、APIエラーが返ってきたときに、エラーとしてキャッチしてくれるようになります。

　ここまで設定できたら、［保存］をクリックします（図3.26❺）。

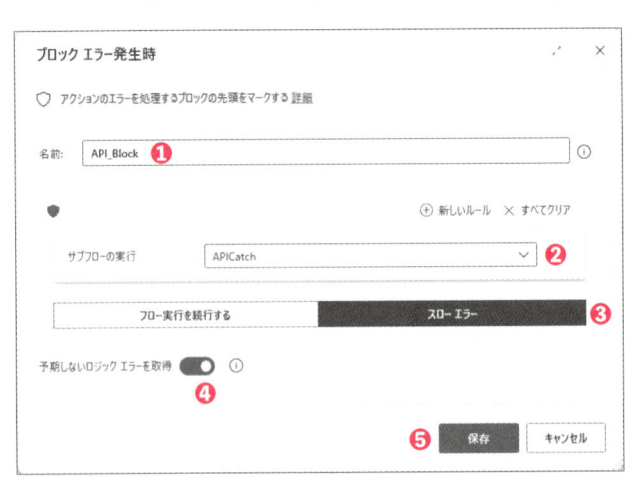

図3.26：［ブロックエラー発生時］アクションの設定

［End］アクションは自動的に追加されます。12ステップ目の［メッセージを表示］アクションを、［ブロックエラー発生時］アクションと［End］アクションの間にドラッグ＆ドロップで移動させてください。

図3.27のフローが完成しましたね。これでエラー処理の実装が完成しました。フローを忘れずに保存しておいてください。

図3.27：完成したメインフロー

3.3.7.4 エラー処理の確認テストを行う

エラー処理が完成したので、動作を確認してみましょう。実行する前に、わざとAPIエラーが発生する状況を作ります。

6ステップ目の［変数の設定］アクションをダブルクリックして、設定ダイアログを開いてください。［値］にOpenAI APIキーが入力されているはずですね。キーの最後に「1」と入力して、［保存］をクリックします。これでAPIキーに誤りがある状態になるのでエラーが発生するはずです。

では、フローを実行してください。［質問入力］ダイアログが表示されるので、入力ボックスに「test」と入力して［OK］をクリックします。

しばらくすると、図3.28のエラーメッセージ画面が表示されましたね。［OK］をクリックするとフローが終了します。

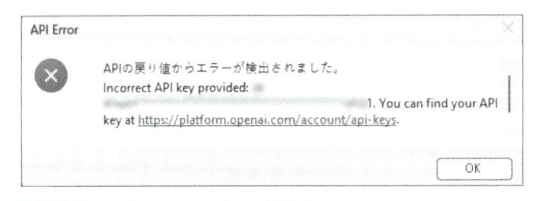

図3.28：APIエラーメッセージ画面

　エラー処理が正しく動作することが確認できたので、6ステップ目の［変数の設定］アクションの［値］を正しいOpenAI APIキーに戻してください。次に正常な動作をする場合の動きを確認しましょう。

3.3.8　フローを実行する

　改めてフローを実行します。［質問入力］ダイアログが表示されるので、入力ボックスに「生成AIとは何ですか？」と入力して［OK］をクリックします。

　続きのアクションが実行されて、図3.29❶のようにメッセージが表示されます（毎回、同じメッセージが返ってくるわけではありません）。どうでしょう？　まさにChatGPTを使うのと同じように、AIが応答してくれていることが確認できましたね！　［OK］をクリックすると（図3.29❷）、フローが終了します。シンプルなチャットボットを、とても少ない手順で作ることができました。

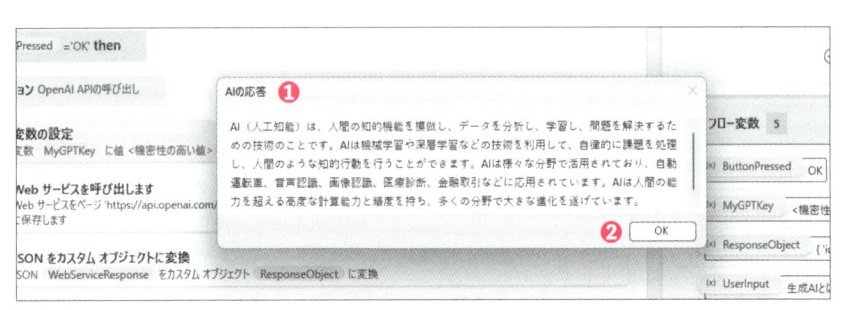

図3.29：AIの応答メッセージを表示したボックス

3.4 APIの仕様を確認する

Chapter3

本書の通りフローを開発することで、OpenAI APIが動作することがわかりましたね。しかし、まだ細かい設定については把握できていないと思います。このセクションでは、OpenAI APIの仕様を改めて詳しく解説します。

3.4.1 入力部

OpenAI APIの入力に関連する仕様を解説します。

3.4.1.1 APIエンドポイントのURL

OpenAI APIの公開URLは、API referenceを確認してください。Chat Completions APIを利用する場合、「https://api.openai.com/v1/chat/completions」となります。

- API REFERENCE/Chat
URL https://platform.openai.com/docs/api-reference/chat

3.4.1.2 ヘッダー情報

OpenAI APIキーを使用して認証を行います。APIキーはヘッダー情報に含めて送信する必要があります。

3.4.1.3 ボディコンテンツ

リクエストのボディには、APIによって処理されるデータを入れます。具体的なボディコンテンツの形式は、APIのドキュメントから確認することができます。

- API REFERENCE/Create chat completion
URL https://platform.openai.com/docs/api-reference/chat/create

このドキュメントでは多くのパラメータが解説されていますが、ここでは、本書で使用しているパラメータについて解説します。

1 messages

「messages」パラメータは、これまでの会話を構成するメッセージの履歴を含めることができるため、AIモデルが会話の文脈を維持し、より関連性の高い応答を生成できるようになります。

2 model

「model」パラメータは、使用するAIモデルを指定するためのものです。AIモデルについては「3.2.1 言語モデルとAPI」を参照してください。

3 max_tokens

「max_tokens」パラメータではAIの出力の最大トークン数を設定します。トークン数の制限が大きいと詳しい応答が返ってきますが、トークン数に比例してOpenAI APIの使用料金がかかります。ここでは500トークンを設定します。

4 temperature

「temperature」パラメータは、AIモデルの応答における創造性やランダムさを制御します。数値は0から2の範囲で設定でき、0に近い低い値はより確実性の高い、予測可能なテキストを生成する傾向があり、高い値を設定すると、より創造的またはランダムになる可能性があります。ここでは「0.7」としています。返ってくる応答を受けて調整してみると面白いでしょう。

3.4.2 出力部

OpenAI APIの出力に関連する仕様を解説します。

3.4.2.1 choices

「choices」プロパティには、APIから返される出力のリストが入っています。複数の結果を生成することも可能なのでリストになっていますが、デフォルトでは1つの結果のみが生成されているので［choices(0)］でアクセスできます。

「choices」プロパティは次のようなプロパティを持ちます。

1 finish_reason

「finish_reason」プロパティは、出力が終了した理由を示します。「finish_reason」プロパティの主な値を**表3.3**にまとめています。

値	説明
stop	テキストが最後まで作成されて終了したことを示します。
function_call	AIモデルが関数を呼び出したことを示します（非推奨）。
tool_calls	AIモデルがツールを呼び出したことを示します。現在のところツールとしては関数のみがサポートされています。
length	トークン数が最大値を超えたため、強制的に中断したことを示します。
content_filter	コンテンツフィルター機能によりフィルター処理されて終了したことを示します。
null	応答がまだ進行中か不完全です。

2　message

生成されたメッセージが格納されています。「message」プロパティに含まれる主なサブプロパティは以下のものがあります（**表3.4**）。

表3.4：「message」プロパティ内のサブプロパティとその説明

サブプロパティ	説明
content	生成されたテキストが入っています。
role	このメッセージの作成者の役割を示します。「4.1 チャットを継続する仕組み」の中で詳しく解説します。
function_call	AIが関数を呼び出したときに生成されます。
tool_calls	AIがツールを呼び出したときに生成されます。後ほどたくさん使うので、「4.3 Function Callingを活用したチャットボットを開発する」で解説します。

3.4.2.2　usage

「usage」プロパティは、使用したトークンの数を示すので、OpenAI APIの利用料金を制御する場合に重要になってきます。このプロパティには**表3.5**のサブプロパティが含まれています。

表3.5：「usage」プロパティ内のサブプロパティとその説明

サブプロパティ	説明
completion_tokens	生成されたテキストのトークン数です。
prompt_tokens	プロンプトに使用されたトークンの数です。
total_tokens	合計のトークン数です。

3.4

APIの仕様を確認する

🖌 COLUMN サンプルフローを動作させる手順

本書で提供している「サンプルプログラム\Chapter3」フォルダーにあるテキスト ファイルを使って復元することで、Chapter3のフローを動作させることができま す。以下に復元の方法を解説しますので、手順に従って操作してください。

STEP 1 フロー［bot1］を作成する

新しいフローを作成し、フロー名を「bot1」とします。

STEP 2 サブフローを作成する

サブフロー［APICatch］を作成します。

STEP 3 テキストファイルから復元する

メインフローを選択します。ファイル「bot1_Main.txt」をメモ帳で開いて、中身 のテキストをすべてコピーして、［Main］のワークスペースに貼り付けます。 次に、サブフロー［APICatch］を選択します。ファイル「bot1_APICatch.txt」 をメモ帳で開いて、中身のテキストをすべてコピーして、サブフロー［APICatch］ のワークスペースに貼り付けます。

STEP 4 APIキーを設定する

メインフローの6ステップ目の［変数の設定］アクションの設定ダイアログを開き ます。［値］に「api key」と入力されているので、これを削除して、自身のOpenAI APIキーを入力し、［保存］をクリックします。変数ペインの［フロー変数］パネ ルから［MyGPTKey］を見つけ、「機密情報としてマーク」をクリックします。

STEP 5 フローを保存する

完成したのでフロー［bot1］を保存してください。

COLUMN シンプルな利用方法でも大きな威力を発揮

Power Automate for desktopとOpenAI APIを連携させることで、シンプルな利用方法でも大きな効果が発揮できます。

たとえば、興味のある話題の情報を集めたいとき、Webページを要約して情報を保存するフローを作成できます。Webページ全体をスクレイピングして保存するのではなく、内容をAIに要約させ、それをExcelワークシートで一覧管理するわけです（もちろん、スクレイピングを禁止しているWebサイトに対しては行ってはいけません）。

興味のあるキーワードを検索し、Webページにアクセスしてスクレイピングし、AIに要約させ、その情報をExcelにコピーするという一連の動作をすべて自動化するのは開発工数がかかりますので、Webページにアクセスするまでは手動で行い、スクレイピング以降を自動化することだけでも十分な効率化が図れます。ループ処理を組み込めば、あっという間に何十ページもの情報が要約できます。

この要約した情報のリストをさらにChatGPTで簡潔に要約してもらったり、分類してもらったりすると、大量の情報を効率よく整理できます。

さらに効率化したい場合は、RSSでWebサイトの更新情報や記事のタイトル、URLを取得してWebページへのアクセスまで自動化することも可能です。有料版の場合は、［すべてのRSSフィード項目を一覧表示する］アクションが利用できます。

ITエンジニアは効率的に情報収集し、内容を把握する必要があります。要約した情報を共有する機会もあるでしょう。Power Automate for desktopとOpenAI APIを組み合わせて、時間を節約しましょう。

✎ COLUMN 生成AIで3時間の作業が数秒に?

インターネットを見ると、「生成AIを導入すると3時間かかっていた仕事が数秒で自動化できます」という広告を目にすることがあります。なにやら、「3時間かかっていたデータ入力作業が数秒で終わる」とか。しかし、現実にはそう簡単ではありません。業務自動化には多くの制限があります。業務システムの自動操作を行う場合、業務システム側の処理時間を待つ必要があります。生成AIが物理的な制限を超えて、自動化してくれることはありません。

生成AIのブームに乗って過剰な期待を煽り、お金儲けしようという人はたくさんいます。正しい知識を身に付けて、適切な判断をしたいものです。

RPAがブームになったときもそうでした。「ロボットが人の代わりに24時間365日働く！」「誰でも作れる！」と宣伝され、一気に広まりました。しかし、実際は開発・運用するには専門的な技術が必要とされ、やがてブームが沈静化しました。

とはいえ、生成AIにはまだまだ未知の可能性があり、期待が膨らむのも理解できます。たとえば、請求書から請求先企業名を取得する場合、RPAでは正規表現を使用して取得しますが、フォーマットが異なると対応できません。ChatGPTに請求書を読み込ませて、「請求先企業名を教えて」と依頼すると、高い確率で取得できます。誤りの可能性もあるため、本格的に使用するかどうかは検証が必要ですが、簡単な利用であれば現在のGPT-4でも十分です。

画像認識精度も高いので、近い将来、実用的な精度で手書き文字を読み取ることができるかもしれません。RPAのフローへの適用も進んでいます。RPAは操作対象のUI（ユーザーインターフェース）に変更があるとエラーで止まってしまうという課題を持っていますが、生成AIがUIの変更に合わせて自動でUI認識方法を変更してくれるようになるでしょう。

実用的な例としては、生成AIと会話して「この内容を自分にメールして」と依頼すると、メールの本文や件名を自動生成してくれます。これをRPAで送信することでメールの自動化が可能になります。従来は件名や本文を細かくプログラミングする必要がありましたが、生成AIを使うことでプログラミングすることなく、より柔軟な対応が可能になります。

生成AIがすべてを自動化するわけではありませんが、人間が判断・思考しなければならなかった部分を自動化できる可能性があります。これにより、ロジックに依存しない、より柔軟で広がりのある自動化が可能になるでしょう。

Chapter4

AIと会話を続ける
フローの開発

Chapter3でAIに質問を投げかけて応答を得る方法を解説しました。しかし、まだ「会話」はしていませんね。このChapterでは、会話を続けるフローの開発とその核となる部分について詳しく説明します。

4.1 チャットを継続する仕組み

OpenAI APIは、ユーザーとの会話を続けるための仕組みを持っています。OpenAI APIで操作できるAIモデルは、本質的にはステートレス（stateless）であり、過去の会話の内容（context）を自動的には保持しません。それでは、どのようにして会話の流れを維持すればいいのでしょうか。以下にそのメカニズムを説明します。

4.1.1 会話を維持するメカニズム

会話を続けるためには、今までの会話の内容をAIモデルに提供する必要があります。たとえば、以下のような会話が行われるとします。

```
【1回目の会話】
ユーザー　「日本の首都はどこですか？」
AI　「東京です。」
【2回目の会話】
ユーザー　「通貨は何ですか？」
AI　「円です。」
```

2度目のユーザーの問い「通貨は何ですか？」に対して答えるには、「日本の」という情報がないと正しく答えることはできません。しかし、AIは過去の会話を「覚えている」わけではないので、2回目の問いを行う際に1回目の会話を含めてAIに提供する必要があります。このように、OpenAI APIを通じてAIと会話を続けるには、APIの使用者が会話の状態を管理する必要があるわけです。

「会話の状態を管理する」とは、簡単に言うと、会話をループさせればいいだけです。ループ毎にユーザーの質問とAIの応答をつなげていき、さらにユーザーの質問と合わせてまたAIに渡す、という仕組みです。

4.1.2 押さえておくべきポイント

　AIと連携する際に重要なのは、「role（役割）」と「context（文脈）」の2つです。「role」ではユーザーとAIの区別を、「context」では会話の現在の状況や過去のやり取りを含む情報を扱います。それぞれの概念について解説します。

4.1.2.1 role（役割）

　「role」はユーザーとAIの役割を区別します。「role」として「system」「user」「assistant」があり、それぞれが異なる目的と動作を持っています。

1 system

　「system」は、APIが提供する様々な機能やタスクを実行するための内部コマンドや指示を処理する役割を持ちます。たとえば、「会話の初期化」がその例です。「シェイクスピアのように話すアシスタントになって」と指示すると、AIはシェイクスピア風の話し方で応答するようになります。このようなメカニズムにより、AIはより柔軟にユーザーのニーズに対応することが可能になります。

2 user

　「user」は、人間の使用者（ユーザー）を指します。ユーザーはAIに対して質問をしたり、指示を出したりすることができます。Power Automate for desktopから利用する場合は、ユーザーは質問や指示を入力画面から入力します。

3 assistant

　「assistant」はAI自体を意味し、ユーザーからの質問に応答したり、指示に基づいて情報を提供したりします。また、「system」からの指示を受けることもあります。これにより、ユーザーとAI間の対話が整理され、より理解しやすくなります。

4.1.2.2 context（文脈）

　「context」は、会話の現在の状況や過去のやり取りが含まれる情報を指します。「context」を適切に管理することで、AIはその状況にふさわしい、関連性の高い応答を生成することが可能になります。結果として、ユーザーとAIの間の自然な対話が実現します。

4.1.3 トークン数の管理とコストについて

　AIモデルを使用する際の重要な注意点として、トークン数の急激な増加とその影響について考慮する必要があります。AIモデルにより扱えるトークン数には制限が

あり、gpt-3.5-turbo-4K モデルは 4,096 トークン、gpt-3.5-turbo-16K モデルは 16,385 トークン、gpt-4 は 8,192 トークンです。この上限を超えると、テキストが切り捨てられるかエラーが発生することがあります。

　gpt-4-turbo、gpt-4o、gpt-4o-mini では 128,000 トークンが扱えるようになりましたが、トークン数が増加すると API の使用料金も上昇します。そのため、コストを抑える観点からも、長い会話を避け、必要な情報のみを含める設計が求められます。

- Models

URL https://platform.openai.com/docs/models

✎ COLUMN AI・RPA 時代でもプログラミング的思考は重要

「AIの時代になったらプログラミングは必要なくなる」「RPAはノンプログラミングで使える」といった話を耳にすることが多いですよね。しかし、筆者は「プログラミング言語を書く必要がなくなるかもしれないが、プログラミング的思考は依然として必要」と考えています。

もっと正直に言えば「プログラミング技術の習得は絶対に必要」と思っています。プログラミング言語を使って開発するか、ローコードで開発するかは大きな問題ではありません。どちらも「プログラミング技術」です。プログラミング技術を習得せずに「プログラミング的思考」だけを身に付けるのは非常に難しいでしょう。筆者の経験上、プログラミング的思考というのはプログラミングを実際に行い、エラーが発生したら何時間もデバッグし、様々な情報を調べ、試す中で自然に理解できていくものが多いのです。また、プログラムをチームで共同開発し、成果物をリリースして運用し、改修を続けるといった経験を通じて知恵が深まっていきます。

RPAで業務を自動化すること自体が、プログラミングそのものです。業務という不定形で不安定な事象を自動化するためには、構造化と抽象化の能力が重要になってきます。もちろん、安定した運用を実現するための例外処理も重要です。

また、標準機能では実現できない自動化が必要な場合は、自分で作成しなければなりません。その際、プログラミング言語やスクリプトの知識が必要となります。本書でもChapter5以降でスクリプトを使用しています。

さらに、AIに対して効果的なプロンプトを設計するにも、プログラミング的思考が必要です。

・情報や問題を分解し、体系的に構造化し、言語化する

・プロンプトに対するAIの応答パターンを分析する

・関連性の低い情報や余分な詳細を省略し、整理する

「AIの時代になったらプログラミングは必要なくなる」という声に惑わされず、自信を持ってプログラミングを続けていきましょう！

4.2 チャットボットを開発する

前置きはこれで十分です。では、「Chatbot1」という名前のフローを作成し、AI との会話機能を実装しましょう。実際に手を動かしてみることが、理解を深める最も効果的な方法です。

4.2.1 フローをコピーする

Chapter3で開発したチャットボット「bot1」をコピーして、「Chatbot1」という名前のフローを作成しましょう。Power Automate for desktopのフローをコピーする手順は以下の通りです。

STEP 1 コンソールの「**bot1**」の三点アイコン（その他のアクション）をクリックし、メニューの中から［コピーを作成する］を選択します。

STEP 2 ［コピーを作成する］ダイアログの［**フロー名**］に「**Chatbot1**」と入力します。

STEP 3 ［保存］をクリックします。

STEP 4 ［閉じる］をクリックします。

フローのコピーが完了すると、コンソール上にフロー［Chatbot1］が表示されるはずです。このフローの［編集］をクリックします。すると、フローデザイナーが開き、Chapter3で作成したフローが表示されます。

4.2.2 会話を記録する

会話を継続的に追跡するためには、過去の会話内容を記録しておく必要があります。この目的のためには、データテーブルも便利かもしれませんが、筆者の経験ではカスタムオブジェクトのほうが扱いやすいと感じています。特に、JSONとの互換性がよい点が大きな利点です。そのため、本書ではカスタムオブジェクトを使用して会話内容を記録します。

4.2.2.1 | 役割を設定する

AIに「優秀なアシスタント」という役割を割り当てましょう。メインフローの最上部（［リージョン］アクションの前）に、［変数の設定］アクションを追加します。設定ダイアログが表示されたら、［変数］を「Role」に変更します。［値］に「あなたは優秀なアシスタントです。」と入力し、［保存］をクリックします。

4.2.2.2 | 会話を記録するオブジェクトを作る

次に会話を記録するためのカスタムオブジェクトを作成します。このオブジェクトは会話を「記憶」する役割を持つため、「MemoryData」という変数に設定します。

［変数の設定］アクションを2番目のステップとして追加します。設定ダイアログが表示されたら、［変数］を「MemoryData」に変更しましょう。［値］に「%[{ 'role': 'system', 'content': Role }]%」と入力します。これは、**リスト4.1**の2つのキーと値を持つカスタムオブジェクトを示しています。

リスト4.1：カスタムオブジェクトの2つのキーと値

```
1. role
「system」という値がこのキーに割り当てられており、会話の初期➡
化機能を示します。
2. content
このキーには変数［Role］が関連付けられ、具体的には「あなたは➡
優秀なアシスタントです。」というテキストが格納されています。
```

この設定により、「会話の初期化」を意味するオブジェクトが会話記録に追加されることになります。すべての入力が終わったら、［保存］をクリックして設定を確定します。

4.2.2.3 | ユーザー入力を会話に追加する

次のステップでは、ユーザーからの入力を会話に組み込みます。4ステップ目にある［入力ダイアログを表示］アクションを通じて、ユーザーから受け取ったテキストは変数［UserInput］に格納されます。この変数［UserInput］の値をリストカスタムオブジェクト［MemoryData］に追加する操作を行います。ただし、入力ダイアログで［OK］がクリックされた場合のみ、これを会話の記録に追加します。

そのため、7ステップ目の「OpenAI APIを呼び出し」という名前の［リージョン］ブロックの前に、［変数］アクショングループ内の［項目をリストに追加］アクションを追加します。設定ダイアログが表示されたら、［項目の追加］に「%{ 'role': 'user', 'content': UserInput }%」と入力します（**図4.1❶**）。これは、**リスト4.2**の2つのキーと値を持つカスタムオブジェクトを示しています。

リスト4.2：カスタムオブジェクトの2つのキーと値

```
1. role
「user」という値がこのキーに割り当てられており、人間の使用者➡
（ユーザー）を指します。
2. content
このキーには変数［UserInput］が関連付けられ、ユーザーから受➡
け取ったテキストが格納されています。
```

［追加先リスト］には会話を記録するためのリストカスタムオブジェクト［MemoryData］を設定します。そのため、［追加先リスト］に「%MemoeryData%」と入力します（**図4.1❷**）。入力が終わったら、［保存］をクリックして設定を確定します（**図4.1❸**）。

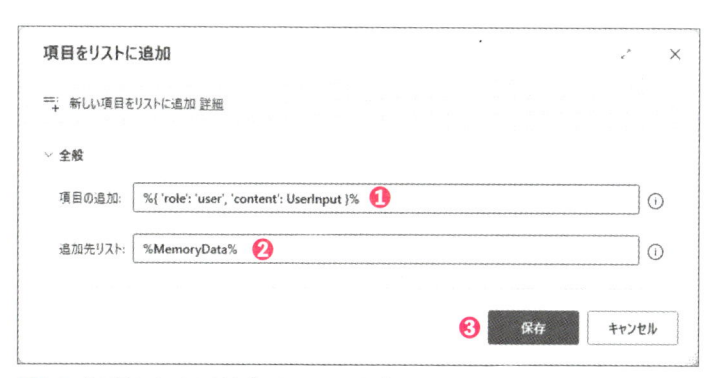

図4.1：［項目をリストに追加］アクションの設定

現在のフローは**図4.2**に示す通りです。

図4.2：現在のフロー（12ステップ目まで）

4.2.2.4 | 会話の内容を確認する

リストカスタムオブジェクト［MemoryData］にどのような値が保存されるかを確認しましょう。

4.2.2.4.1 | フローを実行する

9ステップ目の［変数の設定］アクションにブレークポイントを付けて、フローを実行します。ブレークポイントの付け方は、複数の方法があるので、「MEMO：ブレークポイントの設定方法」を確認してください。

ブレークポイントを設定する方法はいくつかあります。簡単かつ直感的な方法はブレークポイントを設定したいアクションの左側（ステップ番号が表示される部分）を左クリックすることです。これを行うと、**図4.3**のようにアイコン（本書ではグレーで表示されていますが本来は赤いアイコン）が表示され、ブレークポイントが設定されたことが確認できます。

アイコン

図4.3：9ステップ目にブレークポイントが設定された状態

また、アクションが選択された状態で「F9」キーを押すことでもブレークポイントを設定できます。もう一度「F9」キーを押すとブレークポイントが解除されます。このショートカットキーはMicrosoft系の開発（Visual Studio、VS Code、Visual Basic Editorなど）でも一般的に使用されますので、覚えておくと便利です。
さらに、アクションを選択した状態でメニューバーの［デバッグ］をクリックし、［ブレークポイントの切り替え］を選択する方法もあります。多くの場合、マウス操作が簡単で直感的ですが、ショートカットキーやメニュー操作を使う方法も覚えておくと、より効率的な開発ができます。

　フローを実行すると、「質問入力」という入力ダイアログが表示されるので、「こんにちは」と入力して、［OK］をクリックします。9ステップ目でフローが中断します。この時点で、フローの実行を停止させます。9ステップ目に設定したブレークポイントは、次の実行の妨げにならないよう解除しておきましょう。

4.2.2.4.2 変数ペインで確認する

　［MemoryData］の中にどのように会話が記録されているか確認しましょう。変数ペインにて、［MemoryData］をダブルクリックし、設定ダイアログを開きます。［MemoryData］はリストカスタムオブジェクト型であり、**図4.4❶**に示すような値が含まれていることが確認できます。

0行目の「詳細表示」をクリックすると（**図4.4❷**）、詳細が展開されます。[MemoryData] の最初の要素（0行目）はカスタムオブジェクト型（**図4.4❸**）で、「名前」と「値」のペアで構成されています。ここで、「role」は「system」、「content」は「あなたは優秀なアシスタントです。」と設定されています。

「←」をクリックして前のダイアログに戻ってください（**図4.4❹**）。1行目の「詳細表示」をクリックすると（**図4.4❺**）、[MemoryData] の2番目の要素の値が表示されます。ここで、「role」は「user」、「content」は「こんにちは」と設定されています。変数の確認が終わったら、ダイアログを閉じます（**図4.4❻**）。

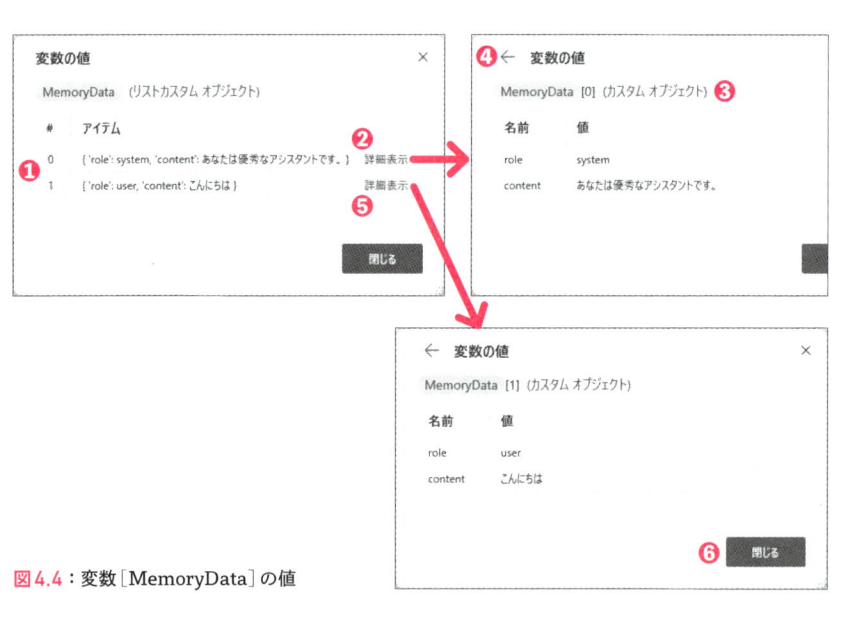

図4.4：変数 [MemoryData] の値

つまり、**リスト4.3**のような会話が記録されていることが確認できました。

リスト4.3：記録されている会話

```
system：あなたは優秀なアシスタントです。
user：こんにちは
```

この例から、会話が形成されつつあることが感じられますね。次にユーザーの質問にAIが応答すれば、一連の会話が完成します。

4.2.3　APIを呼び出す部分の修正を行う

　会話の記録を追加した結果、以前の「bot1」とはAPIの要求本文が異なるものになります。これに伴う修正を行っていきましょう。

4.2.3.1　要求本文のためのカスタムオブジェクトを作成する

　「bot1」での実装では、[Webサービスを呼び出します]アクションの[要求本文]に、直接JSON形式のテキストを設定していました。しかし、会話の記録を保持するリストカスタムオブジェクト[MemoryData]を組み込む必要があるため、要求本文をカスタムオブジェクト型の変数で管理することにします。この新しいカスタムオブジェクトの名前を「APIObject」とします。

　この変更を反映させるには、8ステップ目の[リージョン]アクションの後（9ステップ目の[変数の設定]アクションの前）に、[変数の設定]アクションを追加します。設定ダイアログが表示されたら、[変数]を「APIObject」に変更し（**図4.5 ❶**）、[値]に「%{ 'model': 'gpt-4o-mini', 'messages': MemoryData, 'max_tokens': 500, 'temperature': 0.7 }%」と入力します（**図4.5 ❷**）。ここで「'messages': MemoryData」と指定することで、カスタムオブジェクト[APIObject]内に[MemoryData]を含めることができます。すべての入力が終わったら、[保存]をクリックします（**図4.5 ❸**）。

図4.5：[変数の設定]アクションの設定

4.2.3.2 | 要求本文をJSON形式にする

　カスタムオブジェクト［APIObject］をOpenAI APIの要求本文として使用するためには、JSON形式に変換する必要があります。

　この変換を行うには、9ステップ目の［変数の設定］アクションの後に、［変数］アクショングループ内の［カスタムオブジェクトをJSONに変換］アクションを追加します。設定ダイアログが表示されると、［カスタムオブジェクト］の初期値として［APIObject］が選択されており、「%APIObject%」と設定されていることが確認できます（**図4.6❶**）。［生成された変数］にはデフォルトで「CustomObjectAsJson」という変数が設定されていますが、これを「APIJson」に変更します（**図4.6❷**）。変更が完了したら［保存］をクリックします（**図4.6❸**）。

図4.6：［カスタムオブジェクトをJSONに変換］アクションの設定

4.2.3.3 | APIを呼び出すアクションを修正する

　12ステップ目の［Webサービスを呼び出します］アクションの設定を変更しましょう。このアクションの設定ダイアログを開き、［要求本文］に入力されているJSONテキストを「%APIJson%」に置き換えます。変更が完了したら、［保存］をクリックして変更を反映させます。

　現在、リージョンブロック［OpenAI APIの呼び出し］は**図4.7**に示されている通りに構成されています。

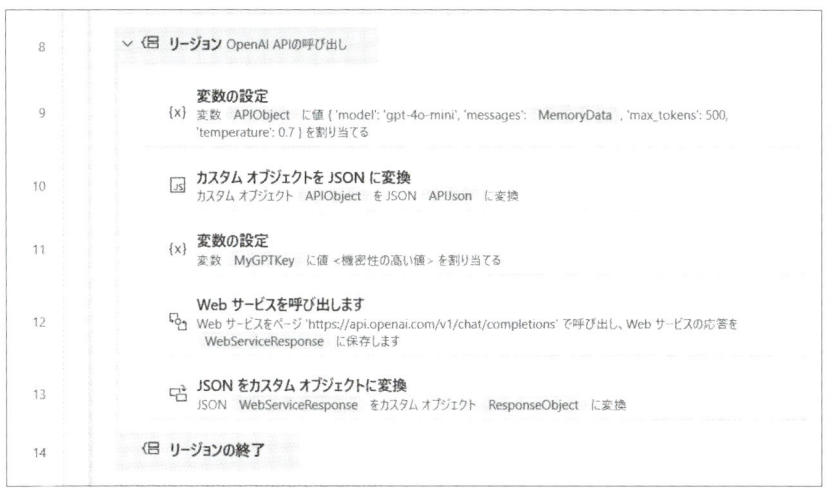

図4.7：リージョンブロック［OpenAI API の呼び出し］の構成

4.2.3.4 | 実行する

すべての設定が完了したら、フローを実行します。「質問入力」という入力ダイアログが表示されたら、「こんにちは」と入力し、［OK］をクリックします。理想としては、AIからの応答を受け取るはずですが、残念ながらこの段階ではエラーメッセージが表示されてしまいます（図4.8）。エラーメッセージは「APIの戻り値からエラーが検出されました。Invalid type for 'max_tokens': expected an integer, but got a decimal number instead.」です。

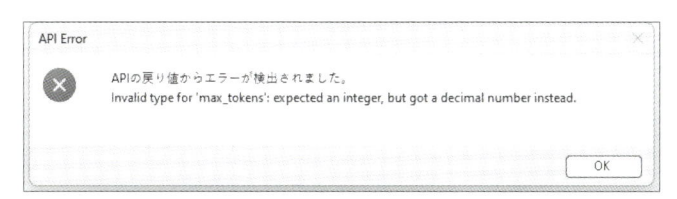

図4.8：APIの戻り値からエラーが検出されたメッセージ

つまり、エラーの原因はカスタムオブジェクト［APIObject］で［max_tokens］に設定した「500」が、カスタムオブジェクトからJSONに変換される過程で「500.0」として扱われたことです。これにより、「整数ではない」というエラーが発生しています。変数ペインで［APIJson］の値を確認すると、以下のようになっています。

```
{"model":"gpt-4o-mini","messages":[{"role":➡
"system","content":"あなたは優秀なアシスタントです。"},➡
{"role":"user","content":"こんにちは"}],"max_tokens":➡
500.0,"temperature":0.7}
```

確かに max_tokens の値が「500.0」となっていますね。小数点が付加される原因を探るよりも、プログラムを修正して問題を解決しましょう。

4.2.3.5 問題を解決する

JSONテキスト［APIJson］内の「500.0」を「500」に置換することで、問題が解決する見込みです。ただし、直接アクションを追加して置換を行うと、将来的にmax_tokensの値を調整したくなった際に、複数の箇所を変更する必要が出てきます。

修正直後は覚えていても、時間が経過すると、どこを修正すべきか忘れてしまうことがよくあります。将来的な修正作業をスムーズにするためにも、少し手間はかかりますが、プログラムの改善を行いましょう。

4.2.3.5.1 max_tokens用の変数を作成する

9ステップ目の［変数の設定］アクションの前に、［変数の設定］アクションを追加します。設定ダイアログが表示されたら、［変数］を「max_tokens」に変更します。［値］に「500」と入力して、［保存］をクリックします。これで、変数［max_tokens］に「500」という値が設定できました。

4.2.3.5.2 要求本文のカスタムオブジェクトを修正する

10ステップ目の［変数の設定］アクションの設定ダイアログを開きます。［値］が現在「%{ 'model': 'gpt-4o-mini', 'messages': MemoryData, 'max_tokens': 500,

図4.9：［変数の設定］アクションの修正後の設定

AIと会話を続けるフローの開発

'temperature': 0.7 }%」となっているので、「500」を「max_tokens」に置き換えて（図4.9❶）、「%{ 'model': 'gpt-4o-mini', 'messages': MemoryData, 'max_tokens': max_tokens, 'temperature': 0.7 }%」とします。［保存］をクリックして変更を確定します（図4.9❷）。

4.2.3.5.3 | 置換するアクションを追加する

変数［max_tokens］の値が「500」に設定されている場合、JSONテキスト［APIJson］内で「500.0」を「500」に置換する操作が必要です。この置換は［テキストを置換する］アクションを使用して行い、完了後に［APIJson］を上書きします。

11ステップ目の［カスタムオブジェクトをJSONに変換］アクションの後に、［テキスト］アクショングループ内の［テキストを置換する］アクションを追加します。設定ダイアログが表示されたら、［解析するテキスト］に「%APIJson%」を設定します（図4.10❶）。［検索するテキスト］に「%max_tokens%.0」と設定し（図4.10❷）、［置き換え先のテキスト］に「%max_tokens%」と指定することで（図4.10❸）、不要な小数点を削除します。［生成された変数］を「APIJson」にすることで（図4.10❹）、元のJSONテキスト［APIJson］を更新します。すべての設定が完了したら［保存］をクリックして設定を確定します（図4.10❺）。

図4.10：［テキストを置換する］アクションの設定

不要な小数点を削除する目的で追加または変更されたアクションは、以下の通りです（**図4.11**）。

図4.11：不要な小数点を削除するために変更したアクション

4.2.3.6 再実行する

フローをもう一度実行してみましょう。入力ダイアログ［質問入力］が表示されたら、「こんにちは」と入力し、［OK］をクリックします。今回は、**図4.12**のようにAIからの応答が正常に表示されます。

図4.12：［AIの応答］ダイアログ

問題が無事解決したわけですが、ここでAIの応答内容に注目してください。AIは優秀なアシスタントのように丁寧な言葉遣いで応答していますね。この応答は、変数［Role］に設定された役割に基づいています。役割を変更して、応答の変化を確認してみるのも興味深いでしょう。

さて、ダイアログの［OK］をクリックするとフローは終了します。これでリストカスタムオブジェクト［MemoryData］を取り入れたフローの基本形が完成しました。しかし、これだけでは会話が実現されたとは、まだ言えません。次に、フローをさらに改善し、実際に会話ができるように進めていきましょう。

4.2.4 会話できるように改善する

この項目では、ユーザーが自ら会話を終了させるまで、会話が途切れずに継続されるようにフローを変更します。そのため、フロー全体にループ処理を組み込みます。

4.2.4.1 設計を行う

フローが複雑になるため、改善後のフローの設計図を図4.13に示します。フローチャートでは特定の記号を使用しています。各記号の意味については、表4.1をご参照ください。

表4.1：フローチャートの記号

No	名前	記号	用途
1	端子	開始	業務プロセスの開始と終了を表します。
2	アクティビティ	処理	業務プロセス内の一般的な処理を表します。最もよく使用される図形です。
3	判断	条件	判断し次のステップに移る点を示しています。多くの場合「はい」と「いいえ」の2つに分かれますが、3つ以上の分岐が生じることもあります。
4	流れ線	→	記号と記号を結び、処理の流れを表します。
5	サブプロセス		別の場所（同じページ内の別の場所もしくは同じドキュメント内の別ページ）にサブプロセスとして定義される一連の手順に使用します。サブルーチンとも呼ばれる一種の関数です。
6	データ		システムやCSVデータなど、コンピュータを通して扱えるデータを示します。アクティビティと接続するときは破線矢印を使います。
7	コンテナ		複数のアクティビティが載る土台となります。サブプロセスを展開したときにも使用します。

フロー［Chatbot1］を図4.13の設計図に従って修正していきます。手順を以下に解説します。

STEP 1 **変数［LoopFlg］の初期設定**

フローの開始時に変数［LoopFlg］を設定します。初期値は「True」とします（図4.13❶）。

STEP 2 **ループ処理の追加**

この変数［LoopFlg］が「True」の状態を維持している間、フローは繰り返し実行されます（**図4.13②**）。

STEP 3 **変数［LoopFlg］の更新**

ユーザーがユーザー入力画面で［Cancel］をクリックした場合は、変数［LoopFlg］の値を「False」に変更し、これによってループ処理が終了します（**図4.13③**）。

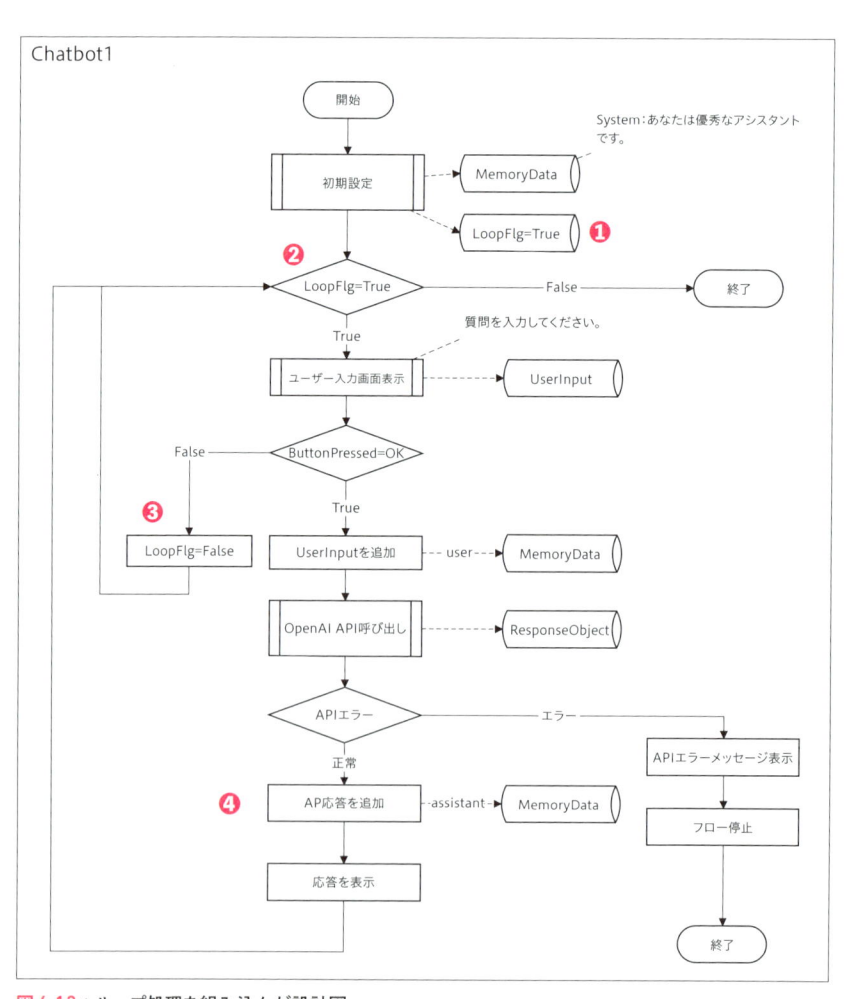

図4.13：ループ処理を組み込んだ設計図

STEP| 4 **API応答を追加**

AIからの応答が正常に得られた際には、その応答をメッセージボックスでユーザーに表示した後、リストカスタムオブジェクト［MemoryData］にも応答内容を追加して記録します（図4.13❹）。

4.2.4.2 | 設計内容をフローに実装する

設計図を基にして実装を始めましょう。

4.2.4.2.1 | 変数［LoopFlg］を作成する

まずは、「LoopFlg」という変数を作成します。設計図（図4.13）の部分❶の実装になります。2ステップ目の［変数の設定］アクションの後に、新たな［変数の設定］アクションを追加します。設定ダイアログが表示されたら、［変数］を「LoopFlg」に変更します。［値］に「%True%」と入力して、［保存］をクリックします。

4.2.4.2.2 | ［ループ条件］アクションを追加する

次に、設計図（図4.13）の部分❷の実装を行います。先に追加した3ステップ目の［変数の設定］アクションの後に、［ループ］アクショングループ内の［ループ条件］アクションを追加します。

設定ダイアログが表示されたら、［最初のオペランド］に「%LoopFlg%」を設定します。［演算子］はデフォルトの［と等しい (=)］のままとし、［2番目のオペランド］に「%True%」と入力します。設定が終わったら、［保存］をクリックして設定を確定します。

現在の5ステップ目までのフローは、図4.14に示されている通りです。

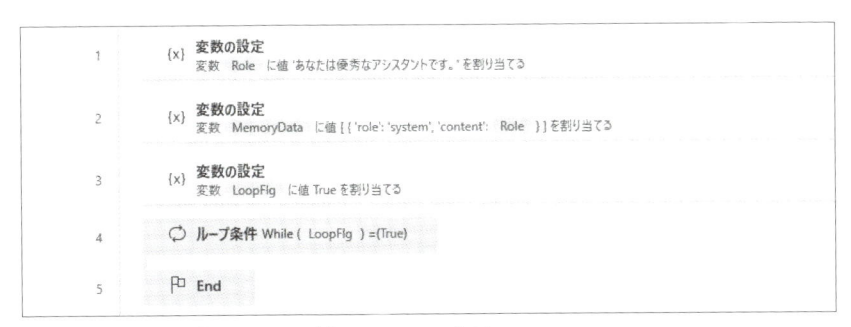

図4.14：［ループ条件］アクションを追加した5ステップ目までのフロー

4.2.4.2.3 ［ループ条件］ブロック内にアクションを移動する

　［ループ条件］アクションと［End］アクションの間に、6ステップ目以降にある
すべてのアクションをドラッグ＆ドロップで移動します。正しく移動できれば、
［ループ条件］ブロックは**図4.15**のように整理されるはずです。図が見やすくなる
ように、［リージョン］ブロックは折りたたんでいます。

図4.15：整理したフロー

4.2.4.2.4 入力ボックスで［Cancel］がクリックされた場合の処理の実装

　次は、ユーザーが入力画面で［Cancel］をクリックした場合の処理を実装しま
しょう。設計図（**図4.13**）の部分❸の実装になります。

4.2.4.2.4.1 ［Else］アクションを追加する

　22ステップ目の［End］アクションの前に、［条件］アクショングループ内の

[Else] アクションを追加します。

4.2.4.2.4.2　変数 [**LoopFlg**] に値を格納する

　ユーザーが入力ボックスで [Cancel] を選択した場合、変数 [LoopFlg] に「False」を設定する必要があります。これを行うために、22 ステップ目の [Else] ブロック内に、[変数の設定] アクションを追加します。設定ダイアログが表示されたら、[変数] に変数 [LoopFlg] を設定します。[値] に「%False%」と入力して、[保存] をクリックします。

　現在のフローは、**図4.16** に示されている通りです。図が見やすくなるように、[If] ブロックは折りたたんでいます。

図4.16：変数 [LoopFlg] に「False」を設定したフロー

4.2.4.2.5 ｜ API 応答をリストに追加する

　AI からの応答は現在、20 ステップ目でメッセージボックスに表示されるようになっていますが、これをリストカスタムオブジェクト [MemoryData] にも追加します。応答内容を 2 度入力するのは非効率なので、応答内容を変数に保存し再利用します。設計図（**図4.13**）の部分❹の実装になります。

4.2.4.2.5.1　応答を保存する

　まず、20 ステップ目の [メッセージを表示] アクションの設定ダイアログを開き、[表示するメッセージ] の内容をすべてコピーします。その後、[キャンセル] をクリックしてダイアログを閉じます。

　次に、20 ステップ目の [メッセージを表示] アクションの前に、[変数の設定] アクションを追加します。設定ダイアログが表示されたら、[変数] を「Assistant Response」に変更します（**図4.17**❶）。[値] には、先ほどコピーした内容を貼り付けて（**図4.17**❷）、[保存] をクリックし設定を確定します（**図4.17**❸）。

図4.17：[変数の設定] アクションの設定

4.2.4.2.5.2 ［メッセージを表示］アクションを変更する

21ステップ目の［メッセージを表示］アクションを変更します。アクションの設定ダイアログを開き、［表示するメッセージ］を編集します。もともと入力されている「%ResponseObject.choices[0].message.content%」を削除し、「%Assistant Response%」に置き換えます。変更が終わったら、［保存］をクリックして変更を確定します。

4.2.4.2.5.3 リストカスタムオブジェクト［MemoryData］にAIの応答を追加する

AIからの応答をリストカスタムオブジェクト［MemoryData］に追加しましょう。20ステップ目の［変数の設定］の後に、［変数］アクショングループ内の［項目をリストに追加］アクションを追加します。設定ダイアログが表示されたら、［項目の追加］に「%{ 'role': 'assistant', 'content': AssistantResponse }%」と入力します（**図4.18①**）。［項目の追加］には**リスト4.4**の2つのキーと値のペアから成り立つカスタムオブジェクトが割り当てられました。

リスト4.4：カスタムオブジェクトの2つのキーと値

```
1. role
   このキーには「assistant」という値が設定されており、この⇒
   オブジェクトがAIアシスタントによる応答であることを示して⇒
   います。
2. content
   このキーには変数 [ AssistantResponse ] が関連付けられてお⇒
   り、AIアシスタントからの具体的な応答内容が格納されます。
```

[追加先リスト] にリストカスタムオブジェクト [%MemoryData%] を設定することで、会話の履歴にAIの応答を追加することができます（図4.18❷）。設定が終わったら、[保存] をクリックします（図4.18❸）。

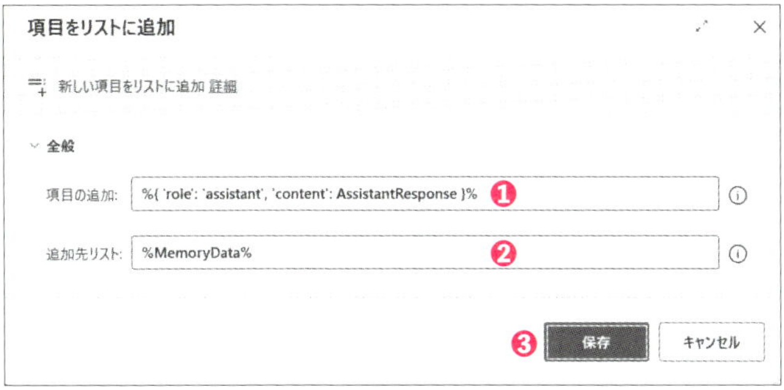

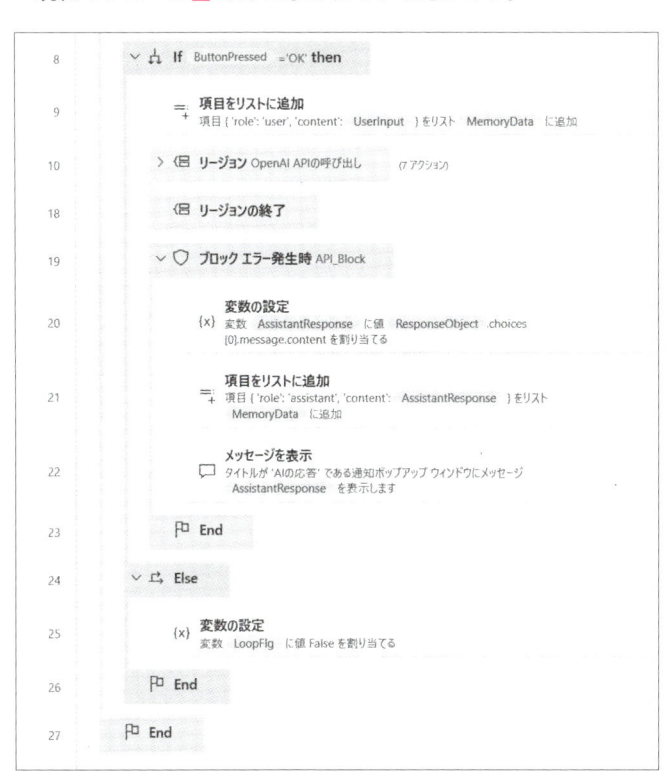

図4.18：[項目をリストに追加] アクションの設定

　現在のフローは図4.19に示されている通りです。

図4.19：API応答をリストに追加したフロー

4.2.4.3 | 実行する

　AIとの会話がうまくいくか、実際に試してみましょう。フローを実行します。［質問入力］というダイアログが表示されたら、「生成AIとは何ですか？ 50文字程度で説明してください。」と入力し、［OK］をクリックします。少し待つと応答が返ってきます。

　「生成AIは、自然な文章や画像、音声などを生成する人工知能技術であり、ディープラーニングを用いたモデルが広く使われています。」という応答が得られました。この内容は、実行のたびに変わる可能性があります。

　応答を確認したら、メッセージボックスの［OK］をクリックします。すると再び［質問入力］ダイアログが表示されるので、「それを使って何ができますか？」と質問してみてください。「それ」という表現がキーポイントです。前回の質問と応答をシステムが記憶していなければ、「それ」が何を指すのかわかりません。正確な応答が得られるのか見てみましょう。

　実際には、「生成AIを使うと、文章や画像、音声の生成だけでなく、クリエイティブな作品の制作やデザイン、音楽の作曲、会話エージェントの開発など様々なことが可能です。」という応答が得られました（図4.20）。成功です！「それ」が「生成AI」を指していることを正しく理解できたことがわかります。

　［OK］をクリック後、再び［質問入力］ダイアログが表示されます。ここで［Cancel］をクリックして、フローを終了させましょう。

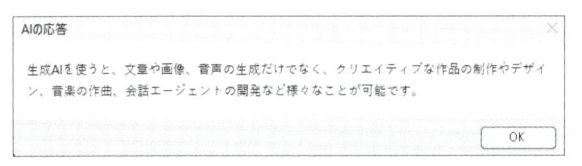

図4.20：AIの応答を表示するメッセージボックス

　いかがでしたか？　AIとの会話が実現し、会話を終了させる処理も問題なく機能しました。これにより、チャットボットの基本的な構築が完成しました。作業の終わりには、忘れずにフローを保存してください。

4.2.5 現時点の問題点を洗い出す

基本的なチャットボットのフローは完成しましたが、実際に動かしてみるといくつかの問題点が浮かび上がります。

4.2.5.1 会話の流れがスムーズではない

ユーザーは質問を入力し、[OK] をクリックし、AIからの応答を読んで再び [OK] をクリックし…というように、マウス操作が頻繁に必要です。

4.2.5.2 前回までの会話内容が表示されない

新しい質問や依頼をする際に、これまでの会話の流れが表示されないため、チャットアプリに慣れているユーザーには不自然に感じられます。

4.2.5.3 活用イメージが不明瞭

AIとの会話機能は実装されましたが、無料のChatGPTでも得られる情報であり、OpenAI APIを利用する具体的なメリットが見えてきません。

1番目（4.2.5.1項）と2番目（4.2.5.2項）の問題はフローの実装によるもので、解決策を見つけることができます。これらについては、「4.2.6 メッセージの表示を一本化させる」でフローを見直します。

3番目（4.2.5.3項）の問題はより根本的で、OpenAI APIを使用することの付加価値が明確ではありません。しかし、心配無用です。「4.3 Function Calling を活用したチャットボットを開発する」で、APIを利用することの真の価値と、それが業務にどのように役立つかを示す機能を紹介します。

4.2.6 メッセージの表示を一本化させる

「4.2.5 現時点の問題点を洗い出す」で挙げた1番目と2番目の問題を解決します。

「1つの会話毎に2回メッセージボックスが表示される」という問題と「前回の会話内容が表示されない」という問題を解決するために、AIからの応答を表示する部分を取り除き、ユーザーが質問を入力する画面で、AIの応答とこれまでの会話の両方を表示するように改善します。

ユーザー入力画面の変更を進めるために、5ステップ目から始まる［リージョン］ブロックを図4.21 に示す設計図に従って変更していきます。以下にその手順を解説します。

STEP 1　会話内容を格納する変数の作成

会話内容を格納するために、「ChatText」という新しいテキスト型変数を作成します（図4.21❶）。

STEP 2　会話内容の転記

リストカスタムオブジェクト［MemoryData］に格納された会話の件数分、ループ処理を実施します。各ループで、変数［ChatText］に会話内容を順に追加していきます（図4.21❷）。

STEP 3　会話履歴の表示

最終的に、「ChatText」に格納された会話の履歴を入力ダイアログに表示します（図4.21❸）。

この変更によって、ユーザーは過去の会話内容を参照しながら、新たな質問や依頼を入力することが可能になります。これによって、より自然な会話が可能になります。

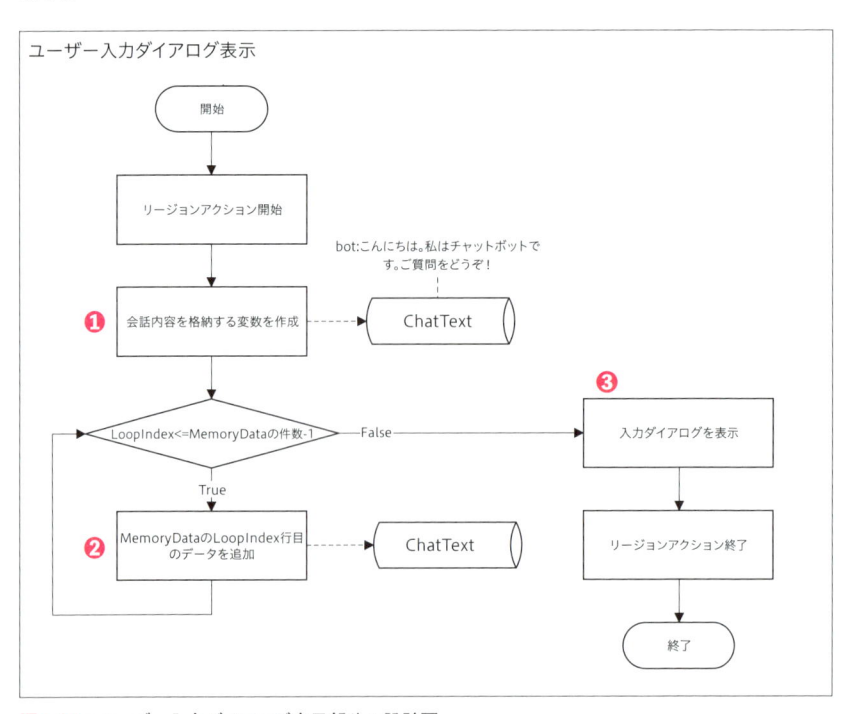

図4.21：ユーザー入力ダイアログ表示部分の設計図

4.2.6.1 　会話内容を格納する変数の作成

設計図（**図4.21**）の部分❶の実装を進めましょう。会話内容を格納するために、「ChatText」という新しいテキスト型変数を作成します。

5ステップ目の「ユーザー入力画面の表示」という［リージョン］アクションの後（［入力ダイアログを表示］アクションの前）に、［変数の設定］アクションを追加します。設定ダイアログが表示されたら、［変数］を「ChatText」に変更します。［値］に、「bot:こんにちは。私はチャットボットです。ご質問をどうぞ！」と入力して、［保存］をクリックします。

4.2.6.2 　会話内容の転記

新しく作成した変数［ChatText］に、リストカスタムオブジェクト［MemoryData］に格納された各項目を追加します。設計図（**図4.21**）の部分❷の実装です。

4.2.6.2.1 　リストカスタムオブジェクト［**MemoryData**］の件数分ループする処理の追加

まずは、このリストカスタムオブジェクト［MemoryData］の件数分ループする処理を作成します。

6ステップ目の［変数の設定］アクションの後に、［ループ］アクショングループ内の［Loop］アクションを追加し、設定ダイアログが表示されたら、［開始値］に「1」と入力します。

リストカスタムオブジェクト［MemoryData］に格納されている最初の値は、「system:あなたは優秀なアシスタントです。」となっており、これを会話の流れにそのまま表示するのは不自然です。そのため、最初の値（インデックス0）はループ処理から除外します。［開始値］には「0」ではなく「1」と入力するのはそのためです。

［終了］に「%MemoryData.Count - 1%」と入力します。効率的な入力方法は「MEMO：「%MemoryData.Count - 1%」の入力方法」で解説するので、参考にしてください。［増分］に「1」と入力します。［生成された変数］に［LoopIndex］と表示されていることを確認して、［保存］をクリックします。

📋 **MEMO** 「%MemoryData.Count - 1%」の入力方法

［終了］で変数を選択する際、{x}（変数の選択）アイコンをクリックし（**図4.22❶**）、表示される変数一覧から「MemoryData」を探します。デフォルトでカーソルは「変数の検索」入力ボックスにあるので、「me…」と入力して絞り込むと（**図4.22❷**）、

「MemoryData」を効率的に見つけることができます。「{X} MemoryData」の左にある下三角（▽）アイコンをクリックし（**図4.22❸**）、展開されたメニューの中の「.Count」をダブルクリックします（**図4.22❹**）。［終了］に「%MemoryData.Count%」と入力されています。これを手動で編集し、「%MemoryData.Count - 1%」と変更します。

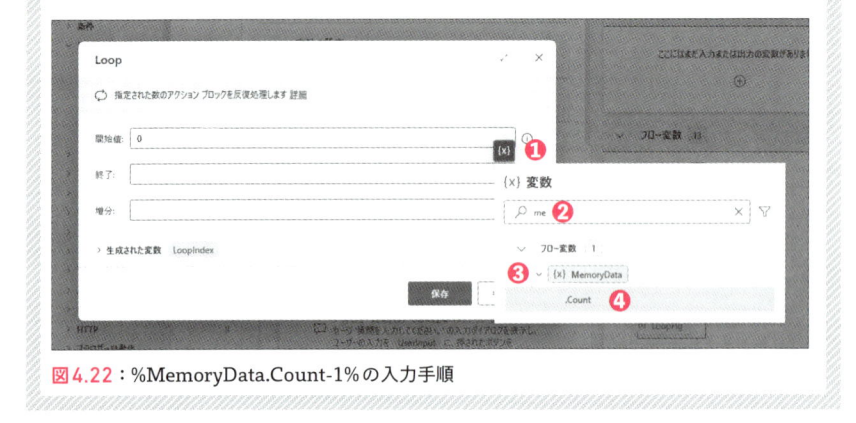

図4.22：%MemoryData.Count-1%の入力手順

4.2.6.2.2 | 変数［ChatText］に会話の内容を追加する

次に、変数［ChatText］にリストカスタムオブジェクト［MemoryData］から［role］と［content］の値を追加します。

7ステップ目の［Loop］アクションの後に、［テキスト］アクショングループ内の［テキストに行を追加］アクションを追加します。設定ダイアログが表示されたら、［元のテキスト］には「%ChatText%」を設定し（**図4.23❶**）、［追加するテキスト］には、「%MemoryData[LoopIndex]['role']%: %MemoryData[LoopIndex]['content']%」を入力します（**図4.23❷**）。このテキストは長いので、{x}（変数の

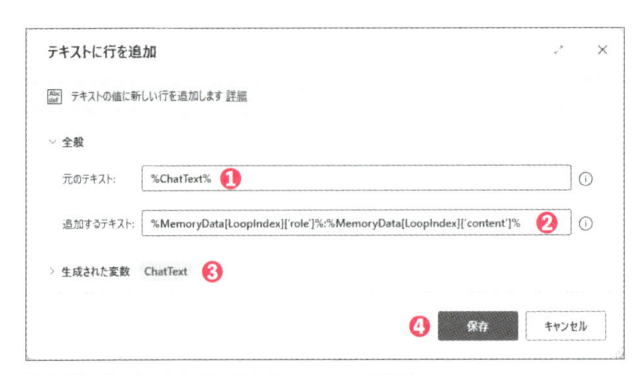

図4.23：［テキストに行を追加］アクションの設定

選択）を活用して、効率よく入力しましょう。

　最終的に［生成された変数］に表示されている変数の名前を「Result」から「ChatText」へ変更します（**図4.23 ❸**）。すべての設定が完了したら、［保存］をクリックして設定を確定します（**図4.23 ❹**）。

　この操作により、各ループの間に「MemoryData」の各要素が変数［ChatText］に順次追加され、ユーザーが見ることができる会話の履歴が形成されます。

4.2.6.3　入力ダイアログのメッセージを変更する

　入力ダイアログに表示されるメッセージを、「質問を入力してください。」から、変数［ChatText］に保存されている会話内容へと変更します。設計図（**図4.21**）の部分❸の実装になります。

　これを実施するために、10ステップ目にある［入力ダイアログを表示］アクションの設定ダイアログを開き、［入力ダイアログメッセージ］に「%ChatText%」を設定します（**図4.24 ❶**）。これにより、ダイアログにこれまでの会話履歴が表示されるようになります。設定が完了したら、［保存］をクリックして変更を確定します（**図4.24 ❷**）。

図4.24：［入力ダイアログを表示］アクションの設定を変更

　リージョンブロック［ユーザー入力画面の表示］のフローは、**図4.25**に示されている通りです。

図4.25：リージョンブロック［ユーザー入力画面の表示］のフロー

4.2.6.4 | AIからの応答表示を削除する

「メッセージ表示の一本化」が目的であるため、AIからの応答メッセージを別途表示する必要はありません。そのため、AIからの応答メッセージを表示するアクションをフローから取り除きます。26ステップ目の［メッセージを表示］アクションを選択し、削除します。

まだ完全には完成していませんが、現状で一度実行してみましょう。

4.2.6.5 | 実行して確認する

これまでの作業の結果を確認するために、フローを実行します。すると、**図4.26**に示されるような入力ダイアログが表示されるはずです。

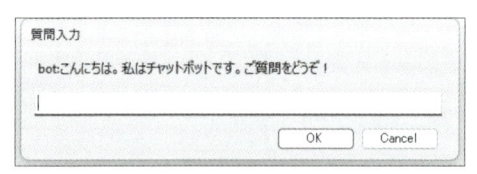

図4.26：［質問入力］ダイアログ -1回目

会話が表示されることを確認できたら、次に進みましょう。「こんにちは」と入力して［OK］をクリックします。今回はAIからの応答メッセージが別のポップアップとして表示されることなく、直接、**図4.27**の［質問入力］ダイアログが表示されるはずです。

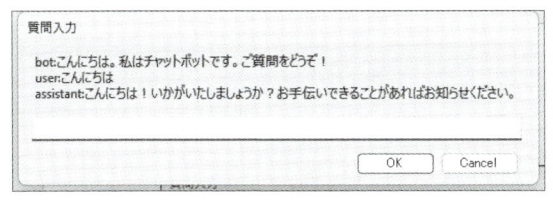

質問入力

bot:こんにちは。私はチャットボットです。ご質問をどうぞ！
user:こんにちは
assistantこんにちは！いかがいたしましょうか？お手伝いできることがあればお知らせください。

[OK] [Cancel]

図4.27：［質問入力］ダイアログ-2回目

　最後に、「Cancel」をクリックしてフローを終了させます。これで、メッセージ表示を一本化したフローの動作を確認できました。

4.2.6.6 | 会話表示を統一する

　現在のフローでは、AIの発言が一部「bot」と表示され、一部は「assistant」と表示されているという問題があります。これを統一するためにフローを修正します。

　9ステップ目の［End］アクションの後に、［テキスト］アクショングループ内の［テキストを置換する］アクションを追加します。設定ダイアログが表示されたら、［解析するテキスト］に「%ChatText%」を設定して（**図4.28①**）、［検索するテキスト］に「assistant」と入力します（**図4.28②**）。［置き換え先のテキスト］に「bot」と入力します（**図4.28③**）。最後に［生成された変数］を「Replaced」から「ChatText」に変更します（**図4.28④**）。他の設定はデフォルトのままでいいです。設定できたら、［保存］をクリックします（**図4.28⑤**）。

テキストを置換する　　　　　　　　　　　　　　　✕

　指定されたサブテキストの出現箇所すべてを別のテキストに置き換えます。正規表現と同時に使うこともできます 詳細

∨ 全般

解析するテキスト：　　　%ChatText%　①

検索するテキスト：　　　assistant　②

検索と置換に正規表現を使う：　○

大文字と小文字を区別しない：　○

置き換え先のテキスト：　bot　③

エスケープ シーケンスをアクティブ化：　○

> 生成された変数　ChatText　④

⑤ [保存] [キャンセル]

図4.28：［テキストを置換する］アクションの設定

4.2.6.7 | 再度実行して確認する

　フローをもう一度実行してみましょう。以前と同じように、「こんにちは」と入力
して［OK］をクリックします。その後、再度表示される［質問入力］ダイアログで、
今回は「RPAって何ですか？簡単に教えてください。」と質問してみてください。し
ばらく待った後、［質問入力］ダイアログが**図4.29**に示される形で再度表示される
はずです。

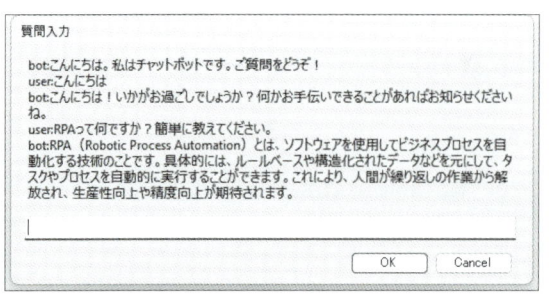

図4.29：［質問入力］ダイアログ

　「bot」と「user」の会話になっていますね。［Cancel］を選択してフローを終了
します。そして、このフローを保存しておきましょう。

　UI（ユーザーインターフェース）はシンプルですが、会話を続けるAIチャット
ボットとしての機能は十分です。ただし、この状態では「無料版のChatGPTを
Power Automate for desktopでまねしてみた」程度のものとなります。
　Power Automate for desktopを使う明確な必要性はまだ感じられませんね。し
かし、ここからさらに一歩進めて、汎用的なチャットボットに独自のプラグインを
組み込む楽しみを体験してもらいたいと思います。

4.3 Function Callingを活用した チャットボットを開発する

4.3.1 Function Callingの基本

チャットボットに独自のプラグインを組み込む上で、OpenAI APIが提供する「Function Calling」という機能が鍵となります。この機能は2023年6月に追加されたもので、日本語では「関数呼び出し」と訳されます。

- Function Callingについての公式ページ
URL https://platform.openai.com/docs/guides/function-calling

これまでにチャットボットを作成する過程で、ユーザーからの質問にAIが応答を返す基本的な仕組みについては理解していただけたと思います。Function Callingは、この一歩先を行く機能で、AIが「自分では直接応答できないが、特定の関数を使えば要求に応えることが可能かもしれない」と提案し、その関数を呼び出すことを可能にします。この概念は初めての方には少し複雑に感じられるかもしれませんが、詳しい説明を通じて理解を深めていきましょう。

> **📋 MEMO toolsの登場**
>
> 2023年12月にOpenAI APIに「tools」というプロパティが追加されました。これはFunction Calling機能の上位互換で、複数の関数やGPTの持つ他の機能を同時に呼び出すことが可能です。それに伴い、「function_call」および「functions」プロパティはDeprecated（非推奨）となりました。代わりに「tool_choice」「tools」プロパティが追加されました。本書でもこれらのプロパティを使用します。

4.3.1.1 Function Callingを使わない場合

Function Callingを使用しない状況でOpenAI APIを通したAIとの会話は、**図4.30**に示されるように制限があります。たとえば、ユーザーがAIに「京都の天気を教えて」と質問したとします。AIは最新情報をリアルタイムで取得できないため、「京都の現在の天気については、私が直接情報を提供することができません。最新情報を提供している気象サイトをご利用ください。」といった応答を返すことになります。

この例では、AIは過去に学習したデータや情報に基づいて応答するのみで、ユーザーの要求に即した最新の情報を提供することができません。

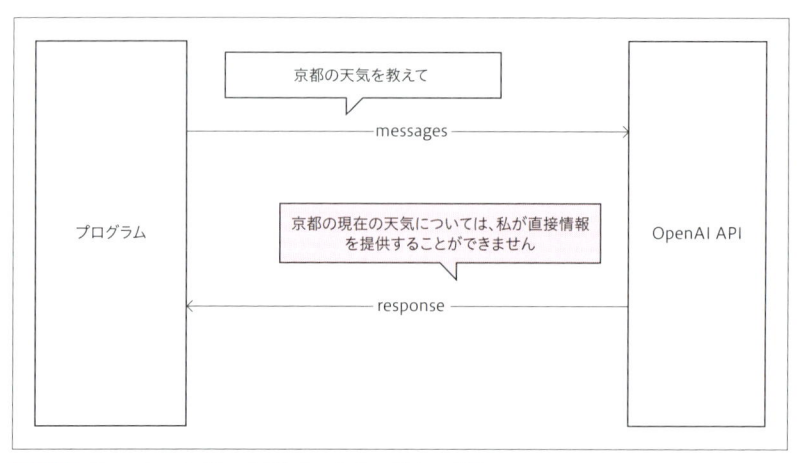

図4.30：Function Callingを使わないときのAIとの会話

4.3.1.2 | Function Calling のメカニズム

Function Calling は、AIが直接答えられない質問に対しても、特定の関数を介して応答を得ることを可能にする強力な機能です。たとえば、現在の天気や最新のニュース、特定の企業の情報など、AI単体では応答できない内容も扱うことができます。

Function Calling の流れを**図4.31**で解説します。

4.3.1.2.1 | 関数作成と関数定義の送信

まず、「現在の天気を取得する」という目的の関数（例：get_weather）を自作し、プログラムに組み込みます。

プログラムからOpenAI APIを通じてAIに「京都の天気を教えて」という質問（message）を送信します。同時に、get_weather関数の定義もAIに伝えます。この関数定義は、関数が何をするものか、どのような引数を取るかを説明します（**図4.31❶**）。

4.3.1.2.2 | AIからの応答

AIは、自身では「京都の今の天気」を知らないが、get_weather関数を使用すれ

ば答えられるかもしれないと判断し、その関数を呼び出したい旨の応答をプログラムに返します。引数も「京都」と指定します（**図4.31 ❷**）。

4.3.1.2.3 | 関数の実行と応答の取得

プログラムはAIからの指示に従ってget_weather関数を「京都」の引数で実行し、天気情報を取得します（**図4.31 ❸**）。

4.3.1.2.4 | 最終応答の送信

取得した天気情報を今までのmessageと共にOpenAI APIを通じて再びAIに送信します（**図4.31 ❹**）。

4.3.1.2.5 | AIからの最終応答

AIはこの情報を基に、最終的な応答をプログラムに提供します（**図4.31 ❺**）。

このプロセスを通じて、外部から見た場合、AIが現在の天気情報を知っているかのような印象を与えることができます。これにより、あたかも「独自の生成AI」を持っているかのような体験を実現することができます。ただし、これはAIが直接情報を知っているわけではなく、プログラムが関数を通じて情報を取得し、その結果をAIが利用するという形になります。

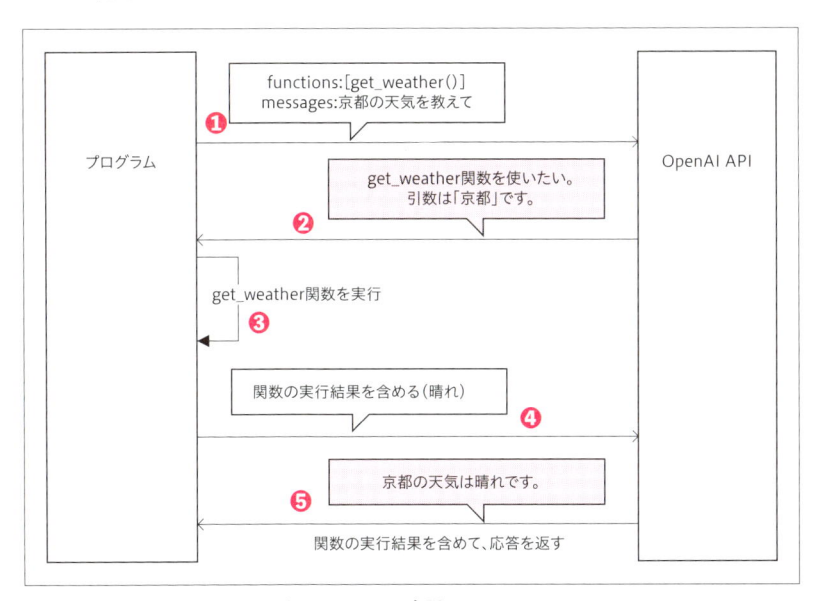

図4.31：Function Callingを活用したAIとの会話

4.3.1.3　本書のFunction Callingの使い方

　独自のプラグインを活用して、まるで「独自のAI」のように振る舞うチャットボットを作成する方法について理解が深まったところですが、その過程で手順が多いことも明らかになりました。

　本書は「業務の自動化」に焦点を当てているため、Function Callingを全面的に活用して本格的なチャットボットを開発するのではなく、プロセスの前半部分だけを採用します。たとえば、天気情報の取得を例に挙げると、「get_weather関数を使いたい。引数は"京都"」というAIの応答を得た段階で、関数を実行します。これにより、Function Callingの適用プロセスは完了となります（図4.32）。

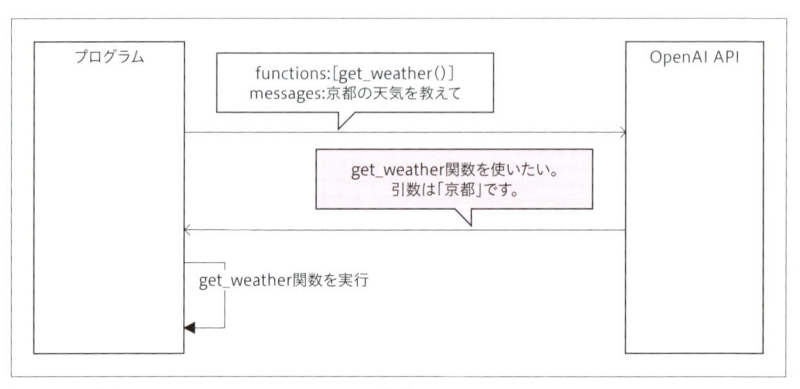

図4.32：本書でのFunction Callingの活用方法

4.3.1.4　Function Callingを使わないときの動作を確認する

　Function Callingを使用しない場合の挙動を、実際にフローを動かして検証してみましょう。フロー[Chatbot1]を実行します。フローデザイナーがすでに開いている場合は、ツールバーから実行してもいいですし、コンソールから実行することも可能です。

　[質問入力]の入力ダイアログが表示されたら、「AA商事の営業を担当している人って誰ですか？」と入力し、[OK]をクリックします。しばらくすると図4.33のように応答が返ってきます。応答内容は毎回異なる場合があり、ときには「田中さんです」といった具体的な名前を挙げて応答することもありますが、これは例外的な挙動です。

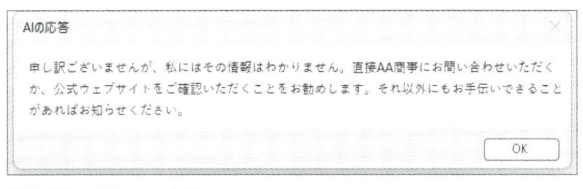

図4.33：AIからの応答

　確かに、AIがすでに知っている情報の範囲外にある質問、たとえば、筆者が作り出した架空の会社「AA商事」についての質問に対して、AIが具体的な答えを提供するのは難しいですよね。しかし、もしAIが自分の業務に直接関連する質問にも答えられるようになったら素晴らしいと思いませんか？　それを可能にするのがFunction Callingの機能です！

　「4.3.1.2 Function Callingのメカニズム」では、「天気の問い合わせ」の例を用いてFunction Callingの概念を説明しましたが、ここではさらに一歩踏み込んで、実際の業務シナリオにおける応用例、つまり顧客企業の担当営業を特定するための応答をAIに提供してもらう方法について見ていきます。

　まずは、現在開いている「質問入力」ダイアログで［Cancel］を選択し、フローを一度終了させましょう。その後、Function Callingの有効性を自身で体感するために、実際に関数を作成するところからスタートします。「Function」という名前からもわかるように、この機能の核心は「関数を作成し活用する」ことにあります。

4.3.2　関数の概要

　これから作成する関数は、顧客企業名を引数として受け取り、その企業を担当している営業担当者の名前を返すものです。この機能を実現するために、「担当一覧.xlsx」というExcelドキュメントを準備します。このドキュメントには、各顧客企業とそれに割り当てられた営業担当者のリストが含まれています。

　関数の動作フローは以下のようになります。

STEP 1　顧客企業名の取得

　引数として顧客企業名（例：「AA商事」）を関数に渡します。関数側は顧客企業名を取得します（**図4.34❶**）。

営業担当者の検索

「担当一覧.xlsx」内のデータを用いて、指定された顧客企業に対応する営業担当者を検索します（**図4.34❷**）。

結果の返却

対応する営業担当者が見つかった場合はその名前を、見つからなかった場合は「not found」という文字列を返します（**図4.34❸**）。

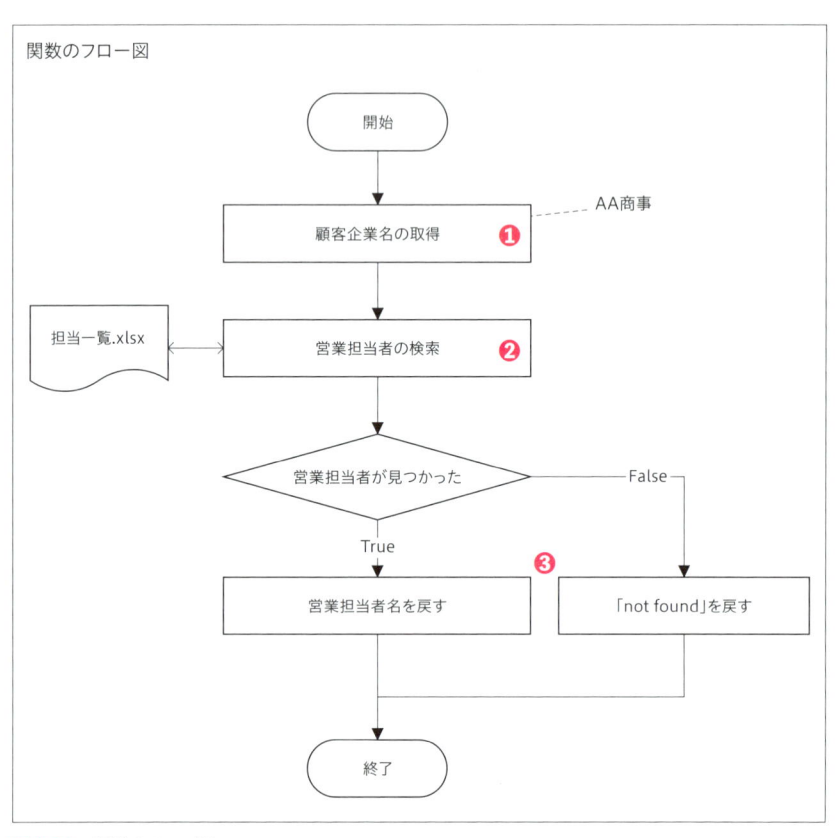

図4.34：関数のフロー図

4.3.3　関数を開発する

フロー［Chatbot1］を変更します。フロー［Chatbot1］をフローデザイナーで開きます。

4.3.3.1 | フロー作成の準備を行う

フロー［Chatbot1］を変更する前に準備をします。本書付属のサンプルプログラムから「Chapter4」フォルダー内にある「担当一覧.xlsx」をコピーし、「ドキュメントフォルダー\PAD\Data」に配置します。

「ドキュメントフォルダー」という名称が示す正確なパスは、使用しているコンピュータの環境によって異なります。具体的なパスを確認するには、本書内の「MEMO：ドキュメントフォルダーのパスの確認方法」の説明を参照してください。

> **📄 MEMO** ドキュメントフォルダーのパスの確認方法
>
> ドキュメントフォルダーの正確なパスを確認するには、以下のステップに従ってください。
> **1.** アクションの追加
> フローデザイナー内に、［フォルダー］アクショングループ内の［特別なフォルダーを取得］アクションを追加します。
> **2.** 項目選択
> 設定ダイアログで［特別なフォルダーの名前］のドロップダウンリストから［ドキュメント］を選択します。
> **3.** パスの確認
> ［特別なフォルダーのパス］に表示されるパスを確認します。

4.3.3.2 | サブフローを追加する

「GetSalesPersonName」という名前でサブフローを作成しましょう。このサブフローを関数として設計し、管理します。

4.3.3.2.1 | Power Automate for desktopにおける「関数」の扱い

Power Automate for desktopでは、1つのフロー内で独立した関数を作成することは厳密にはできません。その理由は、フロー内の全サブフローから変数が参照・更新可能であり、関数のような独立性を持たせることが困難だからです。ここで言う関数の独立性とは、特定の処理を実行し、引数を取り、戻り値を返すことが完全に独立している状態のことを指します。Power Automate for desktopでは、「グローバル変数」の概念しか存在しません。

もし変数にスコープ（有効範囲）を設定できるRPAツールの使用経験があるなら、Power Automate for desktopの仕組みに初めて触れた際に戸惑いを感じることがあるかもしれません。

4.3.3.2.2 | 本書における関数の扱い

本書ではサブフローを関数とみなして利用することにします。このとき、サブフロー内の変数を呼び出し元のフローからは見えないものとして扱います（実際には見えますが、見えていないふりをします）。

このアプローチには、アクション数が増加し処理が冗長になるというデメリットがありますが、バグの発生を防ぎやすく、メンテナンスが容易になるという利点があります。さらに、サブフローを独立したフローとして抽出する際に、変更点を最小限に抑えることができます。

この認識のもと、サブフローを1つの独立した関数として設計し、管理することとします。

4.3.3.3 | 「担当一覧.xlsx」を起動する

サブフロー［GetSalesPersonName］の中身を作成していきます。

4.3.3.3.1 | ドキュメントフォルダーのパスを取得する

まずドキュメントフォルダーのパスを取得することからスタートします。この手順により、異なるユーザーやパソコンでフローが実行されても「担当一覧.xlsx」ファイルへの一貫したアクセスが可能になります。

サブフロー［GetSalesPersonName］のワークスペースに、［フォルダー］アクショングループ内の［特別なフォルダーを取得］アクションを追加します。設定ダイアログが表示されたら、［特別なフォルダーの名前］のドロップダウンリストから［ドキュメント］を選択します。［生成された変数］を［SpecialFolderPath］から［DocumentsPath］に変更します。すべての設定ができたら、［保存］をクリックします。

4.3.3.3.2 | 「担当一覧.xlsx」を起動する

次に行うのは「担当一覧.xlsx」ファイルを起動するアクションの追加です。

［特別なフォルダーを取得］アクションの後に、［Excel］アクショングループ内の［Excelの起動］アクションを追加します。設定ダイアログが表示されたら、［Excelの起動］のドロップダウンリストから［次のドキュメントを開く］を選択します。［ドキュメントパス］には、先ほど取得したドキュメントフォルダーのパスを利用して「%DocumentsPath%\PAD\Data\担当一覧.xlsx」と入力します。［生成された変数］には［ExcelInstance］というインスタンス変数が設定されていることを確認します。他の設定はデフォルトのままとし、［保存］をクリックします。

4.3.3.3.3 | アクティブなワークシートを指定する

　「担当一覧.xlsx」は、［担当一覧］と［担当者マスタ］という2つのワークシートを持っているので、ワークシート［担当一覧］を明示的にアクティブ化するためのアクションを追加します。

　［Excelの起動］アクションの下に、［Excel］アクショングループ内の［アクティブなExcelワークシートの設定］アクションを追加します。設定ダイアログが表示されると、［Excelインスタンス］にはすでに［%ExcelInstance%］が設定されています。［次と共にワークシートをアクティブ化］の選択肢は［名前］のままで大丈夫です。［ワークシート名］に「担当一覧」と入力します。これにより、ワークシート［担当一覧］が明示的にアクティブになります。すべての設定が終わったら、［保存］をクリックします。

　これで「担当一覧.xlsx」ファイルを起動する部分のフローが完成しました（**図4.35**）。

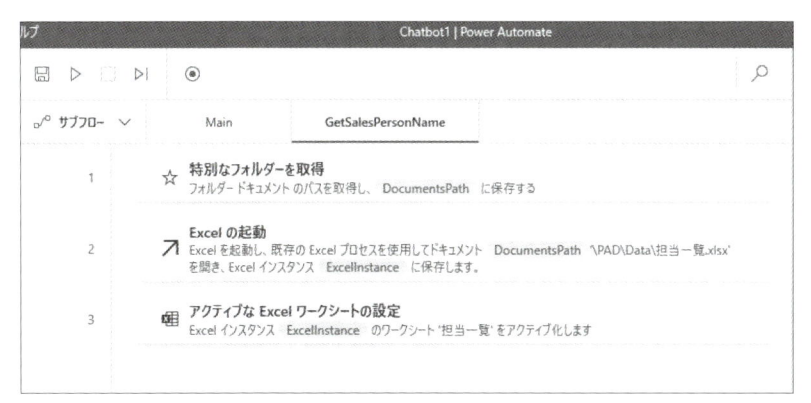

図4.35：サブフロー［GetSalesPersonName］のフロー

4.3.3.4 | 顧客企業名を検索する

　これまでの手順により、「担当一覧.xlsx」のワークシート［担当一覧］が開かれた状態になります。次に、このワークシート内から特定の顧客企業名を検索します。

　［アクティブなExcelワークシートの設定］アクションの後に、［Excel］アクショングループの［詳細］グループ内の［Excelワークシート内のセルを検索して置換する］アクションを追加します。

　設定ダイアログが表示されると、［Excelインスタンス］には自動的に［%ExcelInstance%］が設定されています（**図4.36❶**）。［検索モード］はデフォルトの［検索］をそのまま使用します（**図4.36❷**）。置換作業を行いたいときは［検

索して置換]を選択しますが、このケースでは検索のみを実施します。

［すべての一致］オプションは［無効］のままとします（図4.36❸）。これにより、検索条件に最初に合致したセルのみが対象になります。このオプションを［有効］にした場合、検索条件に合致するすべてのセルが対象になります。たとえば、ワークシート内に「AA商事」というテキストが複数存在する場合、［すべての一致］が［有効］であれば、すべての「AA商事」が検索結果として返されます。

［検索するテキスト］にはテスト目的で「AA商事」と入力します（図4.36❹）。将来的には、この部分を動的に変更する変数に置き換える予定です。［一致するサポート案件］は検索時に大文字と小文字を区別するか否かを指定するためのオプションです。このケースでは［無効］のままとします（図4.36❺）。

［セルの内容が完全に一致する］オプションを［有効］に設定します（図4.36❻）。［無効］の場合、たとえば「AA」と入力した際にも「AA商事」が検索結果に含まれてしまい、検索結果の正確性が損なわれる可能性があります。

［検索条件］オプションはデフォルトの「行」のままとします（図4.36❼）。この設定は検索順序を行とするか列とするかを決定しますが、本ケースでは行数も列数も多くないため、設定を変更しても大きな違いはありません。

検索が成功した場合、検索されたセルの列番号と行番号は［FoundColumn Index］と［FoundRowIndex］の変数に格納されます。検索対象が見つからなかった場合、これらの変数には「0」が格納されます（図4.36❽）。すべての設定が終わったら、［保存］をクリックして設定を確定します（図4.36❾）。

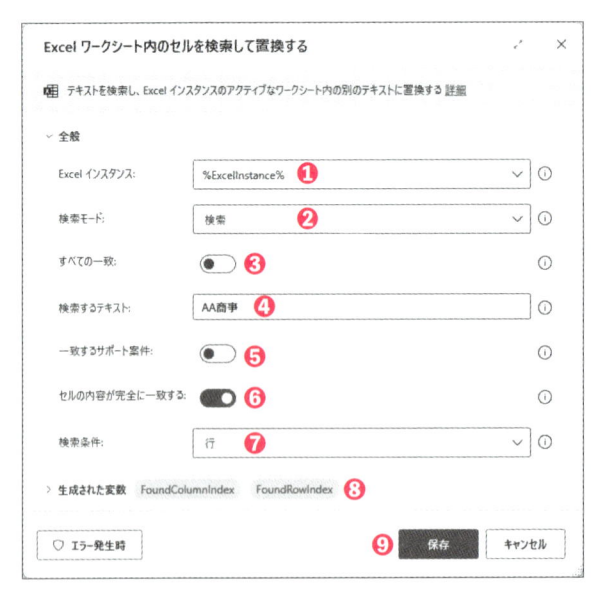

図4.36：［Excelワークシート内のセルを検索して置換する］アクションの設定

4.3.3.5 | 担当者名の読み取りと格納

　顧客企業名の検索に成功し、該当するセルが見つかった場合、その右隣のセルから担当者名を読み取り、戻り値として用意した変数［SalesPersonName］に格納します。顧客企業名がワークシート内で見つからなかった場合は、「not found」という文字列を変数［SalesPersonName］に格納します。これにより、検索結果が存在しない場合の処理を明確に区別できます。

4.3.3.5.1 | 条件分岐の設定

　顧客企業名の検索結果に応じて、異なるアクションを実行するためには、条件分岐を設定する必要があります。

　［Excelワークシート内のセルを検索して置換する］アクションの後に、［条件］アクショングループ内の［If］アクションを追加します。設定ダイアログで［最初のオペランド］には、「%FoundColumnIndex%」を設定します。［演算子］のドロップダウンリストから［と等しくない(<>)]を選択します。［2番目のオペランド］には「0」を入力します。設定が終わったら、［保存］をクリックして、条件分岐の設定を確定します。

　［If］ブロック内で実行するのは、検索条件に一致した顧客企業名の隣のセルから担当者名を読み取る処理です。これは、変数［FoundColumnIndex］が「0」ではない場合、つまり検索に成功した場合に行われます。

4.3.3.5.2 | 担当者名の読み取り

　顧客企業名が検索によって見つかった場合、関連する担当者名を読み取り、それを変数に格納します。

　先の［If］ブロック内に、［Excel］アクショングループ内の［Excelワークシートから読み取る］アクションを追加します。設定ダイアログで［Excelインスタンス］には自動的に「%ExcelInstance%」が設定されています（図4.37❶）。［取得］オプションは［単一セルの値］のままにします（図4.37❷）。［先頭列］には、担当者名が記載されている列を指定します。ここでは「D」列、もしくは列番号で「4」と入力します（図4.37❸）。

　［先頭行］には、検索された顧客企業名の行番号を指示する変数［%FoundRowIndex%］を設定します（図4.37❹）。これにより、正確な行の担当者名を読み取ります。

　［詳細］エリアの設定はそのままで構いません。

［生成された変数］を「SalesPersonName」に変更します（図4.37❺）。これにより、読み取った担当者名がこの変数に格納されます。すべての設定を行った後、［保存］をクリックして、アクションの設定を確定します（図4.37❻）。

図4.37：［Excelワークシートから読み取る］アクションの設定

フローは図4.38のようになっていますね。

図4.38：サブフロー［GetSalesPersonName］のフロー

4.3.3.6 顧客企業名が見つからなかった場合の処理

顧客企業名が見つからなかった際には、「not found」という結果を変数に格納する設定を行います。

4.3.3.6.1 ［Else］アクションの追加

6ステップ目の［Excelワークシートから読み取る］アクションの後に、［条件］アクショングループ内の［Else］アクションを追加します。

4.3.3.6.2 ［変数の設定］アクションの追加

「not found」という結果を変数に格納する設定を行います。［Else］アクションと［End］アクションの間に、［変数の設定］アクションを追加します。設定ダイアログが表示されたら、［変数］に「SalesPersonName」を設定します。［値］には「not found」と入力します。これは顧客企業名が見つからなかった場合に、変数［SalesPersonName］に格納される値です。「not」と「found」の間に半角スペースを入れてください。すべての設定が終わったら、［保存］をクリックして設定を確定します。

この処理により、顧客企業名が見つかった場合と見つからなかった場合の両シナリオで戻り値［SalesPersonName］に適切な文字列が格納されるようになりました。

4.3.3.7 「担当一覧.xlsx」を閉じる

ここまでで、担当者名の検索が終了したので、［担当一覧.xlsx］を閉じる処理を設定します。フローの最後に、［Excel］アクショングループ内の［Excelを閉じる］アクションを追加します。

設定ダイアログが表示されたら、［Excelインスタンス］には自動的に「%ExcelInstance%」が設定されています。これは、開かれている「担当一覧.xlsx」ファイルを指します。［Excelを閉じる前］は、デフォルトの［ドキュメントを保存しない］のままとします。［保存］をクリックして設定を確定します。

サブフロー［GetSalesPersonName］には後ほど変更を加えますが、基本的な機能を備えた状態が完成しました。
現在のフローを図4.39に示します。

図4.39：サブフロー［GetSalesPersonName］のフロー

4.3.4　メインフローに関数を呼び出す機能を組み込む

　サブフロー［GetSalesPersonName］にて、関数の基本構造を構築した後は、メインフローに変更を加えて関数を呼び出す機能を実装します。設計図を参考にしてください（**図4.40**）。

　図4.40の部分❶に変更を加えることで、関数の定義を含むリクエストをOpenAI APIへ送信できるようになります。関数の呼び出し機能を加えるのは、部分❷にあたる［API応答の処理］サブプロセスになります。

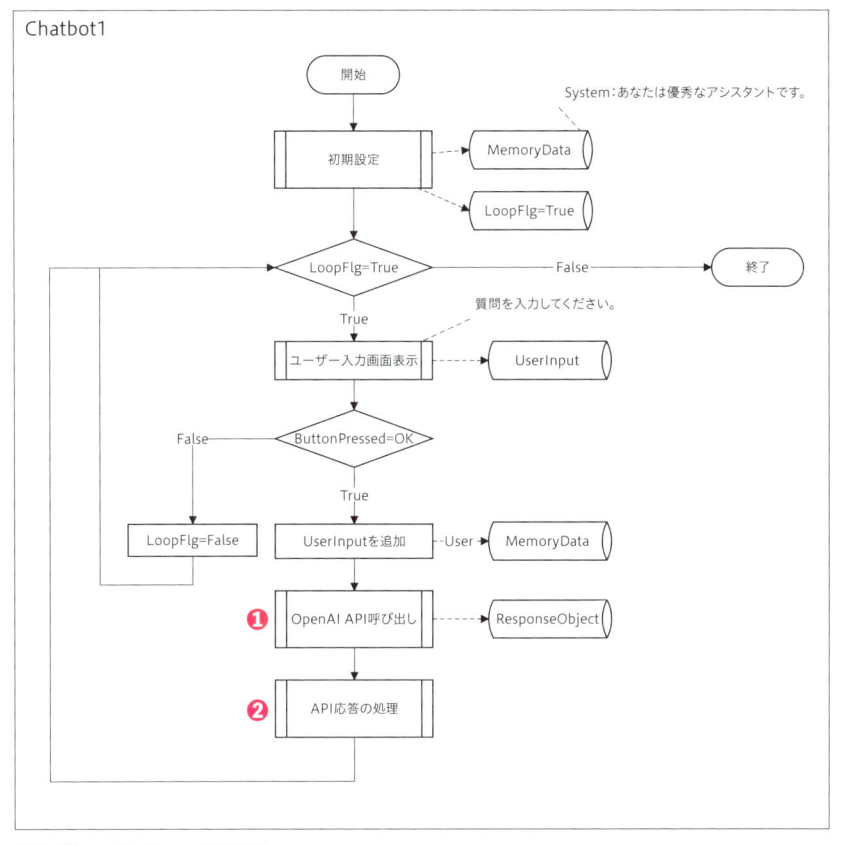

図4.40：メインフローの設計図

　このサブプロセスの詳細は図4.41に示されています。ここではやや複雑な内容になっているため、実装を進める際にはこの図を参照しながら手順を追って説明していきます。

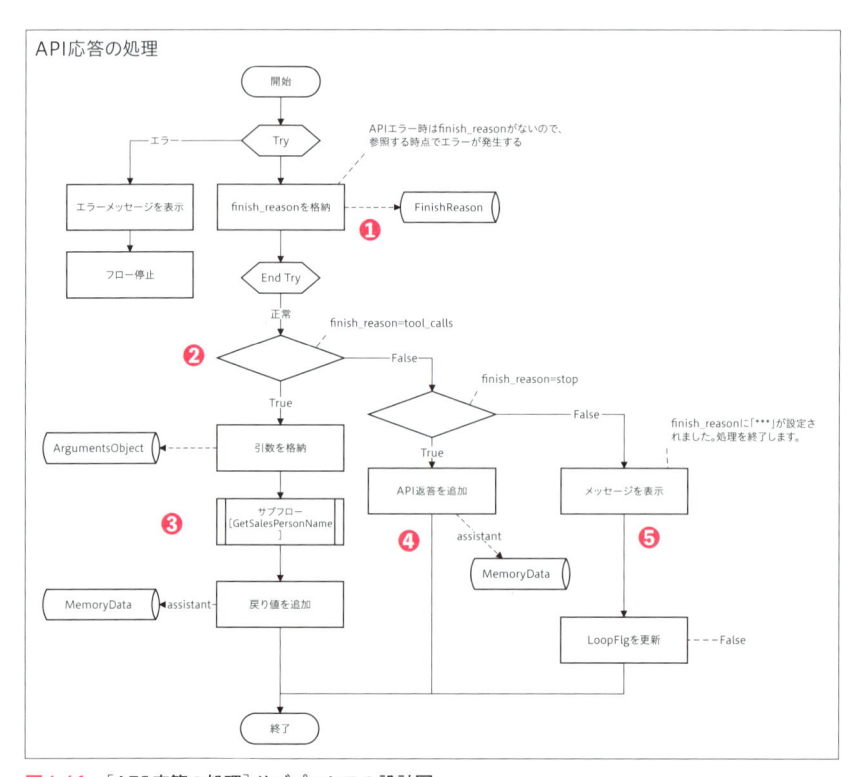

図4.41：［API応答の処理］サブプロセスの設計図

4.3.4.1 | APIの要求本文に関数の定義を組み込む

OpenAI APIに関数の定義を含むリクエストを送信できるようにします。メインフローの設計図（**図4.40**）の部分❶にあたります。この関数の定義はJSON形式で行います。

4.3.4.1.1 | 関数定義の設定

メインフローに戻ります。現在のリージョンブロック［OpenAI APIの呼び出し］のフローは**図4.42**に示す通りです。

15	∨ ⟨吕 **リージョン** OpenAI APIの呼び出し
16	{x} **変数の設定** 変数 max_tokens に値 500 を割り当てる
17	{x} **変数の設定** 変数 APIObject に値 { 'model': 'gpt-4o-mini', 'messages': MemoryData , 'max_tokens': max_tokens , 'temperature': 0.7 } を割り当てる
18	**カスタム オブジェクトを JSON に変換** カスタム オブジェクト APIObject を JSON APIJson に変換
19	**テキストを置換する** APIJson 内でテキスト max_tokens '.0' を max_tokens に置き換え、結果を APIJson に保存する
20	{x} **変数の設定** 変数 MyGPTKey に値 <機密性の高い値> を割り当てる
21	**Web サービスを呼び出します** Web サービスをページ 'https://api.openai.com/v1/chat/completions' で呼び出し、Web サービスの応答を WebServiceResponse に保存します
22	**JSON をカスタム オブジェクトに変換** JSON WebServiceResponse をカスタム オブジェクト ResponseObject に変換
23	⟨吕 **リージョンの終了**

図4.42：リージョンブロック［**OpenAI API の呼び出し**］のフロー

　15ステップ目の「OpenAI API の呼び出し」という名前の［リージョン］アクションの後（16ステップ目の［変数の設定］アクションの前）に、［変数］アクショングループ内の［変数の設定］アクションを追加します。

　設定ダイアログが表示されたら、［変数］を「FunctionsJson」に変更します（**図4.43❶**）。［値］には**リスト4.5**の内容を入力します（**図4.43❷**）。正確な入力が必要であるため、本書付属のサンプルプログラム「Chapter4\ リスト 4_5.txt」からコピー＆ペーストすることをお勧めします。

　関数［GetSalesPersonName］は、「顧客企業の担当者名を取得します」という説明（description）を持っています。これは、関数が何をするのかを簡潔に示します。そして、この関数は「CustomerName」という名前の引数を持っています。これは、関数が営業担当者名を返すために必要な顧客企業名を示しています。つまり、関数に対して顧客企業名を提供すると、その企業の担当者名が戻り値として返されるということです。

```
[{
    "type":"function",
    "function": {
        "name": "GetSalesPersonName",
        "description": "顧客企業の担当者名を取得します",
        "parameters":{
            "type":"object",
            "properties":{
                "CustomerName":{
                    "type":"string",
                    "description":"顧客企業名です"
                },
            },
            "required":["CustomerName"],
        },
    },
},]
```

すべての設定を行った後、［保存］をクリックします（図4.43❸）。

図4.43：［変数の設定］アクションの設定

4.3.4.1.2 | JSONからカスタムオブジェクトへの変換

関数の定義を含むJSONテキストを、システムが処理できるカスタムオブジェクトに変換します。この変換により、後続の処理で関数定義をAPIリクエストの本文に組み込むことが可能になります。

16ステップ目の［変数の設定］アクションの後に、［変数］アクショングループ内の［JSONをカスタムオブジェクトに変換］アクションを追加します。

設定ダイアログが表示されたら、［JSON］に「%FunctionsJson%」を設定します。これは、関数の定義が含まれるJSONテキストを指します。［生成された変数］を「FunctionsObject」に変更します。この変数には、JSONテキストから変換されたカスタムオブジェクトが格納されます。設定を行った後、［保存］をクリックして設定を確定します。

4.3.4.1.3 | 変数［APIObject］を変更する

変数［APIObject］に対して、関数の定義を含めるよう設定を更新します。これにより、OpenAI APIへのリクエストにおいて、独自の関数を活用する準備が整います。

19ステップ目の［変数の設定］アクションの設定ダイアログを開きます。［値］に記入されている文字列は、現在の設定では「%{ 'model': 'gpt-4o-mini', 'messages': MemoryData, 'max_tokens': max_tokens, 'temperature': 0.7 }%」となっています。

この文字列の「'temperature': 0.7」の部分の後に「, 'tools': FunctionsObject」を追加します（**図4.44❶**）。これにより、APIリクエストに関数の定義が含まれるようになります。変更が完了したら、［保存］をクリックして変更を確定します（**図4.44❷**）。

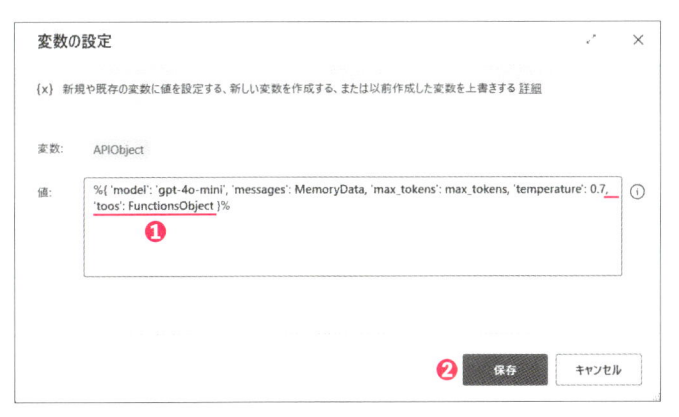

図4.44：［変数の設定］アクションの設定変更

4.3.4.1.4 | ［tool_choice］パラメータの省略

　OpenAI APIを使用する際には、「tool_choice」というパラメータをリクエストに含めることができますが、ここではこのパラメータの設定を省略します。

　このパラメータは、AIが関数を使用するかどうかを自動で判断するためにあります。デフォルトで「auto」に設定されており、これによりAIは入力に基づき必要に応じて関数を呼び出します。関数の使用が適切とAIが判断すれば、関数名と引数を含む応答を返し、そうでなければ通常の応答を返します。

4.3.4.1.5 | API応答を格納したJSONを変更する

　OpenAI APIからのレスポンスはJSON形式のテキストとして受け取ることができます。関数が呼び出された場合、「function」というパラメータに関数名と引数が格納されます。しかし、このままカスタムオブジェクトに変換しようとすると、「function」という名前のパラメータは「無効な値」として扱われ、変換できません。そのため、「function」というテキストを「function_info」に置き換えることにします。

　23ステップ目の［Webサービスを呼び出します］アクションの後に、［テキスト］アクショングループ内の［テキストを置換する］アクションを挿入します。設定ダイアログで［解析するテキスト］に「%WebServiceResponse%」を設定します（図4.45❶）。［検索するテキスト］に「"function": {」と入力し（図4.45❷）、［置

図4.45：［テキストを置換する］アクションの設定

き換え先のテキスト] に「"function_info": {」と指定します（**図4.45❸**）。「"function":
{」も「"function_info": {」も「:」と「{」の間に半角スペースを入力してください。
　［生成された変数］を「WebServiceResponse」にすることで（**図4.45❹**）、元
のJSONテキスト［WebServiceResponse］を更新します。すべての設定が完了し
たら［保存］をクリックして変更を確定します（**図4.45❺**）。
　現在のリージョンブロック［OpenAI APIの呼び出し］のフローは**図4.46**に示す
通りです。

図4.46：リージョンブロック［OpenAI APIの呼び出し］のフロー

4.3.4.2　API応答処理の実装

　Function Calling機能を活用することでAIが必要に応じて関数を利用するよう
になりますが、それに伴いOpenAI APIからのレスポンス内容も変化します。その

ため、APIのレスポンスを処理する部分にも適切な変更が必要です。

これから実装するのは、［API応答の処理］サブプロセスの構築です。このプロセスは設計図（**図4.41**）に基づいています。

4.3.4.2.1 「finish_reason」プロパティの種類

関数が呼び出されたときのレスポンスは、JSON形式で判別できます。レスポンス内の「ResponseObject.choices[0].finish_reason」プロパティに「tool_calls」という値が設定されることで、関数が呼び出されたことを示します。一方で、通常の応答の場合は、このプロパティに「stop」という値が入ります。

「finish_reason」プロパティの種類は、「3.4 APIの仕様を確認する」でまとめているので参照してください（Chapter3の**表3.3**を参照）。

この区分によって、応答が関数の呼び出しか通常のテキスト応答かをプログラム側で識別し、適切に処理を行うことができます。

4.3.4.2.2 「finish_reason」プロパティを変数に格納する

API応答のJSONから「finish_reason」プロパティの値を抽出して、変数[FinishReason]に格納します。

27ステップ目の［ブロックエラー発生時］アクションの後に、［変数の設定］アクションを追加します。設定ダイアログが表示されたら、［変数］を「FinishReason」に変更します（**図4.47❶**）。［値］に「%ResponseObject.choices[0].finish_reason%」と入力します（**図4.47❷**）。この式により、API応答のJSONから「finish_reason」の値を抽出して変数に格納します。すべての設定を行った後、［保存］をクリックします（**図4.47❸**）。

図4.47：［変数の設定］アクションの設定

4.3.4.2.3 | エラー応答の扱い

OpenAI APIからのレスポンスにエラーが含まれている場合、「%Response Object.choices[0].finish_reason%」というプロパティは存在しないため、このプロパティを参照しようとするとエラーが発生します。27ステップ目の［ブロックエラー発生時］アクションによって、エラーが捉えられ（キャッチされ）ます。

4.3.4.2.4 | アクションの移動

29ステップ目の［変数の設定］アクションと30ステップ目の［項目をリストに追加］アクションを移動します。これらのアクションは［ブロックエラー発生時］ブロック内にある必要がありません。エラーが発生する可能性があるのは、それより前の28ステップ目であるためです。

［ブロックエラー発生時］ブロックの外に、これらのアクションを移動させます。これにより、フローのロジックが正しく機能し、エラー処理が適切に行われるようになります。設計図（図4.41）の部分❶が実装できました。

アクション移動後のフローは図4.48のようになっています。

図4.48：メインフロー（27～34ステップ）

4.3.4.3 | 「finish_reason」プロパティの値によって分岐する

　APIからのレスポンスに含まれる「finish_reason」プロパティの値が「tool_calls」である場合とそうでない場合とで、フローの実行パスを分岐させましょう。設計図（図4.41）の部分❷に基づいて実装していきます。

4.3.4.3.1 | 条件分岐を追加する

　「finish_reason」プロパティの値に基づいてフローの実行パスを分岐させる方法について説明します。29ステップ目の［End］アクションの後に、［条件］アクショングループ内の［If］アクションを追加します。

　［最初のオペランド］に「%FinishReason%」を設定します。［演算子］は［と等しい (=)］のままとし、［2番目のオペランド］に「tool_calls」と入力します。これにより、「finish_reason」プロパティの値が「tool_calls」と等しい場合に条件が真と判断されるようにします。設定が終わったら、［保存］をクリックして設定を確定します。

4.3.4.3.2 | ［Else if］アクションを追加する

　「finish_reason」プロパティの値が「tool_calls」ではなく「stop」である場合に実行される処理を設定する手順について説明します。30ステップ目の［If］ブロック内に、［条件］アクショングループ内の［Else if］アクションを追加します。

　設定ダイアログで［最初のオペランド］に変数［%FinishReason%］を設定します。［演算子］は［と等しい (=)］のままとし、［2番目のオペランド］に「stop」と入力します。これにより、「finish_reason」プロパティの値が「stop」と等しい場合に条件が真と判断されるようにします。設定が終わったら、［保存］をクリックします。

4.3.4.3.3 | アクションを移動する

　「finish_reason」プロパティの値が「stop」だった場合に実行されるアクションを設定します。現在、33ステップ目にある［変数の設定］アクションと34ステップ目にある［項目をリストに追加］アクションを［Else if］アクションの下にドラッグ＆ドロップで移動させます。

　設計図（図4.41）の部分❹が実装できました（図4.49）。

27	∨ ○ ブロック エラー発生時 API_Block
28	変数の設定 {x} 変数 FinishReason に値 ResponseObject .choices[0].finish_reason を割り当てる
29	⚑ End
30	⚓ If FinishReason ='tool_calls' then
31	∨ ⚓ Else if FinishReason ='stop' then
32	変数の設定 {x} 変数 AssistantResponse に値 ResponseObject .choices[0].message.content を割り当てる
33	項目をリストに追加 項目 { 'role': 'assistant', 'content': AssistantResponse } をリスト MemoryData に追加
34	⚑ End

図4.49：メインフロー（27〜34ステップ）

4.3.4.3.4 ［Else］アクションを追加する

「finish_reason」プロパティの値が「tool_calls」でも「stop」でもない、その他のケースに対応する処理を設定しましょう。このケースは、予期しない値を受け取ったことを意味するので、エラーとして扱います。

設計図（図4.41）の部分❺に基づいています。これにはエラーメッセージを表示し、さらに変数［LoopFlg］に［False］を設定することが含まれます。始めに［Else］アクションの追加から行います。

33ステップ目の［項目をリストに追加］アクションの後に、［条件］アクショングループ内の［Else］アクションを追加します。

4.3.4.3.5 エラーメッセージを表示する

予期しない「finish_reason」プロパティの値を受け取ったことを知らせるエラーメッセージを表示します。34ステップ目の［Else］アクションの後に、［メッセージボックス］アクショングループ内の［メッセージを表示］アクションを追加します。

設定ダイアログが表示されたら、［メッセージボックスのタイトル］に「想定外の応答」と入力し（図4.50❶）、［表示するメッセージ］にリスト4.6のエラーメッセージを入力します（図4.50❷）。

```
OpenAI APIから想定外の応答がありました。
finish_reasonに「%FinishReason%」が設定されました。
処理を終了します。
```

［メッセージボックスアイコン］のドロップダウンリストから［エラー］を選択し（図4.50❸）、［メッセージボックスを常に手前に表示する］を［有効］にします（図4.50❹）。［生成された変数］は使用しないため、［無効］に設定します（図4.50❺）。設定が終わったら、［保存］をクリックして変更を確定します（図4.50❻）。

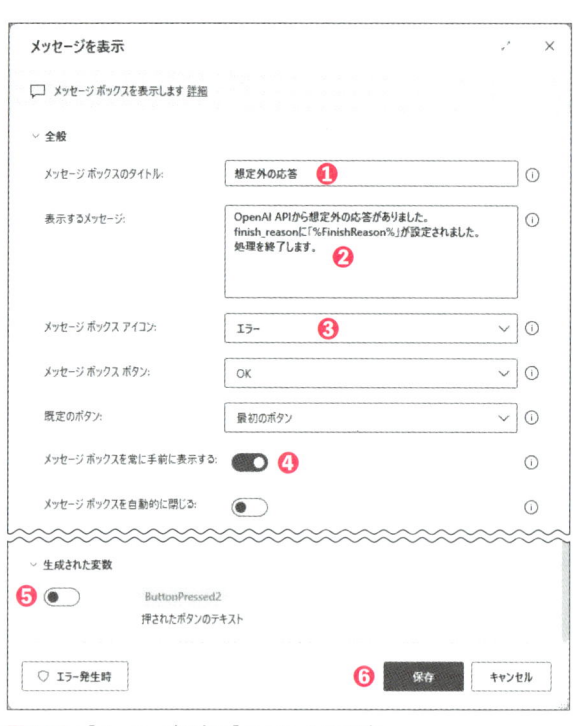

図4.50：［メッセージを表示］アクションの設定

4.3.4.3.6 ｜［変数の設定］アクションの追加

　35ステップ目の［メッセージを表示］アクションの後に、［変数の設定］アクションを追加します。設定ダイアログで［変数］に「LoopFlg」を設定し、［値］には「%False%」を入力します。設定が終わったら、［保存］をクリックして設定を確定します。

現在のフローは図4.51の通りです。

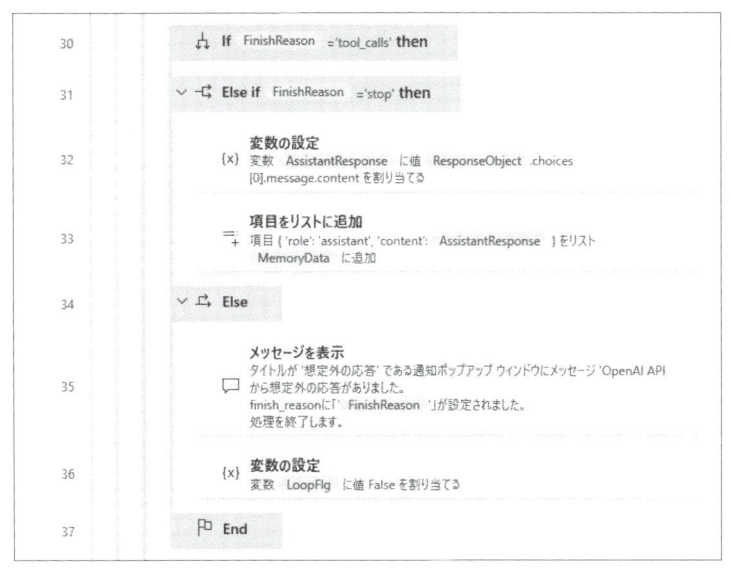

図4.51：メインフロー（30〜37ステップ）

4.3.4.4 | 関数呼び出しの処理を実装する

「finish_reason」プロパティの値が「tool_calls」以外だった場合の処理が完成したので、次に「tool_calls」であった場合の処理を30ステップ目の［If］ブロック内に実装します。設計図（図4.41）の部分❸を参考に進めましょう。

4.3.4.4.1 | 関数情報をカスタムオブジェクトに変換

AIが関数を使用すべきと判断した場合、その関数への引数をJSON形式で提示します。たとえば、「AA商事の営業を担当している人って誰ですか？」の質問に対する引数は「{"CustomerName":"AA商事"}」となります。この引数をカスタムオブジェクトに変換します。

30ステップ目の［If］アクションと31ステップ目の［Else if］アクションの間に、［変数］アクショングループ内の［JSONをカスタムオブジェクトに変換］アクションを挿入します。［JSON］に「%ResponseObject.choices[0].message.tool_calls[0].function_info.arguments%」と入力し（図4.52❶）、［生成された変数］は「ArgumentsObject」に変更します（図4.52❷）。［保存］をクリックして設定を確定します（図4.52❸）。これにより、関数に渡す引数をカスタムオブジェクト

として扱えるようになります。

図4.52：［JSONをカスタムオブジェクトに変換］アクションの設定

4.3.4.4.2 | 関数による分岐の実装

AIから「tool_calls」が示された場合、関数［GetSalesPersonName］を使用します。現状、他の関数は定義していませんが、将来的に新たな関数を追加する可能性を考慮し、複数に分岐する構造を準備しておきます。

STEP 1 ［Switch］アクションの追加

31ステップ目の［JSONをカスタムオブジェクトに変換］アクションの後に、［条件］アクショングループ内の［Switch］アクションを追加します。設定ダイアログが表示されたら、［チェックする値］に「%ResponseObject.choices[0].message.tool_calls[0].function_info.name%」と入力します。このフィールドには関数名が格納されます。［保存］をクリックして設定を確定します。［Switch］ブロックが生成されます。

STEP 2 ［Case］アクションの追加

［Switch］ブロック内に［条件］アクショングループ内の［Case］アクションを挿入します。設定ダイアログが表示されたら、［演算子］は［と等しい (=)］のままとし、［比較する値］に「GetSalesPersonName」と入力します。［保存］をクリックして設定を確定します。

［Switch］ブロックは現在図4.53で示す通りです。

図4.53：［Switch］ブロックのフロー

4.3.4.4.3 ┃ 引数を変数に格納する

　関数［GetSalesPersonName］に顧客名を引数として渡します。引数はカスタムオブジェクト［ArgumentsObject］に格納されており、顧客名を取り出すには「ArgumentsObject['CustomerName']」を使用します。

　関数［GetSalesPersonName］はサブフローとして実装しています。通常、サブフローに引数を渡す必要はありませんが、このケースでは、サブフロー内の変数とメインフロー内の変数を独立して扱う方針を取ります。これは「4.3.3.2.2 本書における関数の扱い」で述べた通りです。

　33ステップ目の［Case］アクションと34ステップ目の［End］アクションの間に、［変数の設定］アクションを追加します。設定ダイアログが表示されたら、［変数］を「CustomerName」に変更します。［値］に「%ArgumentsObject['CustomerName']%」と入力し、[保存]をクリックします。これで変数［CustomerName］に顧客企業名が格納されます。

4.3.4.4.4 ┃ 関数を呼び出す

　次にメインフローからサブフロー［GetSalesPersonName］を実行するステップを追加します。

　34ステップ目の［変数の設定］アクションの後に、［フローコントロール］アクショングループ内の［サブフローの実行］アクションを追加します。設定ダイアログが表示されたら、［サブフローの実行］のドロップダウンリストから［GetSalesPersonName］を選択してください。[保存]をクリックして設定を確定します。この操作により、メインフローはサブフローを呼び出して、顧客企業名に基づいて営業担当者名を取得するプロセスを実行します。

現在のフローは図4.54の通りです。

図4.54：メインフロー（30〜43ステップ）

4.3.4.5 | 関数からの戻り値によって分岐する

　サブフロー［GetSalesPersonName］の戻り値をAIからの応答として取り扱い、会話に組み込むプロセスを構築します。この戻り値は「担当者名」であり、顧客企業名が「担当一覧.xlsx」に存在しない場合、「not found」という結果を返します。次に、この戻り値に基づいて処理を分岐させます。

4.3.4.5.1 | 関数からの戻り値による分岐

35ステップ目の［サブフローの実行］アクションの後に、［If］アクションを追加します。設定ダイアログで、［最初のオペランド］に「%SalesPersonName%」を設定し、［演算子］は「と等しい (=)」のままとします。［2番目のオペランド］に「not found」と入力し、［保存］をクリックします。

4.3.4.5.2 | 担当者名が不明だった場合の応答の設定

顧客企業名が「担当一覧.xlsx」に見つからない場合の処理を、［If］ブロック内に実装します。

36ステップ目の［If］ブロック内に、［変数の設定］アクションを挿入します。設定ダイアログで、［変数］に「AssistantResponse」を設定し、［値］に「わかりません。」と入力します。これにより、顧客企業名がデータに存在しない場合の応答が設定されます。設定後、［保存］をクリックします。

4.3.4.5.3 | 顧客企業名が見つかった場合の応答

次は、顧客企業名がデータベースで見つかった場合の応答を設定します。この場合、変数［SalesPersonName］には担当者の名前が格納されています。

37ステップ目の［変数の設定］アクションの後に、［Else］アクションを追加します。

そして、［Else］アクションの後に、［変数の設定］アクションを追加します。設定ダイアログで、［変数］に「AssistantResponse」を設定し、［値］に「%SalesPersonName% さんです。」と入力します。設定が終わったら、［保存］をクリックします。これにより、顧客企業名が見つかった場合の応答が設定されます。

4.3.4.5.4 | AI の応答として表現する

変数［AssistantResponse］には「わかりません。」または「<SalesPersonName> さんです。」という値が格納されています。これを AI の応答として表現するために、リストカスタムオブジェクト［MemoryData］に追加します。これにより、以後の会話がつながります。この処理はすでに実装済みです。現在、44ステップ目の［項目をリストに追加］アクションがそれにあたります。このアクションをコピーして、40ステップ目の［End］アクションの後に貼り付けます。この操作は、41ステップ目の［End］アクションを選択してペーストすることで実現します。

現在の［Switch］ブロックの状態は**図4.55**の通りです。

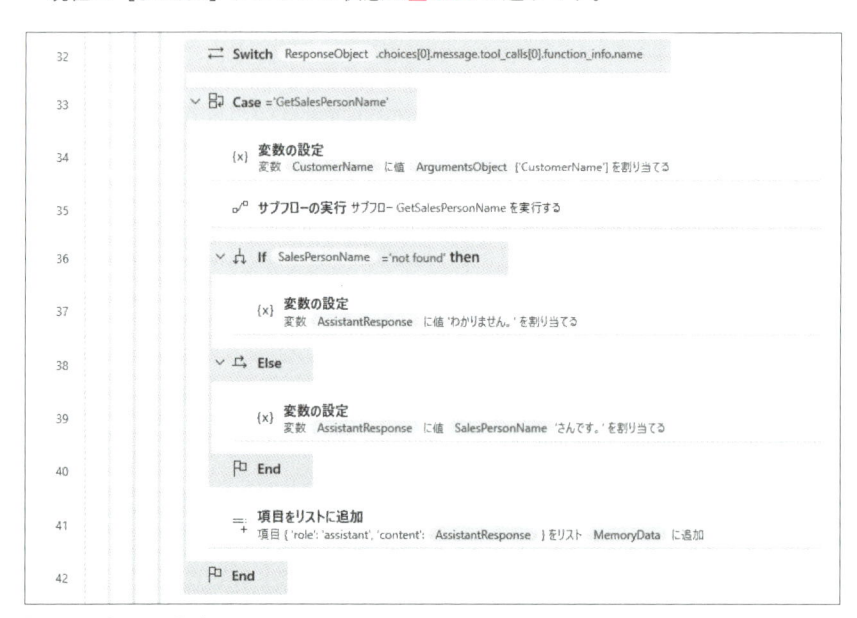

図4.55：［Switch］ブロックのフロー

4.3.4.6 | 関数を変更する

　メインフローの変更作業はこれで完了しました。次に、サブフロー［GetSales
PersonName］の変更を行います。

　「4.3.3.4 顧客企業名を検索する」で［Excelワークシート内のセルを検索して置
換する］アクションの［検索するテキスト］に「AA商事」という仮のテキストを入
力しました。このテキストをAIから提供された引数に置き換えます。

　サブフロー［GetSalesPersonName］を開き、4ステップ目の［Excelワーク
シート内のセルを検索して置換する］アクションの設定ダイアログを開きます。［検
索するテキスト］の「AA商事」を削除して、「%CustomerName%」と入力します
（**図4.56❶**）。変更後、［保存］をクリックして変更を確定します（**図4.56❷**）。

　フローが完成したので、フローを上書き保存してください。

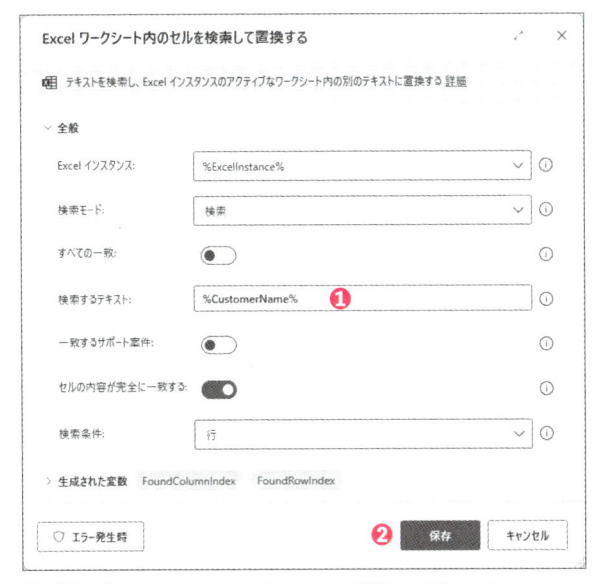

図4.56：[Excelワークシート内のセルを検索して置換する]アクションの変更

4.3.5　実行する

　フローが完成したので、実行してみましょう。[質問入力] ダイアログが表示されます。「4.3.1.4 Function Callingを使わないときの動作を確認する」のときと同様に「AA商事の営業を担当している人って誰ですか？」と入力し、[OK] をクリックします。Excelが一時的に起動し、その後閉じる動作を確認できるはずです。少し待つと、図4.57のように応答が表示されます。

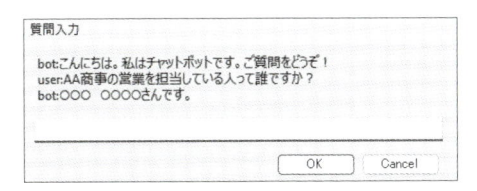

図4.57：[質問入力]ダイアログ

　[質問入力] ダイアログに表示されている会話には担当者名が表示されていますね。これは本当に注目すべきことです！　質問内容に応じて、AIが関数の使用を推奨したことを意味します。結果として表示された「〇〇〇〇さんです。」という応答

は、AIから直接返されたわけではありません。Power Automate for desktopが
Excelを操作して情報を取得し、AIが応答したかのように見せかけています。それ
でも、会話がつながっているように見えますね。「Cancel」をクリックしてフロー
を終了しましょう。

　AIだけでは提供できない機能を自作して追加することにより、より実用的なAI
チャットボットを作成することができるようになりました。OpenAI APIを用いて
チャットボットを作り上げることの魅力を実感できてきたのではないでしょうか。

　次のChapterでは、チャットボットの共通化に取り組みます。これにより、開発
効率が上がり、様々なシナリオでの利用が容易になります。共通のコンポーネント
を活用して、独自のニーズに合わせたチャットボットを素早くカスタマイズできる
ようになります。

COLUMN サンプルフローを動作させる手順

本書で提供している「サンプルプログラム\Chapter4」フォルダーにあるテキスト
ファイルを使って復元することで、Chapter4のフローを動作させることができま
す。以下に復元の方法を解説しますので、手順に従って操作してください。

STEP 1　サンプルファイルを配置する

サンプルプログラムの「Chapter4」フォルダー内にある「担当一覧.xlsx」をコピー
し、「ドキュメントフォルダー\PAD\Data」に配置します。

STEP 2　フロー［Chatbot1］を作成する

新しいフローを作成し、フロー名を「Chatbot1」とします。

STEP 3　サブフローをすべて作成する

次の2つのサブフローを作成します。
1. GetSalesPersonName
2. APICatch

STEP 4　テキストファイルから復元する

メインフローを選択します。ファイル「Chatbot1_Main.txt」をメモ帳で開いて、
中身のテキストをすべてコピーして、メインフローに貼り付けます。エラーが表示
されますが、無視して作業を続けます。

メインフローと同様に他のサブフローにも対応するテキストを貼り付けます。この
作業によりエラーは解消されます。それぞれに対応しているテキストファイルは**表
4.2**の通りです。

表4.2：テキストファイル名とサブフローの関連

サブフロー	テキストファイル
GetSalesPersonName	Chatbot1_GetSalesPersonName.txt
APICatch	Chatbot1_APICatch.txt

STEP 5　APIキーを設定する

メインフローの22ステップ目の［変数の設定］アクションの設定ダイアログを開き
ます。［値］に「api key」と入力されているので、これを削除して、自身のOpenAI
APIキーを入力し、［保存］をクリックします。変数ペインの［フロー変数］パネ
ルから［MyGPTKey］を見つけ、「機密情報としてマーク」をクリックします。

STEP 6　フローを保存する

完成したのでフロー［Chatbot1］を保存してください。これにより、フローが復
元できたので、フローを実行して動作を確認してください。

Chapter5

チャットボットを共通化する

Chapter4で開発したチャットボット（フロー［Chatbot1]）を共通化します。フローの共通化と再利用により、コードの重複を減らし、保守性と拡張性を向上させることができます。特に、これまで開発したアクション数の多いチャットボットには共通化が求められます。

Power Automate for desktopでは、外部フローを呼び出す機能を提供しており、［フローを実行する］アクショングループ内の ［Desktopフローを実行］ アクションを用いることで、外部フローの実行が可能です。この機能を使えば、引数と戻り値を設定し、実質的な関数としてフローを扱うことができます。

共通チャットボットを作成し、そのチャットボットを別のフローから呼び出せるようにすることで、独自のニーズに合わせたチャットボットを素早くカスタマイズできるようになります。

5.1 外部フローから呼び出す

Chapter4で開発したチャットボット（フロー［Chatbot1］）を共通化し、外部から呼び出せる形にしましょう。

5.1.1 フローをコピーする

フロー［Chatbot1］をコピーして、「CommonChatbot」という名前のフローを作成しましょう。手順は「4.2.1 フローをコピーする」を参考にしてください。コピーが完了すると、コンソール上にフロー［CommonChatbot］が表示されるので、このフローを選んでメニューの［編集］をクリックします。

5.1.2 外部フローからの呼び出しテスト

フローデザイナーが起動したら、フロー［CommonChatbot］を外部フローから呼び出すテストを行います。コンソールの［新しいフロー］をクリックして新しいフローを作成し、フロー名に「チャットボット1号」と入力し、［作成］をクリックします。

5.1.2.1 ［Desktopフローを実行］アクションの追加

フローデザイナーが起動したら、ワークスペースに［フローを実行する］アクショングループ内の［Desktopフローを実行］アクションを追加します。設定ダイアログで［Desktopフロー］の選択肢から［CommonChatbot］を選択し、［保存］をクリックします。

現在の状態は**図5.1**の通りです。

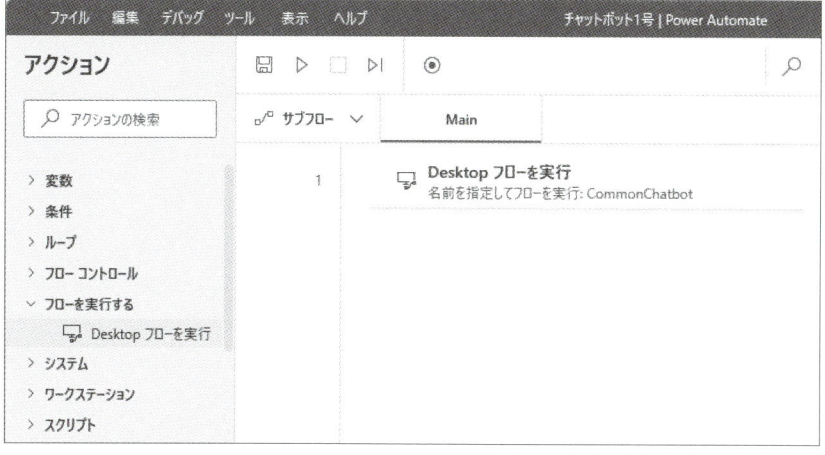

図5.1：フロー［チャットボット1号］のメインフロー

5.1.2.2 フローの実行

さっそく、フローを実行しましょう。

［質問入力］ダイアログが表示されることを確認できましたね。これにより、異なるフローからの呼び出しが可能であることがわかります。［Cancel］をクリックすると、［Desktopフローを実行］アクションで呼び出されたフロー［Common Chatbot］が終了し、同時に呼び出し元のフロー［チャットボット1号］も終了します。動作の確認ができたので、このフローは保存して閉じます。

5.2 エラー処理を整備する

Chapter5

フロー［CommonChatbot］に戻りましょう。このフローはフロー［チャットボット1号］から呼び出された場合に正常に動作することは確認済みですが、エラー処理はまだ不十分です。OpenAI APIの応答に異常がある場合のエラー処理は設定していますが、その他のエラーには対応していません。

そのため、フロー［CommonChatbot］内でエラーが発生した場合、フロー［チャットボット1号］はエラーの理由を特定できずに終了してしまいます。そこで、フロー［CommonChatbot］内に全般的なエラー処理の仕組みを構築しましょう。

5.2.1 サブフローへのアクション移動

メインフローにあるアクションをサブフローへ移動します。まず、「Chatbot」という名前で新しいサブフローを作成します。作成後、メインフロー内の全アクションを選択し（ショートカットキー：Ctrl ＋ A）、サブフロー［Chatbot］へドラッグ＆ドロップして移動させます。マウス操作が困難な場合は、カット＆ペーストを使用しても問題ありません。移動後は図5.2のようになります。

図5.2：サブフロー［Chatbot］にメインフローのアクションを移動

5.2.2　サブフロー実行の設定

　メインフローからサブフロー［Chatbot］を呼び出すように設定しましょう。これにより、フロー［CommonChatbot］が外部から呼び出された際には、まずメインフローが実行され、その中からサブフロー［Chatbot］が呼び出される流れになります。

　メインフローを開きます。現在、フロー内にアクションがありません。［フローコントロール］アクショングループ内の［サブフローの実行］アクションをワークスペースに追加しましょう。設定ダイアログが表示されたら、［サブフローの実行］のドロップダウンリストで［Chatbot］を選択し、［保存］をクリックします。

5.2.3　サブフロー［Catch］の作成

　サブフロー［Catch］の追加とエラー処理の実装を行います。

　まず、「Catch」という名前で新しいサブフローを作成します。このサブフローはエラーが発生した際にエラー内容を表示する役割を持ちます。

5.2.3.1　［最後のエラーを取得］アクションの追加

　最初のステップとして、サブフロー［Catch］のワークスペースに、［フローコントロール］アクショングループ内の［最後のエラーを取得］アクションを追加します。設定ダイアログで、エラー情報が格納される変数［LastError］が設定されていることを確認し、［保存］をクリックします。

5.2.3.2　［メッセージを表示］アクションを追加する

　エラーの詳細をユーザーに通知するために、［最後のエラーを取得］アクションの後に、［メッセージボックス］アクショングループ内の［メッセージを表示］アクションを追加します。

　設定ダイアログの［メッセージボックスのタイトル］に「共通チャットボットエラー」と入力し（**図5.3❶**）、［表示するメッセージ］には、エラーが発生したサブフロー名、アクション名、そして具体的なエラーメッセージを含めます（**リスト5.1**、**図5.3❷**）。

リスト5.1：表示するメッセージ

```
サブフロー名：%LastError.SubflowName%
アクション名：%LastError.ActionName%
エラーメッセージ：%LastError.Message%
```

［メッセージボックスアイコン］で［エラー］オプションを選択し（**図5.3❸**）、
［メッセージボックスを常に手前に表示する］を［有効］に設定します（**図5.3❹**）。
［生成された変数］は後続のフローで使わないため、［無効］に設定し（**図5.3❺**）、
［保存］をクリックします（**図5.3❻**）。

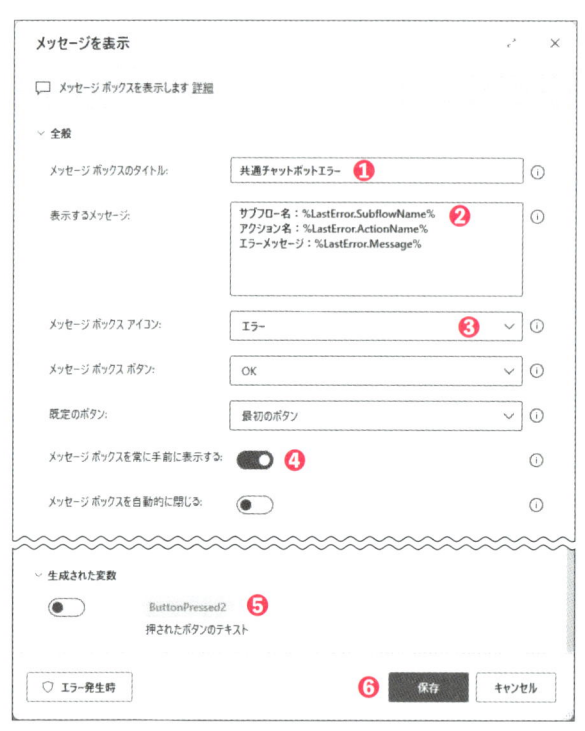

図5.3：［メッセージを表示］アクションの設定

サブフロー［Catch］の実装が完了しました。

5.2.4 ブロックエラーを追加する

メインフローにエラーキャッチの仕組みを組み込みます。サブフロー［Chatbot］
で発生する任意のエラーをキャッチするため、［ブロックエラー発生時］アクション
を使用します。

5.2.4.1 ［ブロックエラー発生時］アクションの追加

　メインフローを選択し、［フローコントロール］アクショングループ内の［ブロックエラー発生時］アクションを［サブフローの実行］アクションの前に追加します。

5.2.4.2 ［ブロックエラー発生時］アクションの設定

　設定ダイアログで、［名前］に「Main_Block」と入力し（図5.4❶）、［新しいルール］をクリックして、［サブフローの実行］オプションを選択します。［サブフローの実行］という行が追加されたら、［サブフローの選択］ドロップダウンリストから［Catch］を選択します（図5.4❷）。

　［フロー実行を続行する］と［スローエラー］の選択肢がありますが、デフォルトで選択されている［スローエラー］のままにします（図5.4❸）。［予期しないロジックエラーを取得］を［有効］にして、Power Automate for desktopが予期しないエラーが発生したときにも、エラーをキャッチできるようにします（図5.4❹）。［保存］をクリックして設定を完了します（図5.4❺）。

図5.4：［ブロックエラー発生時］アクションの設定

5.2.4.3 ［サブフローの実行］アクションの移動

　［サブフローの実行］アクションを［ブロックエラー発生時］ブロック内にドラッグ＆ドロップにて移動させます（図5.5）。サブフロー［Chatbot］内でエラーが発生した際の処理が整備されました。これでテスト環境が整いましたので、フローを保存します。

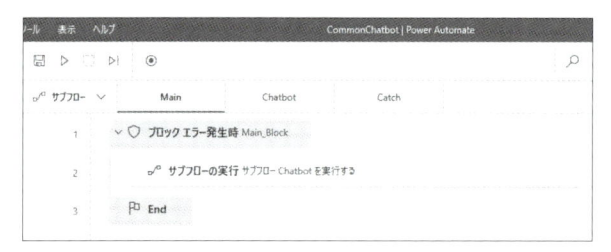

図5.5：現在のメインフロー

5.2.5　エラー処理の確認テストを行う

エラー処理の正確性を検証するため、意図的にエラーを発生させてみましょう。

5.2.5.1　[Loop]アクションの変更

サブフロー[Chatbot]を選択し、7ステップ目の[Loop]アクションを開きます。現在、[終了]には「%MemoryData.Count - 1%」と入力されています。これを「%MemoryData.Count + 1%」へと変更しましょう。これにより、リストカスタムオブジェクト[MemoryData]の要素数を超えるループが発生し、存在しない要素へのアクセスを試みるためエラーが引き起こされます。変更後、[保存]をクリックします。

5.2.5.2　フローを保存する

ツールバーの[保存]をクリックして、フローを保存します。

5.2.5.3　フロー[チャットボット1号]を実行する

コンソールから[チャットボット1号]を実行しましょう。

サブフロー[Chatbot]内の8ステップ目にある[テキストに行を追加]アクションにおいてエラーが発生し、図5.6のエラーメッセージが表示されました。エラーの内容は予想通り「インデックスは範囲外」です。この確認ができたら、[OK]をクリックします。フローはエラーで終了します。

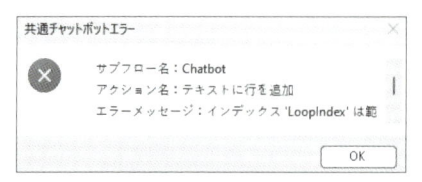

図5.6：共通チャットボットのエラーメッセージ

エラーの発生源を正確に把握できるようになったため、安心して開発を進めることが可能です。このように、随時テストが行える環境を整え、開発を進めることが重要です。

5.2.5.4 ｜ フローを元に戻す

　エラー処理の確認テスト用に変更したフローを元に戻しましょう。フロー[CommonChatbot] のサブフロー [Chatbot] を選択し、7ステップ目の [Loop]アクションを開きます。[終了] を「%MemoryData.Count + 1%」から「%MemoryData.Count - 1%」に変更し、[保存] をクリックして変更を確定します。フロー[CommonChatbot] 自体も保存しましょう。

> **COLUMN** Power Automate for desktop でできること
>
> 本書は「Power Automate for desktopを使ったことがある」という前提で話を進めていますが、そうでない場合も考えられます。また、使ったことはあっても「あまり知らない」というケースもあるでしょう。そこで、Power Automate for desktop でできることをいくつかピックアップしてみます。
>
> ・ローカルアプリケーションの自動化
> ・Excelの操作：データの読み書き、フィルター、値の検索など
> ・PDFの操作：テキスト抽出、分割、結合
> ・Wordの操作：文書の読み書き、画像の挿入
> ・Outlookおよびメールの送受信
> ・ファイル・フォルダーの操作：コピー、リネーム、削除
> ・Webアプリケーションの操作：入力、抽出、ボタンクリック
> ・スクリプトの実行：VBScript、PowerShellスクリプトなど
> ・Webサービス：Web API呼び出し、データダウンロード
> ・データベースの操作
> ・パソコンの操作：スクリーンショット取得、シャットダウン
> ・FTPの操作：アップロード、ダウンロード
> ・XMLの操作：読み書き、要素取得、要素削除
> ・Azureの操作：リソースグループ取得、仮想マシンのセッション作成
> ・SAPの自動化：トランザクション開始、UI要素クリック
> ・プログラミング：条件分岐、ループ、サブフロー呼び出し、他のフローを実行

5.3 フローの設計と共通化の検討

　共通チャットボット（フロー［CommonChatbot］）の共通化について考えていきます。まずは共通化における設計方針を明確にしましょう。主な方針としては以下の3点が挙げられます。

1 呼び出し元のフローを「親」とし、共通チャットボットを「子」とする親子関係を構築する

2 AIによりFunction Callingが選択された後の処理は、呼び出し元のフローで行う

3 AIによりFunction Callingが選択されるまでの処理は、共通チャットボットで行う

5.3.1 親フローの設計変更

　親フローとは、先に作成したフロー［チャットボット1号］を指します。このフローが共通チャットボット（実体はフロー［CommonChatbot］）を呼び出す役割を担います。共通チャットボットを呼び出す部分の設計は「5.1 外部フローから呼び出す」ですでに実装しています。

　図5.7にて薄い色が付いている記号部分は現在のフローから変更する箇所です。このプロセスにおいて、［初期設定］サブプロセスを親フロー［チャットボット1号］に組み込むことで、フロー［CommonChatbot］に様々な設定を適用できるようになります（図5.7❶）。また、［CommonChatbot呼び出し］サブプロセスの後の処理も、共通チャットボットから親フローに移すことで、より柔軟なフロー制御が可能となります（図5.7❷）。

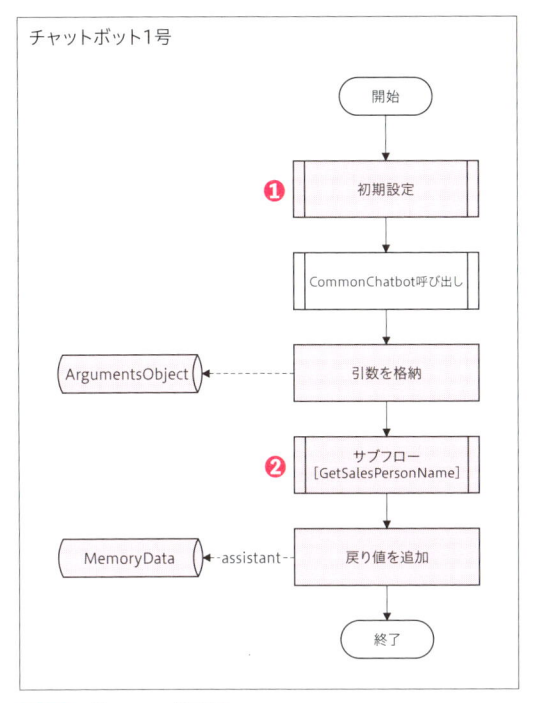

チャットボット1号

開始

❶ 初期設定

CommonChatbot呼び出し

ArgumentsObject ◁----- 引数を格納

❷ サブフロー
[GetSalesPersonName]

MemoryData ◁--assistant-- 戻り値を追加

終了

図5.7：親フローの設計図

5.3.2　共通チャットボットの設計変更

　変更により、共通チャットボット［CommonChatbot］の構造も更新されます。最大の変更点は、［初期設定］プロセスの削除です（**図5.8**）。その他は、大きな変化は見られないものの、［API応答の処理］部分（**図5.8❶**）には細かな修正が施されています。この設計図は**図5.9**に示します。

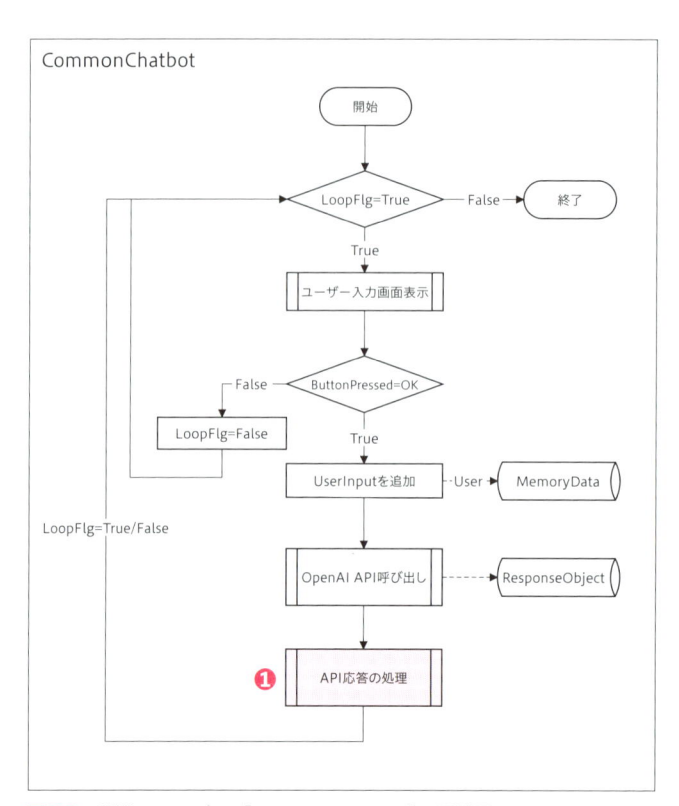

図5.8：共通チャットボット［CommonChatbot］の設計図

5.3.3 　共通チャットボットの［API応答の処理］の設計変更

　共通チャットボット［CommonChatbot］内の［API応答の処理］サブプロセスの設計図は**図5.9**を確認してください。「finish_reason」プロパティの値が「tool_calls」の場合、処理が［LoopFlgを更新］のみを実施するように変更しています。

　これは、「AIによりFunction Callingが選択された後の処理は、呼び出し元のフローで行う」という設計方針を具体化したものです。共通チャットボットでは関数の呼び出しは行わず、その準備のみを行います。

　通常の応答（「finish_reason」プロパティの値が「stop」）の場合は、応答内容をリストカスタムオブジェクト［MemoryData］に追加して会話を継続します。それ以外の値は異常とみなし、変数［LoopFlg］を「False」にして処理を終了します。

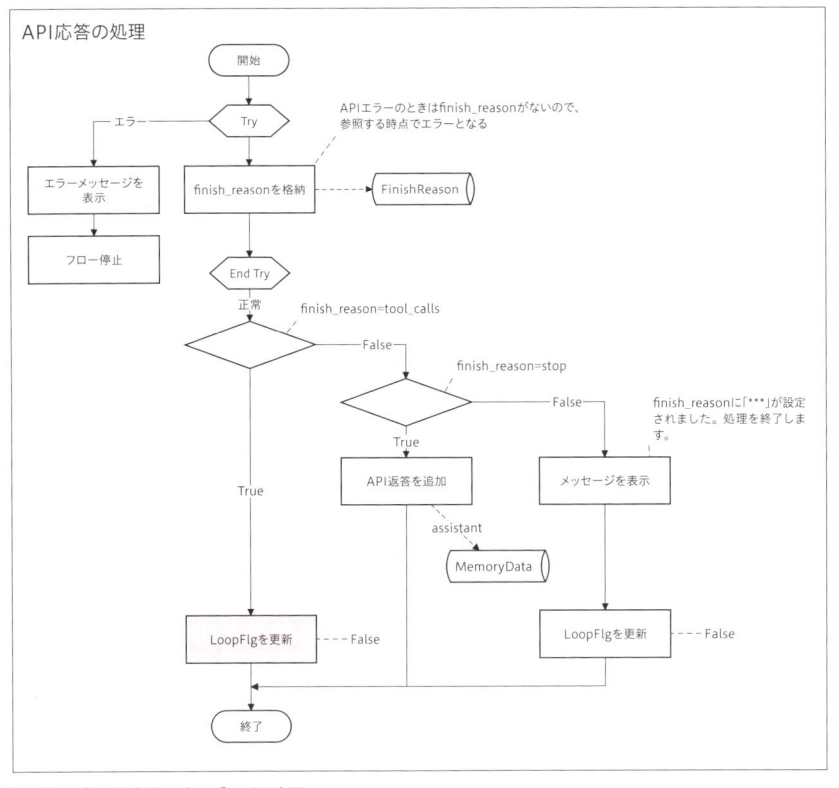

図5.9：［API応答の処理］の設計図

5.3.4 入出力変数の設計

Power Automate for desktopでは、外部フローから呼び出される際に入力変数と出力変数を設定できます。これはフローデザイナーの右上にある変数ペイン内の「入出力変数」パネルで管理されます。

5.3.4.1 入力変数の洗い出し

親フロー［チャットボット１号］の設計に基づき、共通チャットボット［Common Chatbot］に渡される変数を特定します。

1 チャットボットの名前：ユーザー入力ダイアログのタイトルに使用

2 初回メッセージ：ユーザー入力ダイアログに表示する最初のメッセージ

3 会話を記録するリストカスタムオブジェクト［MemoryData］

4 関数の定義を含むJSONテキスト

この4つのパラメータは入力変数として必要です。

入力変数には入力を示すために「i_」をプレフィックスとして付けます。このプレフィックスは、「input」の頭文字を表しています。**表5.1**で入力変数をまとめます。

表5.1：入力変数の一覧

No	パラメータの内容	変数名
1	チャットボットの名前	i_ChatbotName
2	初回メッセージ	i_FirstMessage
3	会話を記録するリストカスタムオブジェクト	i_MemoryData
4	関数の定義を含むJSONテキスト	i_FunctionsJson

5.3.4.2 出力変数の洗い出し

共通チャットボットからの出力変数を検討しましょう。親フローで関数を呼び出す際に必要とするのは、OpenAI APIからのレスポンスです。これを出力変数として設定します。また、リストカスタムオブジェクト［MemoryData］は会話を継続するために重要な役割を果たすため、これも出力変数として返します。入力変数に「i_」をプレフィックスとして付けたように、出力変数には「o_」をプレフィックスとして付けます。このプレフィックスは、「output」の頭文字を表しています。**表5.2**で変数をまとめます。

表5.2：出力変数の一覧

No	パラメータの内容	変数名
1	OpenAI APIからのレスポンス	o_ResponseObject
2	会話を記録するリストカスタムオブジェクト	o_MemoryData

5.3.4.3 親フローの設計変更

図5.7の設計図に入出力変数を組み込みます（**図5.10**）。

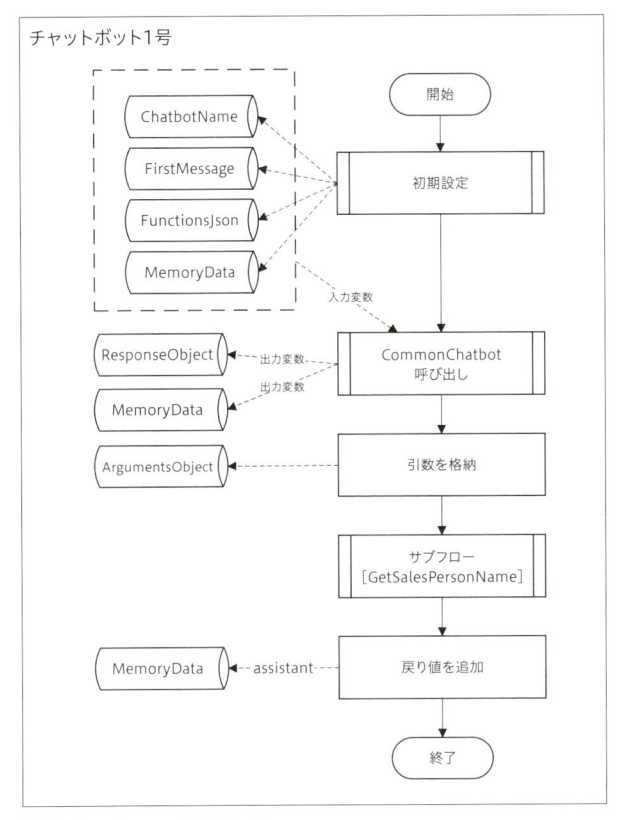

図5.10：親フローの設計変更

5.3.4.4 | 共通チャットボットの設計変更

　共通チャットボット［CommonChatbot］の設計を入力変数に対応させます。変更点として、出力変数の初期化が新たに加わります（図5.11❶）。これは、出力変数［o_ResponseObject］をフローの早い段階で初期化しておかなければ、更新せずにフローを終了するケースが生じ、その結果、親フローでエラーが起きる可能性があるためです。

　さらに終了処理を追加します（図5.11❷）。ここで、戻り値としてリストカスタムオブジェクト［MemoryData］を設定します。これにより、共通チャットボットの呼び出し前後で会話の連続性が保たれます。

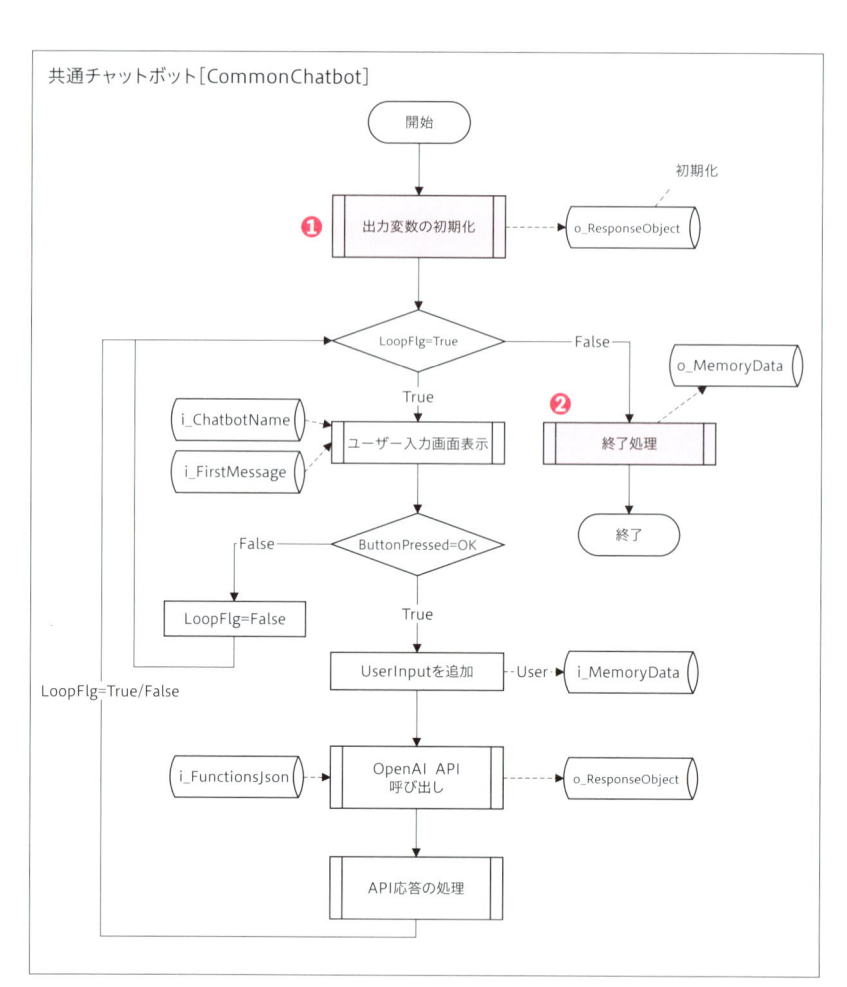

図5.11：共通チャットボットの設計変更

　インプットとアウトプットが明確になり、フローの概要が見えてきました。しかし、まだ考慮すべき点があります。特に、共通チャットボット［CommonChatbot］でユーザーが［Cancel］を選択した際や［API応答の処理］がエラーで終了した場合の処理が、親フロー［チャットボット1号］で区別できない問題があります。この状態では、共通チャットボット［CommonChatbot］が終了した理由がすべて、「Function Callingが選択されたため」と解釈されてしまい、問題が発生する可能性があります。これらの状況を親フローで適切に処理するためには、フロー全体を「フラグ」で管理する必要があります。

5.3.5 制御フラグを組み込む

　フロー全体をフラグで管理し、より理解しやすく整理された構造に改善しましょう。制御用のフラグをカスタムオブジェクトで設定することで、「名前」と「値」の組み合わせによりフローの状態を管理します。単純な数値を使ってもフラグを設定できますが、後からフローを読み返したときの理解のしやすさを考慮します。

　フロー開始時の初期フラグを「normal」に設定し、内部的には0を割り当てます。Function Callingが選択された際は、「function」とし、内部値として7を設定します。エラー発生時やユーザーによる処理終了時は、「end」とし、9を割り当てます。これらをまとめると**表5.3**のようになります。

表5.3：制御フラグと数値

制御フラグ	数値
normal	0
function	7
end	9

5.3.5.1 親フローへの制御フラグの組み込み

　親フロー［チャットボット1号］に制御フラグを組み込みます。制御フラグの名前を「Flg」とし、フローが実行されるとすぐに「normal」を設定します。制御フラグの設定方法は少し複雑ですので、以下に説明します。

5.3.5.1.1 制御フラグの設定方法

　制御フラグを実装する際は、［変数の設定］アクションを使用して「FlgObject」というカスタムオブジェクトを作成します（**図5.12❶**）。次に、「Flg」という変数を作成し、初期値を「%FlgObject['normal']%」と設定します（**図5.12❷**）。

　本書では、『制御フラグに「normal」を設定する』という表現を使用しています。これは上述の方法に従って制御フラグを設定していることを意味します

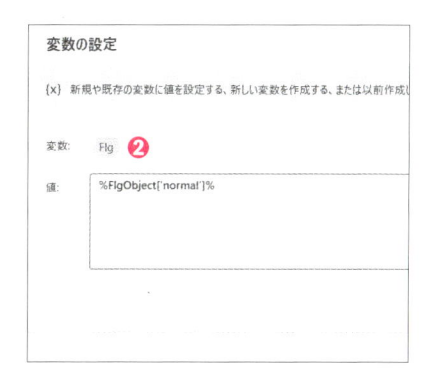

図5.12：制御フラグの実装方法

5.3.5.1.2 | 戻り値に基づく処理の分岐

共通チャットボット［CommonChatbot］からの戻り値が「function」であれば、Function Calling が選択されたとみなし、関数を呼び出します。それ以外の場合（「end」）では、フローを終了させます。これにより、異常発生時と Function Calling 選択時を区別することができるようになります。設計図を図5.13 に示します。

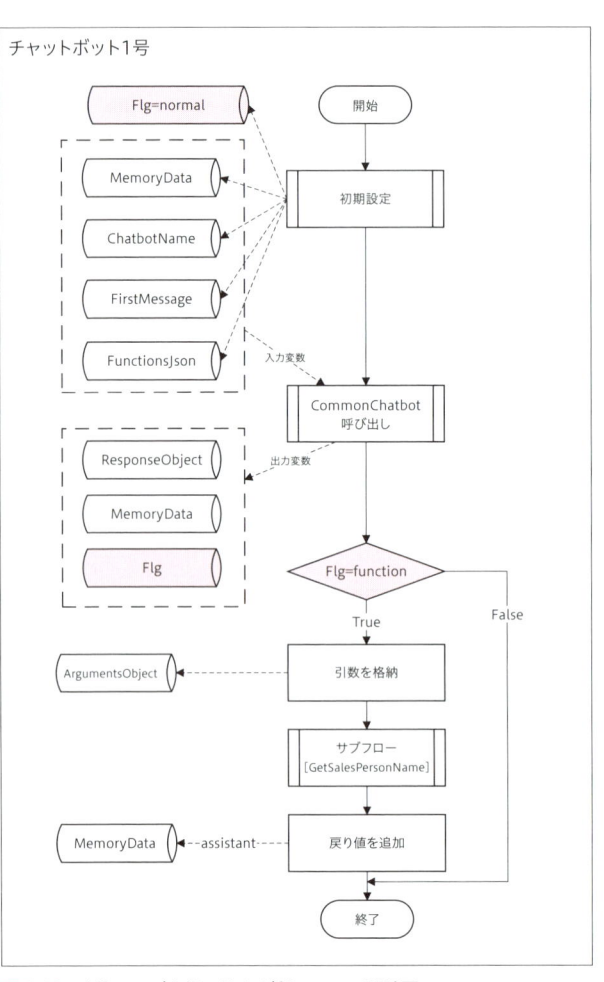

図5.13：制御フラグを組み込んだ親フローの設計図

5.3.5.2 | 共通チャットボットへの制御フラグの組み込み

共通チャットボットにも制御フラグを組み込みます。共通チャットボットが戻す

値として、まず制御フラグ（名前を「o_Flg」とします）を「normal」に設定します。その後、フラグが「normal」以外になるまでループする処理を実装します。ユーザーが入力ダイアログで［Cancel］を選択した場合、フラグに「end」を設定してフローを終了させます。この設定により、ユーザーが［Cancel］を選択した場合には、親フローでは関数の実行を回避できます。設計図を図5.14に示します。

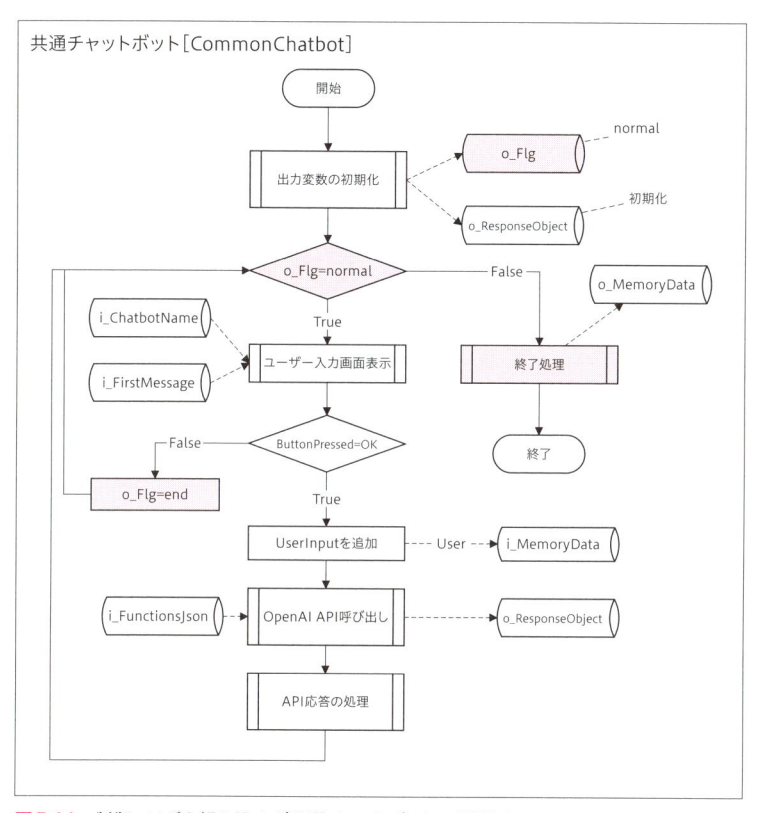

図5.14：制御フラグを組み込んだ共通チャットボットの設計図

5.3.5.3 ［API応答の処理］サブプロセスへの制御フラグの組み込み

　［API応答の処理］サブプロセスにも変更を加えます。まず、エラー処理の改善を行います。以前はAPIエラーが検出された場合にフローが直ちに終了していましたが、この部分を改めて、変数［FinishReason］に「error」と記録するようにします（図5.15 ❶）。

　［FinishReason］に「error」が設定されている場合の処理を新たに追加し、以前は「function」や「stop」以外の値であればメッセージを表示していましたが、

「error」の場合はすでにエラーメッセージが表示されているため、処理をスキップし、戻り値［o_Flg］には「end」を設定します（図5.15❷）。

また、「function」のときに［LoopFlg］を［False］に設定していた処理を、戻り値［o_Flg］に「function」を設定するように変更します（図5.15❸）。

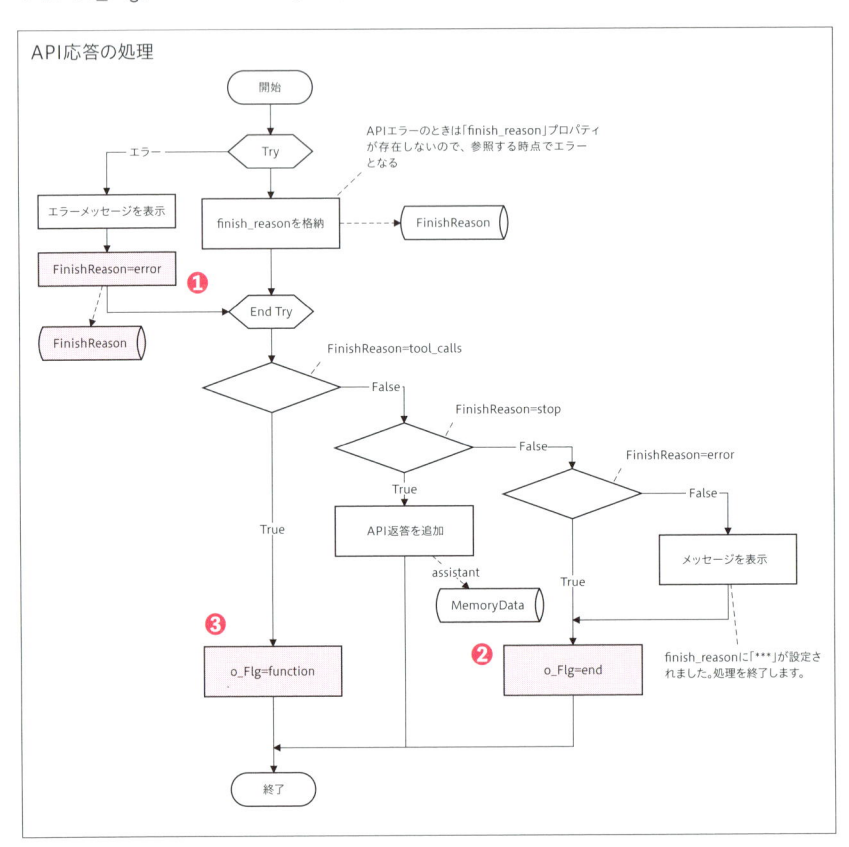

図5.15：制御フラグを組み込んだ［API応答の処理］サブプロセスの設計図

　これにより、APIエラーが発生した場合や「finish_reason」プロパティの値が「function」や「stop」以外の場合は、戻り値［o_Flg］に「end」が設定され、親フローでは関数実行が行われません。Function CallingがＡ選択された場合は、制御フラグ「function」が設定され、親フローで対応する関数を実行します。また、OpenAI APIでFunction Callingが選択されなければ、AIとの会話は継続され、制御フラグが「normal」の状態を維持します。

　まだ解決すべき懸念点が残っていますが、これらについてはフローの変更とテストを行ってから対処を検討しましょう。

設計内容を
フローに適用する

設計した内容をフローに反映させていきましょう。まずは、フローを設計図に沿って整理します。

5.4.1 | 現在のフローを設計図に沿って整理

［リージョン］アクションを使って、設計図と同じ見た目に整理します。設計図と実際のフローを一致させることで、必要なアクションを探しやすくなり、開発とメンテナンスがしやすくなります。時間をかけてしっかりと作業を進めましょう。

5.4.1.1 | 親フローの整理

親フローの設計図（**図5.13**）を基にして、［初期設定］サブプロセスを作成します。

フロー［チャットボット1号］をフローデザイナーで開きます。［フローコントロール］アクショングループ内の［リージョン］アクションを最初のステップに追加します。［名前］に「初期設定」と入力し、［保存］をクリックします。

図5.16のように［リージョン］ブロックが追加されます。

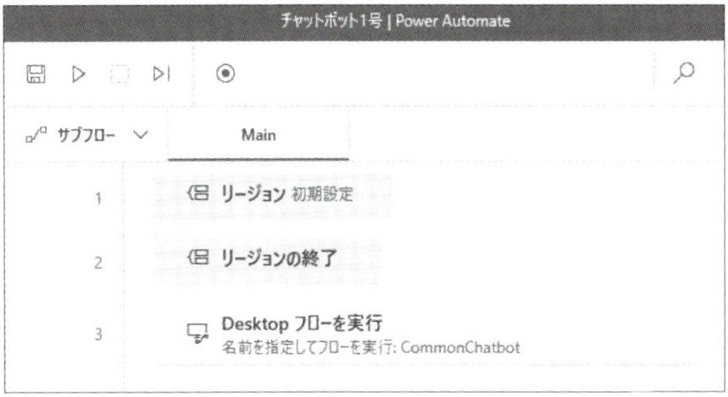

図5.16：メインフロー（1〜3ステップ）

5.4.1.2 | 共通チャットボットの整理

共通チャットボットの整理を行います。**図5.14**の設計図を基にして、「出力変数の初期化」と「API応答の処理」という2つのサブプロセスを実装します。

5.4.1.2.1 | ［出力変数の初期化］サブプロセスの作成

　共通チャットボット［CommonChatbot］をフローデザイナーで開いて、［出力変数の初期化］サブプロセスを作成しましょう。

　共通チャットボットのサブフロー［Chatbot］を選択します。ワークスペースの一番上に、［フローコントロール］アクショングループ内の［リージョン］アクションを追加します。［名前］に「出力変数の初期化」と入力し、［保存］をクリックします。

5.4.1.2.2 | ［API応答の処理］サブプロセスの作成

　次に［API応答の処理］サブプロセスを作成しましょう。

　28ステップ目の［リージョンの終了］アクションの後に、［リージョン］アクションを追加します。［名前］に「API応答の処理」と入力し、［保存］をクリックします。

　次に、30ステップ目の［リージョンの終了］アクションを、53ステップ目の［End］アクションの後へ移動させます。フローが長いため、34ステップ目以降の［If］アクションを折りたたむと操作がしやすくなります。

　現在のフローは図5.17のようになっていますね。共通チャットボットを保存します。

図5.17：フロー［CommonChatbot］（15〜53ステップ）

5.4.2　親フローの初期設定

　設計図に沿ってフローの見た目を整えたので、次に親フロー［チャットボット1号］に初期設定を実装します。

5.4.2.1　制御フラグカスタムオブジェクトの設定

　制御フラグを格納するカスタムオブジェクト［FlgObject］を作成します。フロー［チャットボット1号］のリージョンブロック［初期設定］内に、［変数の設定］アクションを挿入します。設定画面で、［変数］を「FlgObject」に変更し、［値］に「%{ 'normal': 0, 'function': 7, 'end': 9 }%」と入力後、［保存］をクリックします。

5.4.2.2　制御フラグ［Flg］の初期設定

　次に、制御フラグ［Flg］を初期化します。先に作成した［変数の設定］アクションの後に新たな［変数の設定］アクションを追加します。設定ダイアログで、［変数］を「Flg」に変更し、［値］に「%FlgObject['normal']%」と入力します。「FlgObject['normal']」の記述により、実質的に［Flg］には「0」が格納されることになります（**表5.3**を参照してください）。設定が完了したら、［保存］をクリックします。

　現在のフローは**図5.18**の通りです。

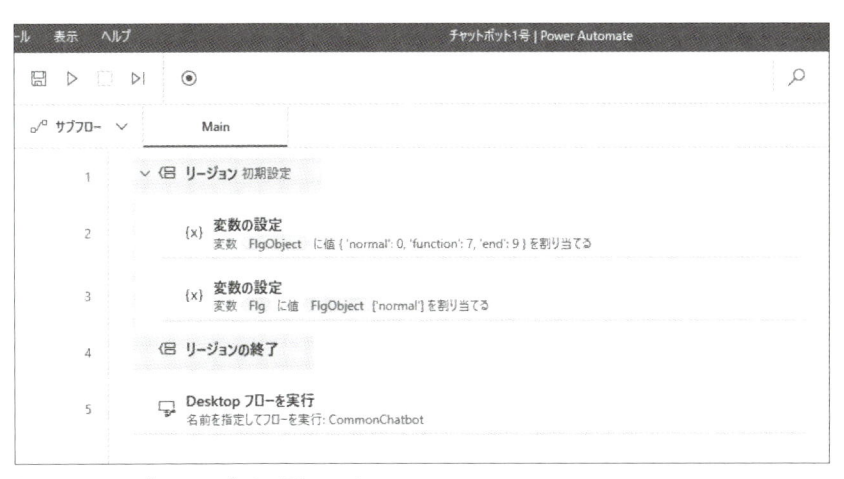

図5.18：フロー［チャットボット1号］のメインフロー

5.4.3 | 入力変数を設定する

入力変数の設定を行います。入力変数の詳細については「5.3.4.1 入力変数の洗い出し」の**表5.1**を参照してください。これらの入力変数の設定は、リージョンブロック［初期設定］内に配置されます。

5.4.3.1 | チャットボット名の初期設定

チャットボット名の設定を行います。3ステップ目の［変数の設定］アクションの後に、新たな［変数の設定］アクションを追加します。設定画面で［変数］を「ChatbotName」に変更し、［値］に「チャットボット1号」と入力します。設定後、［保存］をクリックします。

5.4.3.2 | 初回メッセージの設定

初回メッセージの設定を行います。先に追加した［変数の設定］アクションの後に、新しい［変数の設定］アクションを追加します。［変数］を「FirstMessage」に変更し、［値］に「こんにちは。私はチャットボットです。ご質問をどうぞ！」と入力します。設定後、［保存］をクリックして変更を保存します。

5.4.3.3 | 変数［Role］とリストカスタムオブジェクト［MemoryData］の設定

変数［Role］とリストカスタムオブジェクト［MemoryData］の設定を行います。これらの設定は、フロー［CommonChatbot］のサブフロー［Chatbot］ですでに実装されています。

以下の手順で移動を行います。

STEP 1 アクションの切り取り

フロー［CommonChatbot］のサブフロー［Chatbot］を開き、3ステップ目と4ステップ目を選択し、「切り取り」を実行します（ショートカットキー：Ctrl＋X）。

STEP 2 アクションの貼り付け

フロー［チャットボット1号］を開き、6ステップ目の［リージョンの終了］アクションを選択した後、「貼り付け」を実行します（ショートカットキー：Ctrl＋V）。

作業の様子は**図5.19**で確認できます。

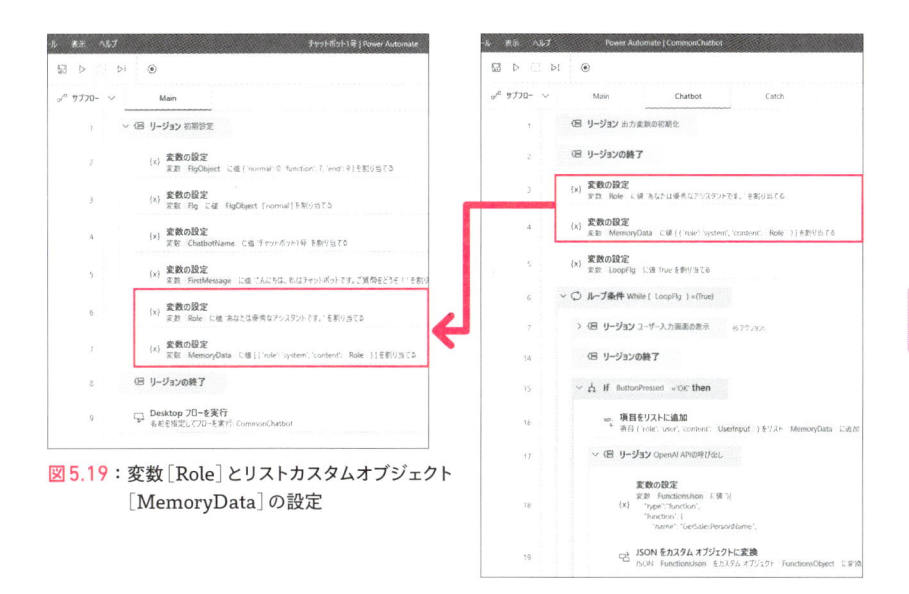

図5.19：変数［Role］とリストカスタムオブジェクト
［MemoryData］の設定

5.4.3.4 変数［FunctionsJson］の設定

　変数［FunctionsJson］の設定を行います。この設定はフロー［Common
Chatbot］のサブフロー［Chatbot］ですでに行われています。フロー［Common
Chatbot］のサブフロー［Chatbot］にある16ステップ目の［変数の設定］アクショ
ンを、フロー［チャットボット1号］の7ステップ目の［変数の設定］アクション
の後にコピーします。これにより、フロー［CommonChatbot］に影響を与えずに
［FunctionsJson］の設定をフロー［チャットボット1号］に適用できます。

　現時点でのフロー［チャットボット1号］は図5.20の通りです。

図5.20：現時点のフロー［チャットボット1号］のメインフロー

5.4.4 共通チャットボット側に入出力変数を設定する

親フローで入力変数の準備が完了したため、次に共通チャットボット［Common Chatbot］で入出力変数を設定します。

5.4.4.1 入力変数の設定

まずは、入力変数の設定を行います。

5.4.4.1.1 入力変数［i_ChatbotName］の設定

［入出力変数］パネルで［変数を追加］（＋アイコン）をクリックし（図5.21❶）、メニュー内の［入力］を選択します（図5.21❷）。

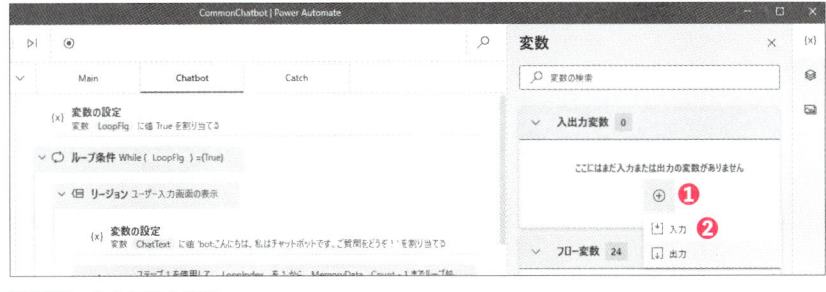
図5.21：入力変数の追加

　[新しい入力変数] ダイアログが開きます。[変数名] に「i_ChatbotName」と入力します（図5.22❶）。[データの種類] と [既定値] は変更せず、デフォルトのままにします（図5.22❷❸）。[外部名] には「ChatbotName」と入力します（図5.22❹）。この [外部名] は親フローに [Desktop フローを実行] アクションを設定した場合に表示される名前です。

　[説明] は空白のままで、[機密情報としてマーク] および [任意としてマークする] も両方とも [無効] にしておきます（図5.22❺❻❼）。[任意としてマークする] は 2024 年に追加された機能で、入力変数をオプションとして扱うことが可能です。[保存] をクリックして変数を設定します（図5.22❽）。

図5.22：[新しい入力変数] ダイアログの設定

5.4.4.1.2 | 入力変数［i_FirstMessage］の設定

　次に、［i_FirstMessage］の設定を行います。この手順も［i_ChatbotName］の設定と同じです。入力変数を追加するには、「入出力変数」パネルから［変数を追加］（＋アイコン）を選択しますが、すでに入出力変数が存在する場合、［変数を追加］の位置が異なるので注意してください。［入力］を選択し、［変数名］に「i_FirstMessage」と入力し、［外部名］に「FirstMessage」と入力します。［保存］をクリックします。

5.4.4.1.3 | 入力変数［i_MemoryData］の設定

　［i_MemoryData］の設定を行います。新しい入力変数を追加し、［変数名］に「i_MemoryData」と入力します。［データの種類］の選択肢から［リスト］を選択します。これは引数として「リストカスタムオブジェクト」を渡すためです。［既定値］の［編集］オプションはこの設定では使用しませんので、無視して構いません。［外部名］に「MemoryData」と入力し、［保存］をクリックします。

5.4.4.1.4 | 入力変数［i_FunctionsJson］の設定

　最後の入力変数として、［i_FunctionsJson］を設定します。新しい入力変数を追加し、［変数名］に「i_FunctionsJson」と入力します。［外部名］に「FunctionsJson」と入力し、［保存］をクリックします。

　入力変数の設定が完了しました。現在は**図5.23**の通りに設定できています。

図5.23：現在の［入出力変数］パネル

5.4.4.2 | 出力変数の設定

次に、共通チャットボットから親フローへ返す出力変数を設定します。

［入出力変数］パネルの［変数を追加］（＋アイコン）をクリックし、表示される
メニューから［出力］を選択します。すると、［新しい出力変数］ダイアログが表示
され、ここで変数の詳細を設定します。

5.4.4.2.1 | 出力変数［o_ResponseObject］の設定

新しい出力変数を追加し、［変数名］に「o_ResponseObject」と入力し、［デー
タの種類］の選択肢から［カスタムオブジェクト］を選択します。［外部名］に
「ResponseObject」と入力し、［保存］をクリックします。

5.4.4.2.2 | 出力変数［o_MemoryData］の設定

新しい出力変数を追加し、［変数名］に「o_MemoryData」と入力し、［データの
種類］の選択肢から［リスト］を選択します。［外部名］に「MemoryData」と入
力し、［保存］をクリックします。

5.4.4.2.3 | 出力変数［o_Flg］の設定

新しい出力変数を追加し、［変数名］に「o_Flg」と入力し、［データの種類］の
選択肢から［数値］を選択します。［外部名］に「Flg」と入力し、［保存］をクリッ
クします。

これで入出力変数の設定が完了しました。現在の［入出力変数］パネルの状態は、
図5.24に示されています。このフローを必ず保存してください。

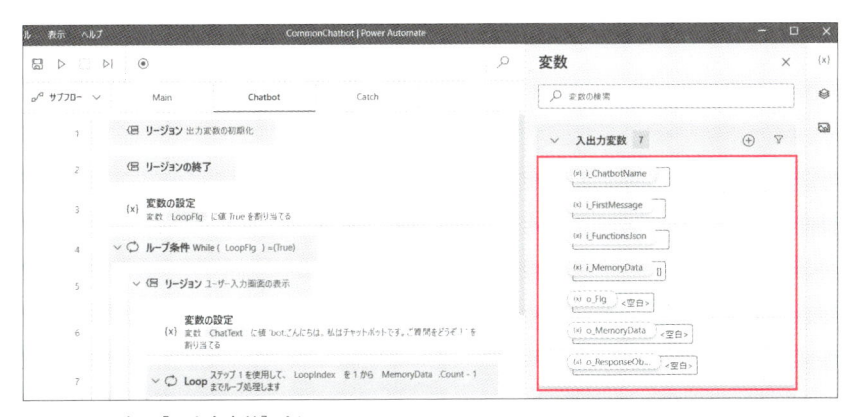

図5.24：現在の［入出力変数］パネル

5.4.5 親フロー側に入出力変数を設定する

親フローに入出力変数の設定を行っていきましょう。

親フロー［チャットボット1号］の10ステップ目の［Desktopフローを実行］アクションを開くと、入力変数の設定フィールドが4つ表示されます。表示されない場合は、共通チャットボット［CommonChatbot］を保存し忘れている可能性があります。

順に変数を指定していきます（表5.4）。変数名が一致するので、割り当てに迷いはありません。

［生成された変数］に共通チャットボットからの戻り値が割り当てられます。デフォルトで［無効］になっているので［有効］に変更し、表5.5の通り、変数名を変更します。

変更後、設定が図5.25のようになっていることを確認し、［保存］をクリックします。

表5.4：入力変数の設定

入力変数名	設定する変数
ChatbotName	%ChatbotName%
FirstMessage	%FirstMessage%
MemoryData	%MemoryData%
FunctionsJson	%FunctionsJson%

表5.5：［生成された変数］の変数名変更

変更前の変数名	変更後の変数
o_ResponseObject	ResponseObject
o_Flg	Flg
o_MemoryData	MemoryData

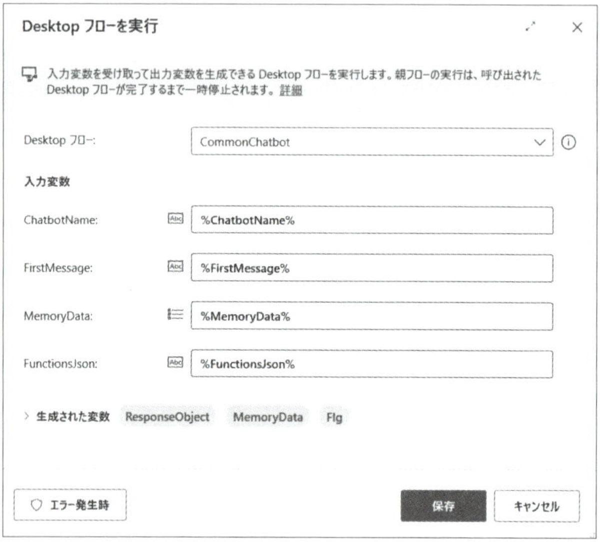

図5.25：［Desktopフローを実行］の設定

5.4.6 Function Calling が選択された場合の処理を変更する

Function Calling が選択された場合の処理を変更します。フロー［Common Chatbot］の呼び出し後に、Function Calling が選択された際のフローを構築しましょう。設計図は図5.13を参照してください。

5.4.6.1 関数を作成する

5.4.6.1.1 サブフローの追加

共通チャットボット内で呼び出していた関数を親フローに移動させます。親フロー［チャットボット1号］に「GetSalesPersonName」という名前のサブフローを作成します。

5.4.6.1.2 共通チャットボット内のサブフローをコピーする

共通チャットボット［CommonChatbot］内のサブフローを親フローにコピーします。新しく作成したサブフロー［GetSalesPersonName］に、共通チャットボットにある同名のサブフローからすべてのアクションをコピーします。まず、共通チャットボットのサブフロー［GetSalesPersonName］を開き、すべてのアクションを選択し（ショートカットキー：Ctrl＋A）、コピーします（ショートカットキー：Ctrl＋C）。次に、親フロー［チャットボット1号］のサブフロー［GetSalesPerson

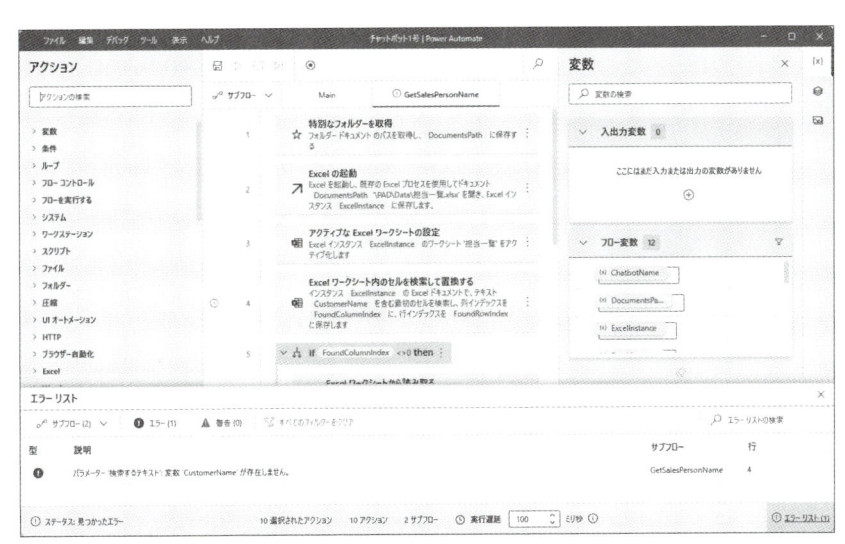

図5.26：親フローに関数を移動するとエラーが発生

147

Name] に移動し、ここにアクションを貼り付けます（ショートカットキー：Ctrl ＋V）。エラーが1件表示されますが、これは「CustomerName」という変数が未定義であるためです（図5.26）。このエラーは後で解消されますので、そのまま進めます。

5.4.6.2 | Function Calling が選択された場合の処理を作成する

Function Calling が選択された場合の処理を実装します。

5.4.6.2.1 | [If] アクションを追加する

まず、関数を呼び出すための条件分岐を設定します。親フロー［チャットボット1号］のメインフローを選択し、[Desktop フローを実行] アクションの後に、[条件] アクショングループ内の [If] アクションを追加します。設定ダイアログで、[最初のオペランド] に「%Flg%」を指定し、演算子は [と等しい (=)] のままとし、[2番目のオペランド] には「%FlgObject['function']%」と入力します。これにより、制御フラグが「function」に設定されている場合に、指定された処理を実行するように設定します。[保存] をクリックします。現在のメインフローは図5.27の通りです。

図5.27：現在のメインフロー

5.4.6.2.2 | 共通チャットボットから処理を移動する

Function Calling が選択された場合の処理を、共通チャットボットから親フローに移動します。まず、共通チャットボットのサブフロー [Chatbot] の中で、Function Calling の処理が含まれる [If] ブロック内のアクション（32ステップ目

から43ステップ目まで）を選択し、「切り取り」を実行します（ショートカット
キー：Ctrl＋X）。この操作により、共通チャットボット側に「変数'CustomerName'
が存在しません」というエラーが表示されますが、これは無視して構いません。

　次に、親フロー［チャットボット1号］のメインフローに移動し、12ステップ目
にある［End］アクションをクリックし、「貼り付け」を実行します（ショートカッ
トキー：Ctrl＋V）。これにより、親フロー側のエラーが解消され、Function Calling
が選択された場合の処理が正しく移動されます。作業の様子は**図5.28**で確認でき
ます。

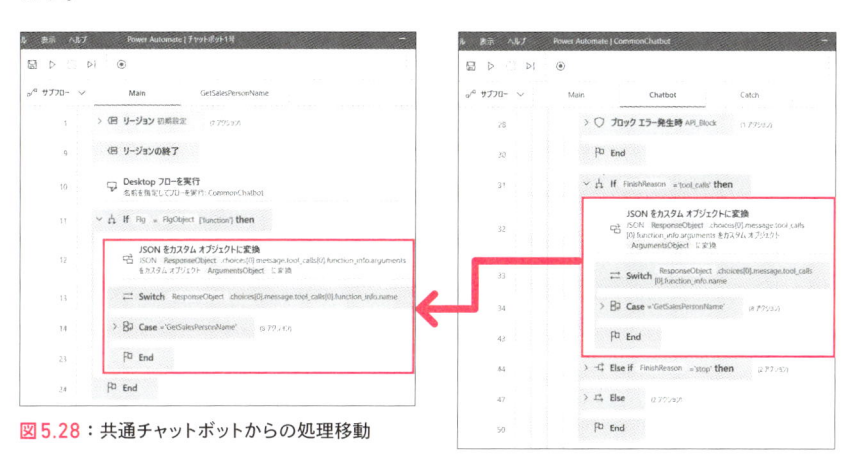

図5.28：共通チャットボットからの処理移動

5.4.6.2.3 ｜ コピー元を削除する

　親フロー［チャットボット1号］への移動処理が完了したため、共通チャットボッ
ト［CommonChatbot］内のサブフロー［GetSalesPersonName］を削除します。

　これを行うには、まずサブフロー［GetSalesPersonName］のタブを右クリック
して［削除］を選択します（**図5.29**）。表示される［サブフローを削除する］ダ
イアログで［削除］ボタンをクリックして、サブフローの削除を完了させます。こ
れにより、共通チャットボット［CommonChatbot］に残っていたエラーも解消さ
れます。作業が終了したら、フロー［CommonChatbot］を保存します。

図5.29：サブフローの削除

5.4.7 出力変数の初期化

[出力変数の初期化] サブプロセスを実装します。設計図は図5.14を参照してください。

5.4.7.1 カスタムオブジェクト［FlgObject］と制御フラグ［Flg］の設定のコピー

出力変数の初期化では、カスタムオブジェクト［FlgObject］と制御フラグ［Flg］の設定をコピーする作業を行います。親フロー［チャットボット1号］のメインフローを選択し、2ステップ目と3ステップ目の［変数の設定］アクションをコピーします。共通チャットボット「CommonChatbot」のサブフロー［Chatbot］を選択し、2ステップ目の［リージョンの終了］アクションを選択してペーストします。完了すると図5.30のようになります。

図5.30：［出力変数の初期化］サブプロセスの実装

5.4.7.2 制御フラグ設定の変更

制御フラグ［Flg］を共通チャットボットでの出力変数として「o_Flg」に名前を変更します。共通チャットボットのサブフロー［Chatbot］内で、3ステップ目の［変数の設定］アクションを開き、［変数］に設定されている「Flg」を「o_Flg」に変更し、［保存］をクリックします。

5.4.7.3 OpenAI API戻り値の初期化

OpenAI APIからの戻り値を格納する出力変数［o_ResponseObject］を初期化します。これを行わない場合、「o_ResponseObject」に値が設定されない状況で戻ると、「引数'o_ResponseObject'には'カスタムオブジェクト'を指定します」というエラーが発生します。

共通チャットボットのサブフロー［Chatbot］内で、3ステップ目の［変数の設定］アクションの後に［変数の設定］アクションを追加します。［変数］に「o_ResponseObject」と設定し、［値］に「%{'key': 'value' }%」と入力します。これにより、変数［o_ResponseObject］が正しく初期化されます。設定後、保存します。現在、図5.31のようになっていますね。

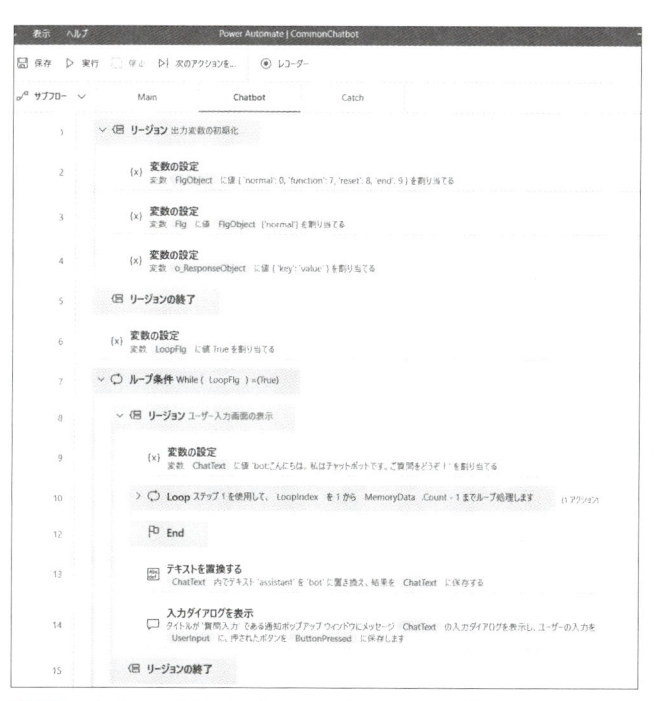

図5.31：サブフロー［Chatbot］のフロー（1～15ステップ）

5.4.8 入力変数の組み込み

このセクションでは、共通チャットボット［CommonChatbot］のサブフロー
［Chatbot］に入力変数を組み込んでいきます。

5.4.8.1 入力変数［i_FirstMessage］の組み込み

共通チャットボットのフローに入力変数［i_FirstMessage］を組み込み、ユー
ザーに表示する最初のメッセージを制御します。サブフロー［Chatbot］内の9ス
テップ目の［変数の設定］アクションを開き、［値］の既存のテキストを「bot:%i_
FirstMessage%」に置き換えます（**図5.32 ❶**）。変更後、［保存］をクリックしま
す（**図5.32 ❷**）。

図5.32：入力変数［i_FirstMessage］の組み込み

5.4.8.2 入力変数［i_ChatbotName］の組み込み

チャットボットの名前を入力変数で置き換えます。14ステップ目の［入力ダイア
ログを表示］アクションを開き、［入力ダイアログのタイトル］の既存テキストを
「%i_ChatbotName%」に置き換えます。変更後、［保存］をクリックします。

5.4.8.3 入力変数［i_FunctionsJson］の組み込み

19ステップ目の［変数の設定］アクションを開き、［値］のJSONテキストを
「%i_FunctionsJson%」に置き換えます。変更後、［保存］をクリックします。

5.4.8.4 入力変数［i_MemoryData］の組み込み

変数ペインの［フロー変数］パネルにある［MemoryData］を右クリックし、表
示されるメニューから［名前の変更］を選択します（**図5.33**）。変数名を「i_

MemoryData」に変更し、Enter キーを押して変更を確定します。

図5.33：変数名の変更

「変数名は既に使用されています」というダイアログが表示されるので、［続行］をクリックします。これにより、変数 [MemoryData] と入力変数 [i_MemoryData] が統合され、入力変数のみが残ります。表5.6のアクションが自動的に更新されていることを確認します。

表5.6：入力変数［i_MemoryData］が使用されているアクション

サブフロー名	ステップ	アクション名
Chatbot	10	Loop
Chatbot	11	テキストに行を追加
Chatbot	17	項目にリストを追加
Chatbot	22	変数の設定
Chatbot	37	項目にリストを追加

5.4.9 出力変数の組み込み

次に共通チャットボット［CommonChatbot］のサブフロー［Chatbot］に出力変数を組み込みます。

5.4.9.1 カスタムオブジェクト［ResponseObject］の変更

現在、OpenAI APIからの戻り値はカスタムオブジェクト［ResponseObject］に格納されています。これを［o_ResponseObject］に変更します。

変数ペインの［フロー変数］パネルで［ResponseObject］を右クリックし、［名

前の変更］を選択します。「o_ResponseObject」に変更し、Enterキーを押して変更を確定します。

［変数名は既に使用されています］ダイアログが表示されたら、［続行］をクリックします。これにより、変数［ResponseObject］と出力変数［o_ResponseObject］が統合され、出力変数のみが残ります。**表5.7**のアクションが自動的に更新されていることを確認してください。

表5.7：出力変数［o_ResponseObject］が使用されているアクション

サブフロー名	ステップ	アクション名
Chatbot	4	変数の設定
Chatbot	28	JSONをカスタムオブジェクトに変換
Chatbot	32	変数の設定
Chatbot	36	変数の設定
APICatch	1	メッセージを表示

5.4.9.2 | 終了処理の追加

入力変数として受け取ったリストカスタムオブジェクト［i_MemoryData］を親フローに戻す処理を追加します。

サブフロー［Chatbot］のワークスペースの最後に、［変数の設定］アクションを追加します。［変数］に「o_MemoryData」を設定します。［値］には「%i_MemoryData%」と入力し、［保存］をクリックします。

現在のサブフロー［Chatbot］は**図5.34**に示す通りです。

図5.34：現在のサブフロー［Chatbot］のフロー

5.4.10 | 制御フラグを組み込む

共通チャットボット［CommonChatbot］に制御フラグを組み込みます。設計図は図5.14を参照してください。

5.4.10.1 | ループ条件の変更

ループ処理でAIとの会話を継続する条件を、変数［LoopFlg］から制御フラグ［o_Flg］に変更します。

サブフロー［Chatbot］内の7ステップ目の［ループ条件］アクションのループ条件は現在「While(LoopFlg) = (True)」に設定されています。これを変更します。［ループ条件］アクションを開いて、ダイアログを表示させましょう。

変数［o_Flg］が「normal」である間はループを継続するように変更します。［最初のオペランド］を「%o_Flg%」に、［2番目のオペランド］を「%FlgObject['normal']%」に変更します。［保存］をクリックします。

この変更によって変数［LoopFlg］の初期化は不要になります。6ステップ目の［変数の設定］アクションを削除します。削除後のフローは図5.35のようになります。

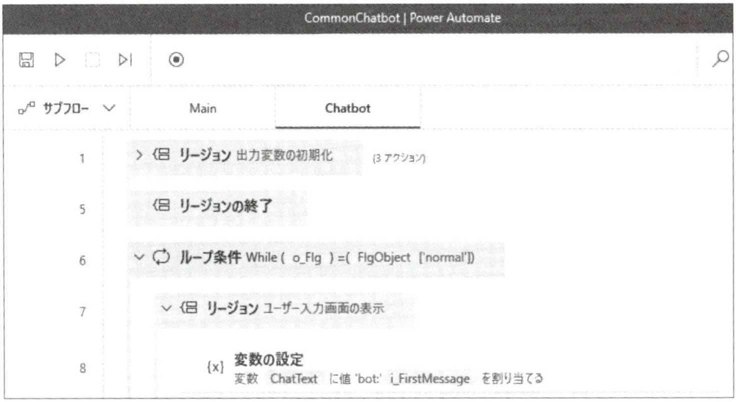

図5.35：サブフロー［Chatbot］（1〜8ステップ）

5.4.10.2 | ［Cancel］押下処理の変更

ユーザー入力画面でユーザーが［Cancel］を選択した際に、以前は変数［LoopFlg］に「False」を設定していましたが、これを変更します。

43ステップ目の［変数の設定］アクションを開いて、［変数］を「o_Flg」に、［値］は「%FlgObject['end']%」に変更します。［保存］をクリックします。

5.4.10.3 | APIエラー発生時の処理を変更する

図5.15の部分❶の設計に基づいて、APIエラー発生時の処理を変更します。

現在はAPIエラーが発生した場合、サブフロー［APICatch］が呼び出され、エラーメッセージが表示された後に［フローを停止する］アクションが実行され、フローが停止しています。これは、呼び出し元の親フローまで停止してしまうため、望ましくありません。エラーが発生した場合でも、変数［FinishReason］の値に「error」と格納するように変更します。

5.4.10.3.1 | フローの停止アクションを削除する

サブフロー［APICatch］を選択し、このフロー内の2ステップ目にある［フローを停止する］アクションを削除します。

5.4.10.3.2 | 変数［FinishReason］の設定を行う

［変数の設定］アクションをサブフロー［APICatch］の2ステップ目に追加します。［変数］に「FinishReason」を設定します。［値］に「error」と入力し、［保存］をクリックします。

5.4.10.3.3 | ブロックエラー発生時の処理を変更する

［フローを停止する］アクションを削除したため、フローは停止しなくなりました。次に、ブロックエラー発生時の処理を変更します。

サブフロー［Chatbot］を開き、30ステップ目の［ブロックエラー発生時］アクションの設定ダイアログを開きます。現在の設定では、サブフロー実行後に［スローエラー］が選択されていますが、これを［フロー実行を続行する］に変更し（図5.36❶）、［例外処理モード］はデフォルトの［ブロックの末尾に移動する］のままにします（図5.36❷）。変更が完了したら、［保存］をクリックします（図5.36❸）。

図5.36：［ブロックエラー発生時］アクションの設定変更

5.4.10.4 | API エラー発生時処理の追加

これまでの開発で、API エラーが発生した場合、変数［FinishReason］に「error」と設定されます。このシナリオに対する処理を追加しましょう。詳細は設計図の**図5.15 ❷**をご確認ください。

5.4.10.4.1 | 条件分岐を追加する

変数［FinishReason］の値が「error」の場合はメッセージを表示しないように、条件分岐を追加します。37 ステップ目の［Else］アクションのブロック（［メッセージを表示］アクションの前）に、［条件］アクショングループ内の［If］アクションを追加します。設定ダイアログが表示されたら、［最初のオペランド］に「%FinishReason%」を設定し、［演算子］のドロップダウンリストから［と等しくない (<>)］を選択し、［2 番目のオペランド］に「error」と入力します。［保存］をクリックします。

次に、追加した［If］ブロックの中に 40 ステップ目の［メッセージを表示］アクションを移動させます。

5.4.10.4.2 | 出力変数［o_Flg］の設定を行う

出力変数［o_Flg］に「end」を設定します。41 ステップ目の［変数の設定］アクションを開き、［変数］の「LoopFlg」を「o_Flg」に変更します。［値］を「%FlgObject['end']%」に変更し、［保存］をクリックします。現在のフローは**図**

5.37に示す通りです。

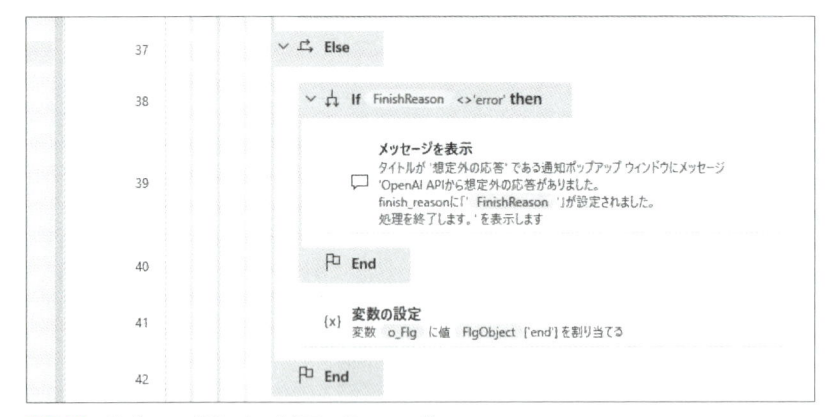

図 5.37：サブフロー［Chatbot］（37〜42 ステップ）

　これで、設計内容が共通チャットボット［CommonChatbot］に反映されました。このフローは保存します。

5.4.10.5 「tool_calls」の場合の処理を変更

　図5.15の部分❸の設計に基づいて、変数［FinishReason］の値が「tool_calls」の場合の共通チャットボットの処理を変更します。33ステップ目の［If］アクションと34ステップ目の［Else if］アクションの間に、［変数の設定］アクションを追加します。［変数］に「o_Flg」を設定し、［値］に「%FlgObject['function']%」と入力します。設定後、［保存］をクリックします。現在のフローは、図5.38の通りです。共通チャットボット［CommonChatbot］を上書き保存してください。

図 5.38：サブフロー［Chatbot］（29〜35 ステップ）

5.4.11 チャットボット1号を実行する

それでは実行してみましょう。

5.4.11.1 フローの実行

フローデザイナーからフロー［チャットボット1号］を実行します。実行すると、［チャットボット1号］というタイトルの入力ダイアログが表示され、「bot:こんにちは。私はチャットボットです。ご質問をどうぞ！」というメッセージが表示されます。これにより、入力変数［i_ChatbotName］と［i_FirstMessage］が正しく機能していることが確認できました。何気ない会話をしてみましょう。「こんにちは」と入力し（図5.39❶）、［OK］をクリックします（図5.39❷）。

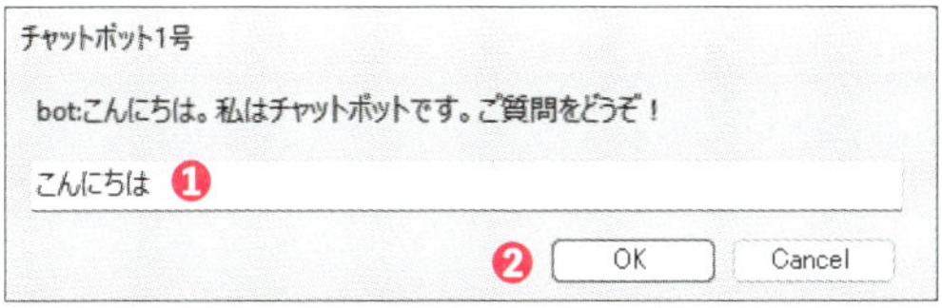

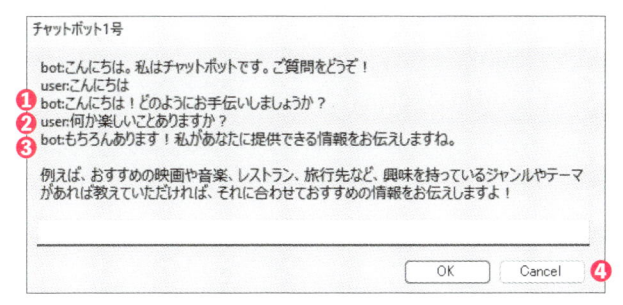

図5.39：［チャットボット1号］ダイアログ-1

「こんにちは！どのようにお手伝いしましょうか？」と返ってきました（図5.40❶）。次に、「何か楽しいことありますか？」と聞いてみましょう（図5.40❷）。すると、「もちろんあります！私があなたに提供できる情報をお伝えしますね。例えば、…」と、さらに会話を掘り下げようとしてきました（図5.40❸）。AIとの会話を十分楽しんだ後、［Cancel］をクリックしましょう（図5.40❹）。フローがしっかりと終了しましたね。これは［Cancel］がクリックされた後に、共通チャットボットの戻り値［o_Flg］に「end」が設定されたことを意味しています。

図5.40：［チャットボット1号］ダイアログ-2

5.4.11.2 | Function Calling の確認

　今度は、関数［GetSalesPersonName］の動作を確認するために、もう一度フロー［チャットボット1号］を実行します。入力ダイアログが表示されたら、「AA商事の営業を担当している人って誰ですか？」と入力してみましょう。正しく手順通りに開発されていれば、エラーなくすんなりと実行できるはずです。Excelの起動と終了も確認できます。しかし、「あれ？」と思うかもしれません。答えがメッセージボックスで表示されないのです。

5.4.11.3 | 最後の会話の確認

　変数ペインを確認してみましょう。OpenAI APIが「tool_calls」という結果を返した場合、最後の会話は変数［AssistantResponse］に格納されています。変数［AssistantResponse］をダブルクリックして内容を確認します。「○○○　○○○○さんです。」と表示されていますね。確かに関数［GetSalesPersonName］が呼び出され、戻り値も正しく取得されています。［変数の値］ダイアログは閉じます。

　それでは、もう一度フローを見直してみましょう。親フローが共通チャットボットを呼び出します（図5.41❶）。共通チャットボットでユーザー入力画面が表示され、今回の実行では、「AA商事の営業を担当している人って誰ですか？」と入力し、［OK］をクリックしました（図5.41❷）。OpenAI APIを呼び出し、「tool_calls」という結果を返したので、［API応答の処理］内で戻り値［o_Flg］に「function」が設定されたという流れになります（図5.41❸）。そのまま共通チャットボットは終了し、処理は親フローに戻ります（図5.41❹）。親フローでは制御フラグ［Flg］の値に「function」が設定されているため、サブフロー［GetSalesPersonName］が呼び出され、戻り値が変数［AssistantResponse］に格納されて終了します（図5.41❺）。

　フロー自体に問題はなく、設計通りに動作しています。しかし、これではチャットボットとしては未完成だと言わざるを得ません。設計の修正が必要です。

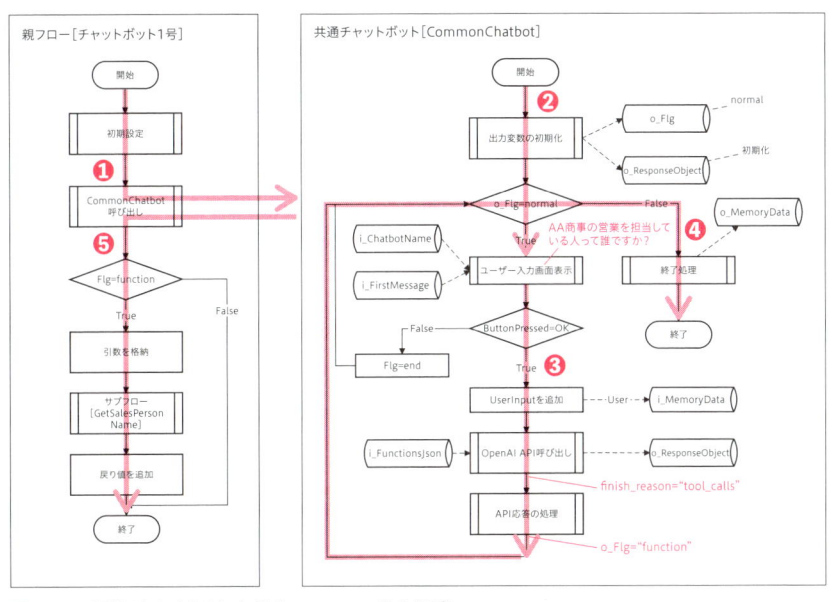

図5.41：関数が呼び出された場合のフローの動作順序

5.5 設計内容を修正する

関数［GetSalesPersonName］が呼び出された直後に処理が終了してしまう問題に対処するため、親フロー［チャットボット1号］の設計を変更します。

5.5.1 関数実行後もフローを終了しないようにする

関数呼び出し後にフローが終了してしまう理由は、親フローが関数実行の結果を受け取った後にループしていないからです。共通チャットボット内では会話がループしていますが、親フローは処理結果を受け取ると即座に終了します。このため、以下のような2重ループ構造にする必要があります。

> ループ1：通常の会話を続けながら、Function Callingが選択された場合にループから抜ける構造
> ループ2：会話を続けるループ。Function Callingが選択されても、明示的に終了指示がない限り終了しない

現在は「ループ1」のみが実装されています。これから「ループ2」を設計し、設計図に反映します（図5.42）。まず、親フローに新しいループ処理を組み込みます。ループ条件は『制御フラグが「end」でない間はループを続ける』と設定します（図5.42❶）。共通チャットボットからの制御フラグの戻り値は、「end」または「function」のどちらかです。「end」が戻ってきた場合はループを終了します（図5.42❷）。「function」が戻ってきた場合は、指定された関数を呼び出し（図5.42❸）、その後もループを続けます。

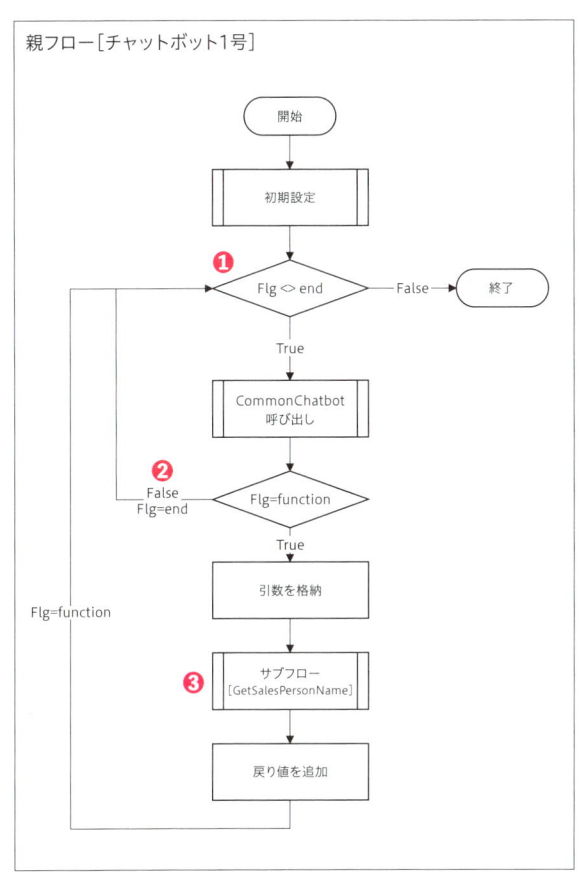

図5.42：親フロー［チャットボット1号］の設計図

新しい会話を始める

　もう1つ重要な点があります。それは「新しい会話を始める」という選択肢の導入です。以下のようなシミュレーションで流れを確認してみましょう。

```
system: あなたは優秀なアシスタントです。
user:こんにちは
assistant：こんにちは！何かお手伝いできますか？
user: AA商事の営業を担当している人って誰ですか？
assistant: ○○○　○○○○さんです。
```

このように会話が続く一方で、ユーザーが別の話題を始めたい場合も考えられます。現在の設計では、フロー［チャットボット1号］を終了してから再び実行しなければ、新しい話題を始めることはできません。問題は、内部でリストカスタムオブジェクト［MemoryData］をリセットするタイミングが設けられていない点です。もしユーザー入力画面に「会話を続ける」「新しい会話を始める」「フローを終了する」という3つのオプションがあれば、チャットボットの汎用性が向上します。この新しいユーザー入力画面の設計は「5.5.3 ユーザー入力画面を独自に作る」で行います。

5.5.2.1 制御フラグを追加する

まず、新しい会話を始める選択肢を増やすためには、制御フラグの値を増やす必要があります。現在の制御フラグは3つですが、これに「reset」を追加しましょう。その実際の値は「8」です（**表5.8**）。

表5.8：制御フラグと数値

名前	値
normal	0
function	7
reset	8
end	9

5.5.2.2 会話を初期状態に戻す

この変更に伴って、リストカスタムオブジェクト［MemoryData］を初期状態に戻すフローを設計する必要があります。

ループ開始の後（共通チャットボットを呼び出す前）に条件分岐を入れます。制御フラグが「function」ではないとき（つまり、「normal」または「reset」のとき）にリストカスタムオブジェクト［MemoryData］を初期化します。この初期化は［初期設定］サブプロセスから移動することで実装します。**図5.43**の設計図が完成しました。薄い色で表示されている部分が追加した箇所です。

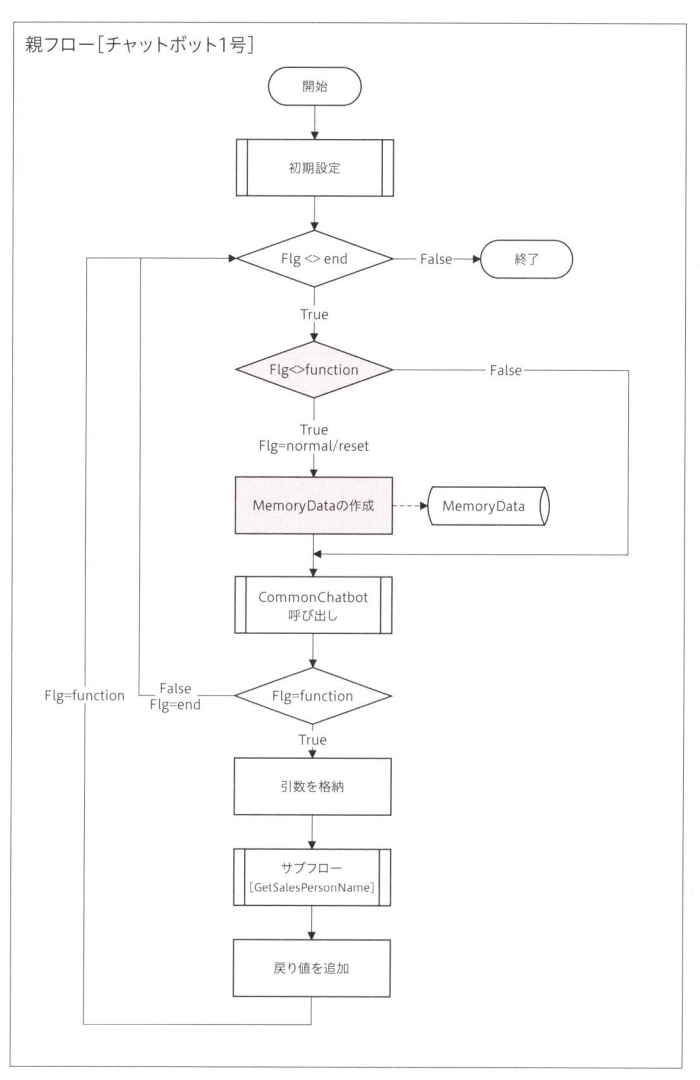

親フロー［チャットボット1号］

開始

初期設定

Flg <> end — False → 終了

True

Flg<>function — False

True
Flg=normal/reset

MemoryDataの作成 ----> MemoryData

CommonChatbot
呼び出し

False
Flg=end — Flg=function

Flg=function

True

引数を格納

サブフロー
［GetSalesPersonName］

戻り値を追加

図5.43：親フロー［チャットボット1号］の設計図

5.5.2.3 ［ユーザー入力画面表示］サブプロセスに制御フラグを組み込む

　次に共通チャットボット［CommonChatbot］内の［ユーザー入力画面表示］サブプロセスに制御フラグ［o_Flg］を組み込みます。ユーザー入力画面の［終了］ボタンをクリックすると「end」に設定し、［リセット］ボタンを押すと「reset」に設定し、［送信］ボタンを押すと「normal」のままという仕様にします。それに伴

い、制御フラグが「normal」の場合だけ［OpenAI API呼び出し］サブプロセスに遷移し、その他の場合は共通チャットボットの処理を抜けるように設計します。図5.44の設計図が完成しました。薄い色で表示されている部分が追加した箇所です。

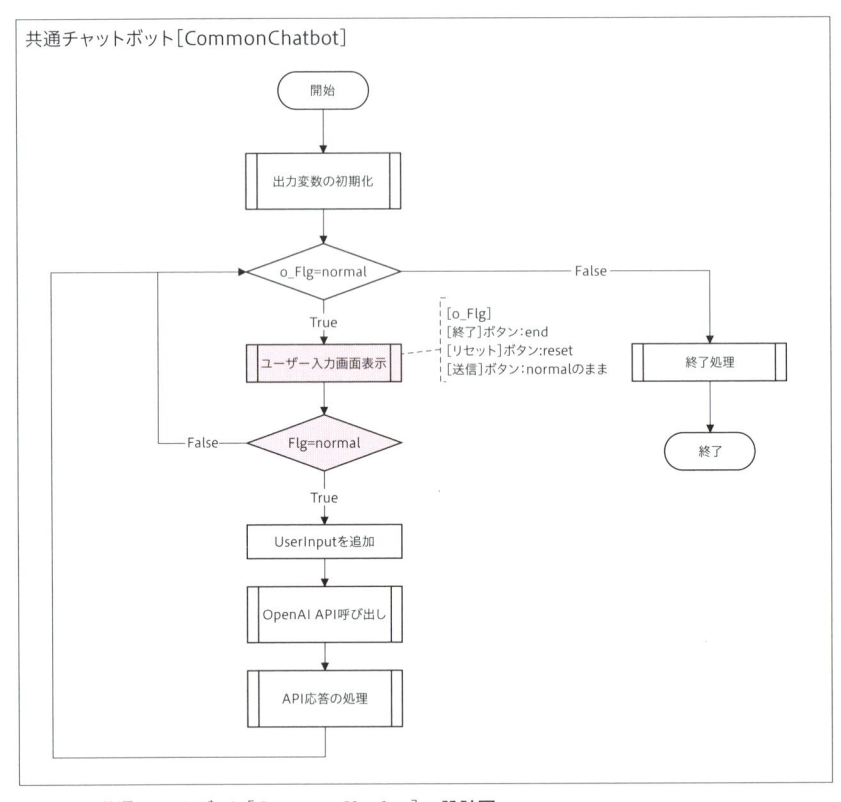

図5.44：共通チャットボット［CommonChatbot］の設計図

5.5.3 ユーザー入力画面を独自に作る

では、ユーザー入力画面はどうすればいいでしょうか？ 通常の入力ダイアログでは、3パターン（［終了］ボタン、［リセット］ボタン、［送信］ボタン）の操作を付け加えることはできません（図5.45）。

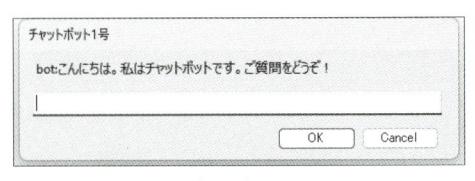

図5.45：現在のユーザー入力画面

5.5.3.1 | カスタムフォームを考えてみる

　思いつく方法の1つは、「カスタムフォーム」を使うことです。カスタムフォームは［メッセージボックス］アクショングループ内の［カスタムフォームを表示］アクションを使って作成することができます。

　このアクションをワークスペースに追加すると、設定ダイアログが表示されますので、［カスタムフォームデザイナー］をクリックし、カスタムフォームデザイナーを起動します。カスタムフォームデザイナーを使うことで、自由度の高い入力画面の作成が可能になります。試しに図5.46の設定を行い、カスタムフォームを作成すると、図5.47のようなユーザー入力画面が出来上がります。

図5.46：カスタムフォームデザイナーの設定

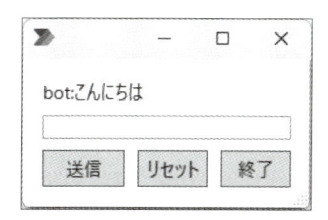

図5.47：カスタムフォームで作成したユーザー入力画面

試しにカスタムフォームを作ってみましたが、見た目がシンプルすぎるのは気になりますね。会話部分の表示枠も小さすぎます。これ以上工夫しようと思っても、カスタムフォームデザイナーでのカスタマイズ可能範囲はそれほど広くはありません。

そこで、本書では独自の画面作りを選択しましょう。「Power Automate for desktopで本当に独自の画面を作れるの？」と疑問に思うかもしれませんね。ですが、やってみると意外とできるものです。今回はPowerShellを活用して、それを実現していきましょう！

5.5.3.2 | PowerShellの画面設計

PowerShellを使って画面を作成するにあたり、まずは画面設計を行いましょう。図5.48の設計図は作図ソフトのVisioを用いて描いたものですが、Excelで作成しても問題ありませんし、手書きでも構いません。PowerShellでの画面作成が初めての場合、まず何か簡単なものを作って動かし、感触を掴んでから設計に移るとよいでしょう。

図5.48について説明します。画面上部のチャットウィンドウには会話履歴を表示します。高さが200px（ピクセル）あるので、長い会話も表示できます。また、チャットウィンドウはスクロールできるようにします。その下には質問や依頼を入力するためのプロンプトボックスを配置します。ここではAIへの質問や依頼を入力しますが、複数行に対応するために100pxの高さを確保しています。利用できるボタンは［送信］と［リセット］の2つです。フローを終了する専用のボタンはありませんが、右上に［×］ボタンがあり、これを利用してフローを終了することができます。この［×］ボタンの説明は図5.48には記入されていません。

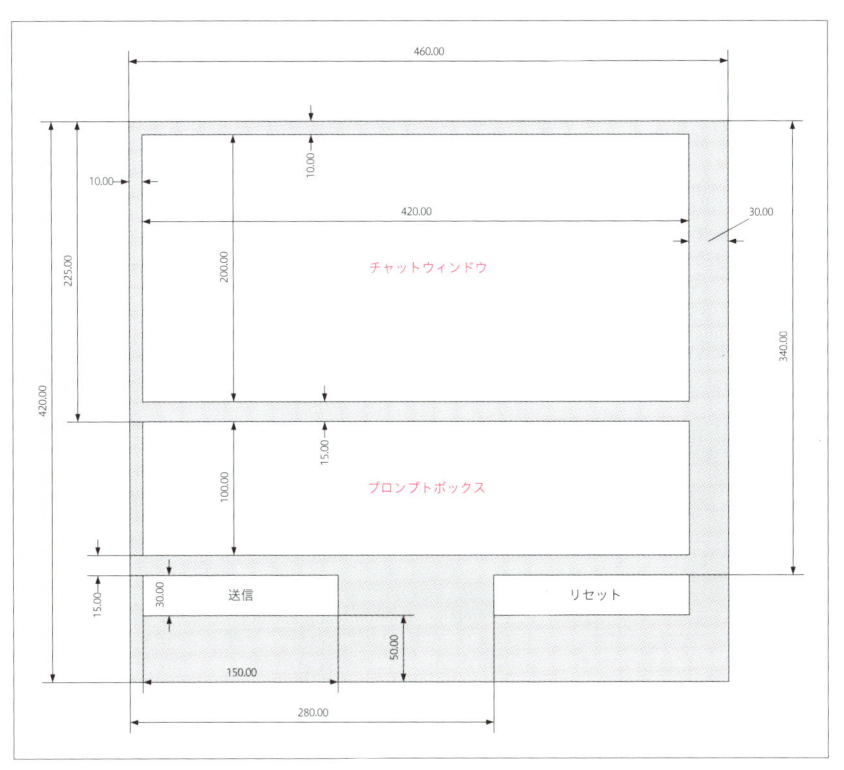

図5.48：ユーザー入力画面の設計図

5.5.3.3 | 設計を変更する

　図5.48のユーザー入力画面をフローに組み込んだ際の設計について説明します。[ユーザー入力画面表示] サブプロセスの設計図は図5.49 です。以前の設計に比べて複雑になりましたが、順を追って説明しますので、ゆっくり理解してください。

　会話内容は変数 [ChatText] に格納され、変更はありません。そのため、[会話内容を格納する] というサブプロセスにまとめられています（図5.49❶）。今回の大きな変更点はPowerShellを使用したユーザー入力画面です（図5.49❷）。このユーザー入力画面からの戻り値には [PowerShellOutput] と [ScriptError] があります。PowerShellスクリプト内でエラーが発生する可能性も考慮し、エラーの確認を行います（図5.49❸）。エラー発生時にはエラーメッセージを表示し、共通チャットボットの戻り値 [o_Flg] に「end」を設定します（図5.49❹）。

　PowerShellスクリプトが正常に終了した場合、戻り値 [PowerShellOutput] に格納されているテキストに基づいて処理を分岐します。戻り値 [PowerShell

Output］の先頭に「quit」というテキストがある場合（**図5.49 ❺**）は、「チャット
ボットを終了する」と判断し、共通チャットボットの戻り値［o_Flg］に「end」を
設定します（**図5.49 ❻**）。戻り値［PowerShellOutput］の先頭に「reset」という
テキストがある場合（**図5.49 ❼**）は、共通チャットボットの戻り値［o_Flg］に
「reset」を設定します（**図5.49 ❽**）。

　戻り値［PowerShellOutput］のテキストが「quit」にも「reset」にも当てはま
らない場合、ユーザーがプロンプトボックスに入力したテキストが格納されている
と判断します。この際、戻り値［PowerShellOutput］には折り返し文字が含まれ
ている可能性があるため、これを除去します（**図5.49 ❾**）。折り返し文字が含まれ
ていると OpenAI API へのメッセージ送信時にエラーが発生するためです。

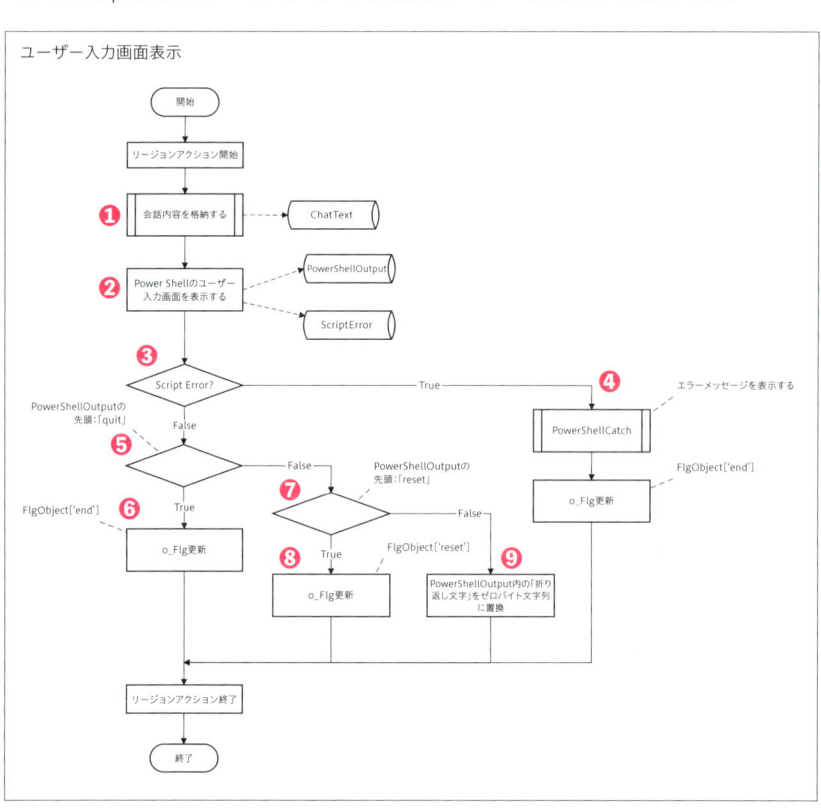

図5.49：ユーザー入力画面表示の設計図

5.6 設計内容を実装する

設計した内容をフローに実装していきましょう。

5.6.1 関数実行後もフローを終了しない

最初に関数実行後もフローが終了しないよう親フロー［チャットボット1号］を修正します。設計図（**図5.42❶**）の実装になります。

5.6.1.1 ループ処理を組み込む

親フロー［チャットボット1号］にループ処理を組み込みます。まず、フローデザイナーでフロー［チャットボット1号］を開きます。

メインフローを選択し、10ステップ目の［Desktopフローを実行］アクションの前に［ループ］アクショングループの［ループ条件］アクションを追加します。設定ダイアログが開いたら、［最初のオペランド］には「%Flg%」を設定し、［演算子］で「と等しくない (<>)」を選択し、［2番目のオペランド］に「%FlgObject['end']%」を入力します。これにより、制御フラグが「end」ではない限り、ループを継続します。設定が完了したら、［保存］をクリックします。

5.6.1.2 ［end］アクションを移動する

11ステップ目の［end］アクションをフローの最下部までドラッグ＆ドロップで移動します。誤って［ループ条件］アクションも移動させないように、［end］アクションだけを選択します。また、13ステップ目以降の［If］ブロックを折りたたむと、フロー全体が見やすくなり、作業がしやすくなります。

現在のフローは**図5.50**のようになっています。

図5.50：現在の親フロー

5.6.2 新しい会話を始める

5.6.2.1 制御フラグに「reset」を追加する

次に、新しい会話を開始する箇所の開発に移ります。まず、制御フラグに「reset」を追加します。

5.6.2.1.1 親フローの変更

親フローから変更します。フロー［チャットボット1号］の2ステップ目の［変数の設定］アクションの設定ダイアログを開きます。［値］の「%{ 'normal': 0, 'function': 7, 'end': 9 }%」に「'reset':8,」を加えて「%{ 'normal': 0, 'function': 7, 'reset': 8, 'end': 9 }%」に修正後、［保存］をクリックします。

親フローの変更はこれで終了ですので、フロー［チャットボット1号］を保存します。

5.6.2.1.2 共通チャットボットの変更

共通チャットボット［CommonChatbot］のカスタムオブジェクト［FlgObject］の設定も変更しましょう。フローデザイナーでフロー［CommonChatbot］を起動します。サブフロー［Chatbot］を選択します。2ステップ目の［変数の設定］アク

ションの設定ダイアログを開きます。［値］のテキストを「%{ 'normal': 0, 'function': 7, 'reset': 8, 'end': 9 }%」に修正後、［保存］をクリックします。フロー［CommonChatbot］も保存します。

5.6.2.2 会話を初期化する

次に、会話を初期化するための変更を親フロー［チャットボット1号］に実装します。図5.43の設計図を確認してください。

5.6.2.2.1 条件分岐を追加する

制御フラグ［Flg］が「function」と等しくない場合には、リストカスタムオブジェクト［MemoryData］を作成する必要があるため、フローに条件分岐を追加します。メインフローの10ステップ目の［ループ条件］アクションの後（［Desktopフローを実行］アクションの前）に、［条件］アクショングループの中の［If］アクションを追加します。設定ダイアログが表示されたら、［最初のオペランド］に「%Flg%」を設定し、［演算子］で「と等しくない (<>)」を選択、［2番目のオペランド］に「%FlgObject['function']%」を入力後、［保存］をクリックします。

5.6.2.2.2 リストカスタムオブジェクト［**MemoryData**］を移動する

リストカスタムオブジェクト［MemoryData］を新たに生成するアクションを［If］ブロック内に入れます。7ステップ目にある［変数の設定］アクションを、先に追加した［If］ブロック内に移動させます。図5.51のようになります。

9	∨ ↻ **ループ条件** While (Flg) <>(FlgObject ['end'])
10	∨ ᚛ If Flg <> FlgObject ['function'] **then**
11	{x} 変数の設定 変数 MemoryData に値 { { 'role': 'system', 'content': Role } } を割り当てる
12	⊞ End

図5.51：フロー［チャットボット1号］のメインフロー（9〜12ステップ）

これで制御フラグが「function」でない場合（「normal」または「reset」のとき）、リストカスタムオブジェクト［MemoryData］が新たに作成されます。制御フラグが「reset」の場合は、すでに存在するリストカスタムオブジェクト［MemoryData］が上書きされ、会話内容がクリアされて初期状態に戻ります。

5.6.3　ユーザー入力画面を作成する

　会話をリセットする仕組みが整えられたため、次に PowerShell を使用してユーザー入力画面を作成します。

5.6.3.1　［PowerShellスクリプトの実行］アクションを追加する

　フロー［CommonChatbot］を選択します。サブフロー［Chatbot］の13ステップ目の［入力ダイアログを表示］アクションの前に、［スクリプト］アクショングループ内の［PowerShellスクリプトの実行］アクションを追加します。設定ダイアログの［実行するPowerShellコード］に**リスト5.2**のスクリプトを入力します。このスクリプトは長いため、サンプルプログラム（Chapter5\ リスト 5_2.txt）をダウンロードしてコピーすることをお勧めします。

リスト5.2：PowerShellスクリプト

```
# Load assembly
Add-Type -AssemblyName System.Windows.Forms

# Create a custom TextBox control with IME mode set to ➡
Hiragana
Add-Type -ReferencedAssemblies System.Windows.Forms ➡
-TypeDefinition @"
using System.Windows.Forms;
public class TextBoxWithIme : TextBox {
    public TextBoxWithIme() : base() {
        this.ImeMode = ImeMode.Hiragana;
    }
    // Add a public property
    public string PublicProperty { get; set; }
}
"@

# Formの作成
$form = New-Object System.Windows.Forms.Form
$form.Text = "%i_ChatbotName%"
$form.Size = New-Object System.Drawing.Size(460,420)
$form.StartPosition = "CenterScreen"

# Panelの作成 ( スクロール機能付き )
$panel = New-Object System.Windows.Forms.Panel
$panel.Location = New-Object System.Drawing.Point(10,10)
```

```
$panel.Size = New-Object System.Drawing.Size(420,200)
$panel.AutoScroll = $true

# Labelの作成
$Label1 = New-Object System.Windows.Forms.Label
$Label1.Location = New-Object System.Drawing.Point(10,10)
$Label1.Size = New-Object System.Drawing.Size(390,1000)
$Label1.Text = "%ChatText%"
$Label1.BackColor = "#ffffe0"

# LabelをPanelに追加
$panel.Controls.Add($label1)

# PanelをFormに追加
$form.Controls.Add($panel)

# textboxの作成
$textBox1 = New-Object TextBoxWithIme
$textBox1.Location = New-Object System.Drawing.Point➡
(10,225)
$textBox1.Size = New-Object System.Drawing.Size(420,100)
$textBox1.Multiline = $True
$textBox1.Text = ""
$textBox1.ScrollBars = [System.Windows.Forms.ScrollBars]➡
::Vertical
$form.Controls.Add($textBox1)

# Set focus to textbox1 when form loads
$form.Add_Shown({
    $textBox1.Focus()
})

# ［送信］ボタンの作成
$buttonContinue = New-Object System.Windows.Forms.Button
$buttonContinue.Location = New-Object System.Drawing.➡
Point(10,340)
$buttonContinue.Size = New-Object System.Drawing.Size➡
(150,30)
$buttonContinue.Text = "送信"
$buttonContinue.ForeColor = [System.Drawing.Color]::➡
Green # Set text color to Green
$buttonContinue.Add_Click({
```

```
    if ($textBox1.Text -eq "") {
        [System.Windows.Forms.MessageBox]::Show("メッセー➡
ジが空白です。", "エラー", [System.Windows.Forms.➡
MessageBoxButtons]::OK, [System.Windows.Forms.➡
MessageBoxIcon]::Error)
    } else {
        $form.Tag = $textBox1.Text
        $form.DialogResult = [System.Windows.Forms.➡
DialogResult]::OK
        $form.Close()
    }
})
$form.Controls.Add($buttonContinue)

# [ リセット ]ボタンの作成
$buttonQuit = New-Object System.Windows.Forms.Button
$buttonQuit.Location = New-Object System.Drawing.➡
Point(280,340)
$buttonQuit.Size = New-Object System.Drawing.Size(150,30)
$buttonQuit.Text = "リセット"
$buttonQuit.ForeColor = [System.Drawing.Color]::Red # ➡
Set text color to red
$buttonQuit.Add_Click({
    $form.Tag = "reset"
    $form.DialogResult = [System.Windows.Forms.➡
DialogResult]::OK
    $form.Close()
})
$form.Controls.Add($buttonQuit)

# Show form
$result = $form.ShowDialog()

# Check the result
if ($result -eq [System.Windows.Forms.DialogResult]::OK) {
    Write-Output $form.Tag
} else {
    Write-Output "quit"
}
```

[実行するPowerShellコード] への入力が完了したら、[生成された変数] を展開し、[ScriptError] を [有効] に設定します。[PowerShellOutput] は初めから [有効] に設定されているので、そのままで問題ありません。ユーザー入力画面でユーザー操作の完了を無制限に待つため、[タイムアウト後に失敗します] は [無効] のままとします。[保存] をクリックします。

　ユーザー入力画面をPowerShellで作成したため、14ステップ目の [入力ダイアログを表示] アクションはもはや必要ありません。しかし、このアクションを削除すると、16ステップ目の [If] アクションでエラーが発生してしまいますので、一時的に残しておきます。「5.6.3.3 残りの実装を行う」で削除します。

5.6.3.2 ｜ PowerShellに合わせた実装

　図5.49に示した設計図を基に、フローの変更を行います。

5.6.3.2.1 ｜ 条件分岐の作成

　最初に条件分岐の作成を行います。

5.6.3.2.1.1　スクリプトエラーの判定 ── その①

　ユーザー入力画面が閉じた後、[PowerShellスクリプトの実行] アクションから返される変数 [ScriptError] の値が空（Empty）と等しいかどうかを判定します。PowerShell内でエラーが発生した場合、変数 [ScriptError] にエラーメッセージが格納されるためです。

　13ステップ目の [PowerShellスクリプトの実行] アクションの後に [条件] アクショングループ内の [If] アクションを追加します。設定ダイアログが開いたら、[最初のオペランド] に「%ScriptError.IsEmpty%」を設定します。[演算子] はデフォルトの [と等しい (=)] のままとします。[2番目のオペランド] には「%False%」と入力します。これにより、「スクリプトエラーが空白ではないとき、つまりエラーが発生したとき」という条件文になります。[保存] をクリックします。

5.6.3.2.1.2　スクリプトエラーの判定 ── その②

　次に、スクリプトが正常終了した場合のブロックを作成するため、先に追加した [If] ブロック内に [Else] アクションを挿入します。これにより、図5.52のようになります。

図5.52：サブフロー［Chatbot］（12~17ステップ）

5.6.3.2.1.3　変数［PowerShellOutput］の値による分岐

　スクリプトが正常終了した場合の分岐処理を追加します。［PowerShellスクリプトの実行］アクションから返される変数［PowerShellOutput］の先頭のテキストが「quit」の場合（［×］ボタンがクリックされたとき）と、「reset」だった場合（［リセット］ボタンがクリックされたとき）に対応する条件分岐です。

　15ステップ目の［Else］アクションの後に、［If］アクションを追加します。設定ダイアログの［最初のオペランド］に「%PowershellOutput%」を設定し、［演算子］は［先頭］を選択します。［2番目のオペランド］には「quit」と入力します。これにより、「PowerShellスクリプトからの戻り値の先頭が"quit"のとき」という条件文になります。［保存］をクリックします。

5.6.3.2.1.4　［リセット］ボタンが選択された場合の分岐処理

　16ステップ目に追加された［If］ブロックの中に［Else if］アクションを挿入します。設定ダイアログの［最初のオペランド］に「%PowershellOutput%」を設定し、［演算子］は［先頭］を選択します。［2番目のオペランド］に「reset」と入力します。これにより、「PowerShellスクリプトからの戻り値の先頭が"reset"のとき」という条件文になります。［保存］をクリックします。

5.6.3.2.1.5　［送信］ボタンが選択された場合の分岐処理

　先に追加された［Else if］アクションの後に［Else］アクションを追加します。その［Else］アクションの後には、ユーザー入力画面で［送信］ボタンがクリックされた場合の処理を記述します。分岐の大枠が完成しました。現在のフローは図5.53に示されている通りです。

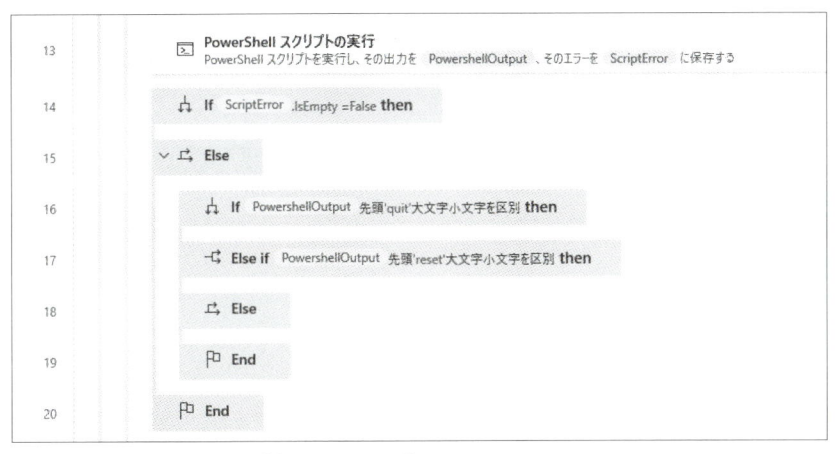

図5.53：サブフロー［Chatbot］（13~20ステップ）

5.6.3.2.2 スクリプトエラー処理用のサブフローを作成する

　条件分岐の大枠が整ったので、具体的な処理の開発に取り掛かりましょう。開発内容が不明な場合は、**図5.49**の設計図を参照してください。まず、PowerShell スクリプトでエラーが発生した場合の処理を行うサブフローを作成します。

5.6.3.2.2.1 サブフローを追加する

　共通チャットボット［CommonChatbot］に「PowerShellCatch」という名前のサブフローを作成します。

5.6.3.2.2.2 エラーメッセージを表示する

　作成したサブフロー［PowerShellCatch］にアクションを追加します。PowerShell 内でエラーが発生した場合に表示するメッセージのため、［メッセージボックス］アクショングループ内の［メッセージを表示］アクションをワークスペースに追加します。設定ダイアログが開いたら、［メッセージボックスのタイトル］に「PowerShell スクリプトエラー」と入力し、［表示するメッセージ］に**リスト5.3**のように記述します。

リスト5.3：表示するメッセージ

```
PowerShellスクリプトエラーが発生しました。
【内容】
%ScriptError%
```

[メッセージを常に手前に表示する] を [有効] に設定し、[生成された変数] は
使用しないので [無効] にします。設定が完了したら、[保存] をクリックします。
サブフロー [PowerShellCatch] が完成しました（図5.54）。

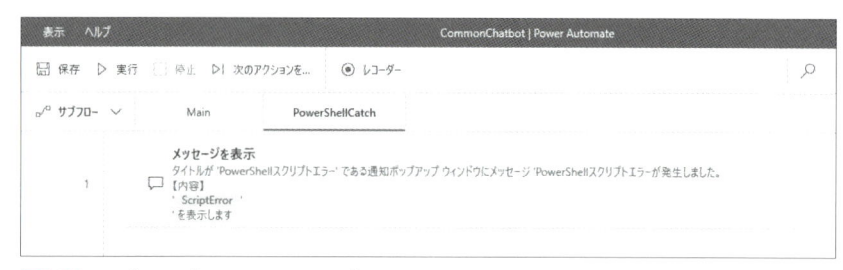

図5.54：サブフロー [PowerShellCatch] のフロー

5.6.3.2.3 | エラー処理の呼び出し

PowerShellスクリプトでエラーが発生した場合、エラー処理を呼び出す部分を
実装します。

5.6.3.2.3.1　サブフローを実行する

サブフロー [Chatbot] を選択して、14ステップ目の [If] アクションの後（15
ステップ目の [Else] アクションの前）に [フローコントロール] アクショングルー
プ内の [サブフローの実行] アクションを追加します。設定ダイアログの [サブフ
ローの実行] のドロップダウンリストから [PowerShellCatch] を選択して、[保
存] をクリックします。

5.6.3.2.3.2　制御フラグに「end」を設定する

スクリプトエラーが発生した場合、制御フラグを「end」に設定します。15ス
テップ目の [サブフローの実行] アクションの後に、[変数の設定] アクションを追
加します。設定ダイアログの [変数] に [o_Flg] を設定し、[値] に「%FlgObject
['end']%」と入力して、[保存] をクリックします。

現在のフローを図5.55に示します。

図5.55：サブフロー［Chatbot］（13~17ステップ）

5.6.3.2.4 ［閉じる］ボタンがクリックされたときの処理を実装する

ユーザー入力画面で閉じる（［×］）ボタンがクリックされたときの処理を実装します。設計図で確認する場合、**図5.49 ❻**を参照してください。この場合は、制御フラグを「end」に設定するだけです。16ステップ目の［変数の設定］アクションをコピーし、19ステップ目の［Else if］アクションを選択してペーストします。

5.6.3.2.5 ［リセット］ボタンがクリックされたときの処理を実装する

ユーザー入力画面で［リセット］ボタンがクリックされたときの処理を実装します。設計図で確認する場合、**図5.49 ❼**を参照してください。この場合は、制御フラグを「reset」に設定します。19ステップ目の［変数の設定］アクションをコピーし、21ステップ目の［Else］アクションを選択してペーストします。

コピーした［変数の設定］アクションの設定ダイアログを開いて、［値］の「%FlgObject['end']%」を「%FlgObject['reset']%」に変更し、［保存］をクリックします。

5.6.3.2.6 ［送信］ボタンがクリックされたときの処理を実装する

ユーザー入力画面で［送信］ボタンがクリックされた際の実装です。この部分の設計に関しては、**図5.49 ❾**を参照します。

［テキスト］アクショングループ内の［テキストを置換する］アクションを22ステップ目の［Else］アクションの下に追加します。設定ダイアログが表示されたら、［解析するテキスト］に［%PowershellOutput%］を設定します（**図5.56 ❶**）。［検

索するテキスト］に「\r\n」と入力します（**図5.56❷**）。これは改行文字を示します。［検索と置換に正規表現を使う］を［有効］にします（**図5.56❸**）。これを［無効］にしておくと、入力した改行文字は置換されません。［置き換え先のテキスト］に「%' '%」と入力します（**図5.56❹**）。これはスペースを示します。シングルクォーテーションの間には半角スペースを入れてください。［エスケープシーケンスをアクティブ化］は［無効］のままとします（**図5.56❺**）。「エスケープシーケンスをアクティブ化」を［有効］にすると、たとえば［置き換え先のテキスト］に「\t」と入力した場合、これをタブと解釈しますが、今回は単にスペースに置換するだけなので、特別な解釈は不要です。［生成された変数］は初期設定で［Replaced］と設定されていますが、［UserInput］に変更します（**図5.56❻**）。［保存］をクリックします（**図5.56❼**）。

図5.56：［テキストを置換する］アクションの設定

現在のフローを**図5.57**に示します。

図5.57：サブフロー［Chatbot］（14～26ステップ）

5.6.3.3 | 残りの実装を行う

［PowerShellスクリプトの実行］アクションを追加したことで不要となった［入力ダイアログを表示］アクションの削除を含め、フローの最終仕上げを行っていきます。

5.6.3.3.1 | 条件分岐の変更

ユーザー入力画面表示後の条件分岐を変更します。**図5.44**の設計図を参照してください。28ステップ目の［If］アクションのダイアログを開き、［最初のオペランド］を「%ButtonPressed%」から「%o_Flg%」に変更します。［演算子］は［と等しい (=)］のままで、［2番目のオペランド］を「%FlgObject['normal']%」に変更します。［保存］をクリックします。

5.6.3.3.2 | 入力ダイアログの削除

26ステップ目の［入力ダイアログを表示］アクションを削除します。

5.6.3.3.3 | ［Else］ブロックの削除

ユーザー入力画面表示後の条件分岐で、制御フラグが「normal」以外と判定された場合、後続の処理を行わずにループの最初に戻る設計になっています。この設計は図5.44で薄い色で示されています。この実装を行うために、57ステップ目以降の［Else］ブロックを削除します。

57ステップ目の［Else］アクションと58ステップ目の［変数の設定］アクションを削除します。［Else］ブロックを削除した後、リージョンを閉じて27ステップ目以降の［If］ブロックを表示すると図5.58のようになります。これで、設計の修正箇所の実装が完了しました。フロー［CommonChatbot］を保存してください。

図5.58：サブフロー［Chatbot］（26~57ステップ）

5.7 実行する

実際に実行してみましょう。コンソールからフロー［チャットボット1号］を実行します。［チャットボット1号］画面が表示されれば、成功です。これにより、PowerShellスクリプトが正常に機能していることが確認できます。

5.7.1 質問を送信する

［チャットボット1号］画面のタイトルには［チャットボット1号］と表示され（図5.59❶）、会話表示部分には「bot:こんにちは。私はチャットボットです。ご質問をどうぞ！」と表示されています（図5.59❷）。これは、それぞれ入力変数［i_ChatbotName］と［i_FirstMessage］が適切に渡せたことを示しています。

次に、プロンプトボックスに「AA商事の営業を担当している人って誰ですか？」と入力してみましょう（図5.59❸）。［送信］をクリックします（図5.59❹）。

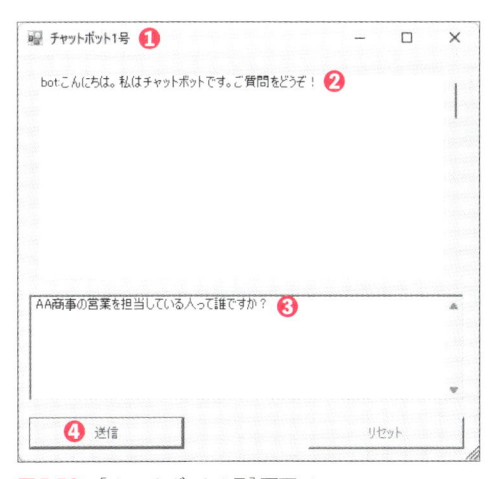

図5.59：［チャットボット1号］画面-1

前回は答えが表示されることなくフローが終了していましたが、今回は［チャットボット1号］画面が表示され、「〇〇〇　〇〇〇〇さんです。」という答えが表示されています。

今度は「では、CCC組合は？」と質問してみましょう。「△△△　△△△△さんです。」という答えが返ってきました（図5.60）。

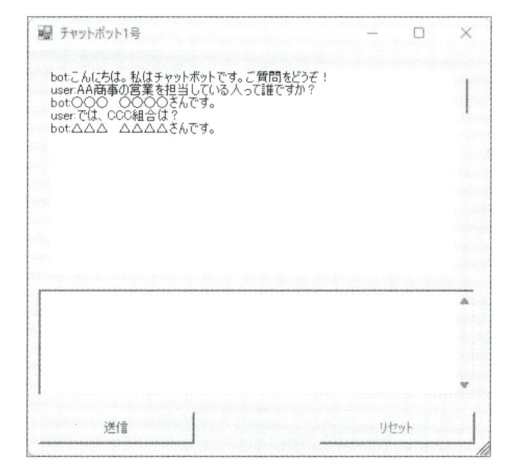

図5.60：［チャットボット1号］画面-2

「では、CCC組合は？」というあいまいな質問に対しても、正確な回答が得られました。「営業を担当している人って誰？」の部分を補完して、質問の意図を理解してくれたわけです。これは関数の呼び出しを挟んでいても会話がスムーズにつながっているという証拠ですね。

5.7.2　会話をリセットする

次に、［リセット］をクリックします。すると、初期状態の［チャットボット1号］画面に戻ります。

リセットが正しく行われたことが確認できましたね。チャットボットを終了するために、［チャットボット1号］画面の右上にある［×］をクリックして閉じます。次のChapterからは、このチャットボットを使って、3つのチャットボットを作成していきます。

COLUMN　**サンプルフローを動作させる手順**

本書で提供している「サンプルフロー\Chapter5」フォルダーにあるテキストファイルを使って復元することで、Chapter5のフローを動作させることができます。以下に復元の方法を解説しますので、手順に従って操作してください。最初にフロー［CommonChatbot］から復元します。

1 | 共通チャットボット［CommonChatbot］を復元する

1.1 フロー［CommonChatbot］を作成する
新しいフローを作成し、フロー名を「CommonChatbot」とします。

1.2 入出力変数を作成する
入出力変数を作成します。入出力変数はテキストファイルから復元することはできません。「5.4.4 共通チャットボット側に入出力変数を設定する」を参考にして入出力変数を作成します。

1.3 サブフローをすべて作成する
サブフローを作成します。
次の4つのサブフローを作成します。

1. Chatbot
2. Catch
3. APICatch
4. PowerShellCatch

1.4 テキストファイルから復元する
メインフローを選択します。ファイル「CommonChatbot_Main.txt」をメモ帳で開いて、中身のテキストをすべてコピーして、メインフローに貼り付けます。同様に他のサブフローにも貼り付けます。それぞれに対応しているテキストファイルは**表5.9**の通りです。

表5.9：テキストファイル名とサブフローの関連

サブフロー	テキストファイル
Chatbot	CommonChatbot_Chatbot.txt
Catch	CommonChatbot_Catch.txt
APICatch	CommonChatbot_APICatch.txt
PowerShellCatch	CommonChatbot_PowerShellCatch.txt

1.5 APIキーを設定する
サブフロー［Chatbot］の36ステップ目の［変数の設定］アクションの設定ダイアログを開きます。［値］に「api key」と入力されているので、これを削除して、自身のOpenAI APIキーを入力し、［保存］をクリックします。変数ペインの［フロー変数］パネルから［MyGPTKey］を見つけ、「機密情報としてマーク」をクリックします。

1.6 フローを保存する
完成したのでフロー［CommonChatbot］を保存してください。

2 | フロー［チャットボット1号］を復元する

2.1 フロー［チャットボット1号］を作成する

新しいフローを作成し、フロー名は［チャットボット1号］とします。

2.2 サブフローを作成する

サブフロー［GetSalesPersonName］を作成します。

2.3 テキストファイルから復元する

メインフローを選択します。ファイル「チャットボット1号_Main.txt」をメモ帳で開き、中身のテキストをすべてコピーして、メインフローに貼り付けます。エラーが表示されますが、操作を続けます。

次に、サブフロー［GetSalesPersonName］を選択します。ファイル「チャットボット1号_GetSalesPersonName.txt」をメモ帳で開いて、中身のテキストをすべてコピーして、サブフロー［GetSalesPersonName］のワークスペースに貼り付けます。エラーの表示が消えるはずです。

2.4 ［Desktopフローを実行］アクションを再設定する

このままでは、メインフローの［Desktopフローを実行］アクションでエラーが発生してしまいます。これは外部フローをID番号で認識しており、フローを新しく作成するたびにID番号が変わるため、共通チャットボット［CommonChatbot］を呼び出せなくなるからです。この問題を解決するために［Desktopフローを実行］アクションを再設定します。

メインフローを選択し、13ステップ目の［Desktopフローを実行］アクションの設定ダイアログを開きます。「このDesktopフローは存在しません」というエラーが表示されますので、［Desktopフロー］のドロップダウンリストから［CommonChatbot］を再選択します。

「5.4.5 親フロー側に入出力変数を設定する」を参考に、［Desktopフローを実行］アクションを再設定します。

2.5 フローを保存する

作業が完了したら親フロー［チャットボット1号］を保存します。これにより、2つのフローが復元できたので、親フローを実行して動作を確認してください。

Chapter6

アシスタントボットの開発

読者のみなさんは多くの種類の仕事をこなしているかと思います。その際、Power Automate for desktopのコンソールからフローを選択して実行する代わりに、「この仕事をやって」と自然言語で指示すると、必要なフローを自動で選択して実行してくれたら便利ですよね。これが実現できれば、将来的には音声認識と連動させ、会話をしながら仕事を進めることが可能になるかもしれません。これからそのようなアシスタントボットの作成に取り組みます。

6.1 アシスタントボットの概要

本ChapterではChapter5までで共通化したチャットボットを応用して、複数の仕事を手伝ってくれるアシスタントボットを作成します。どんな仕事を手伝ってもらうかはアイデア次第なので、本書は例を示すに留めます。まずは本書の手順に従って作成してみて、その経験を基にアイデアを広げて活用していただければと思います。

このChapterではAIと会話した内容を自分宛にメールしてもらうことにします。[チャットボット1号]はもともと営業担当者を教える機能を持っていますが、その機能をさらに強化します。

> ✎ **COLUMN** 業務効率化しても給料が増えない。増えるのは仕事だけ
>
> SNSの「X」で「業務効率化しても給料が増えない。増えるのは仕事だけ」といった趣旨のポストがバズっていたらしいです。最初に聞いたとき、「本当にそうだな」と思って笑ってしまいました。
>
> 「（RPAやDXによって）業務効率化して個人が楽になる」「残業がなくなる」と宣伝されているかもしれませんが、実際にはITツールの問題ではなく、効率化した後の会社もしくは個人の働き方に依存します。
>
> 業務効率化の本質は「少ない人数で、より多くの仕事を行えるようにシステム全体を最適化する」ことであり、残念ながら個人の給与に直結することはありません。業務効率化により会社の利益が向上するか、業務効率化のスキルが評価されて個人的に出世すれば増えるかもしれませんが、その保証はありません。
>
> この実際の目的と業務を行う実務者の理解のギャップが大きいと、業務効率化の進捗は滞ると考えられます。「業務効率化」を美辞麗句だけで語らず、本質を議論する必要がありそうですね。

6.2 設計図を作成する

　まずは設計図を作成します。現在の［チャットボット1号］の設計図から変更するのは**図6.1**の薄い色が付いた部分です。［初期設定］サブプロセスと［関数実行］サブプロセスがそれです。

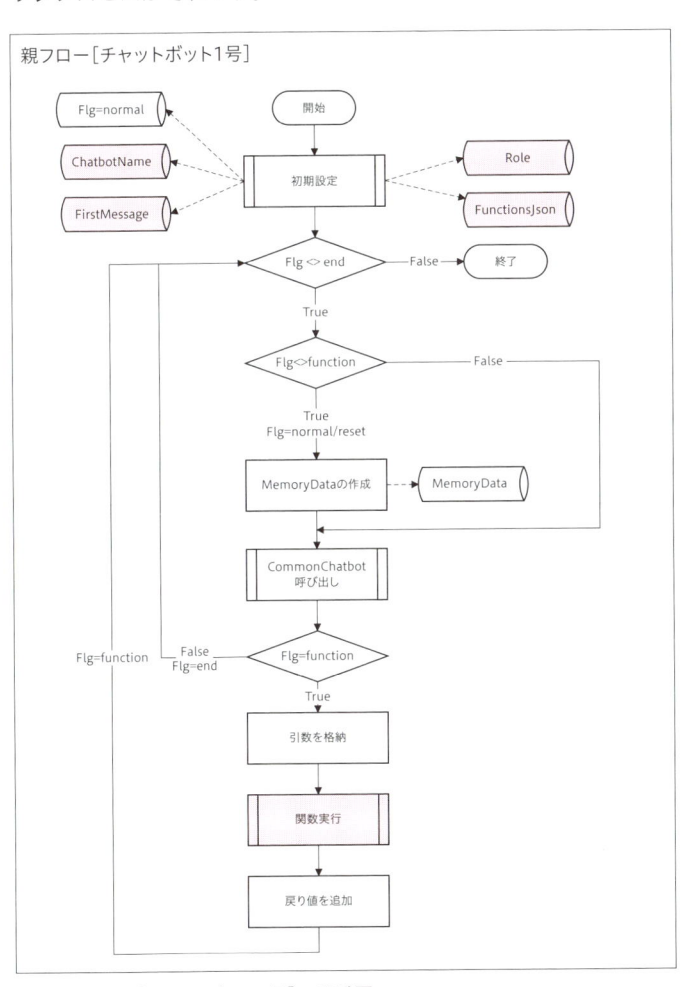

図6.1：フロー［チャットボット1号］の設計図

[関数実行] サブプロセスの設計図は現在、**図6.2**のようになっています。

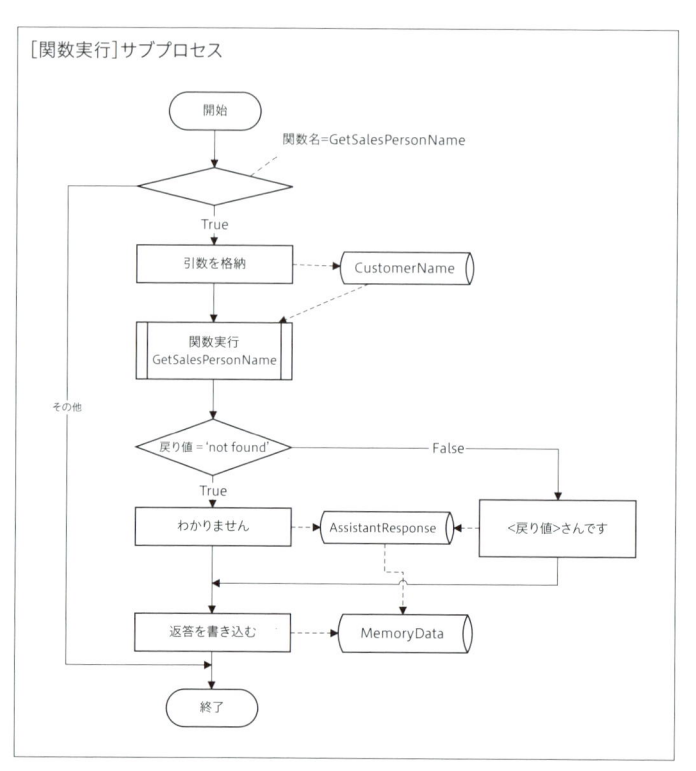

図6.2：[**関数実行**] サブプロセスの設計図

　ここに関数［SendMail］を追加します。［Subject］と［Body］という2つの引数を格納し（**図6.3❶**）、関数［SendMail］を呼び出します（**図6.3❷**）。関数実行後、「メールを送信しました」というテキストを変数［AssistantResponse］に格納します（**図6.3❸**）。［返答を書き込む］というプロセスは2つの関数に共通の処理となります（**図6.3❹**）。

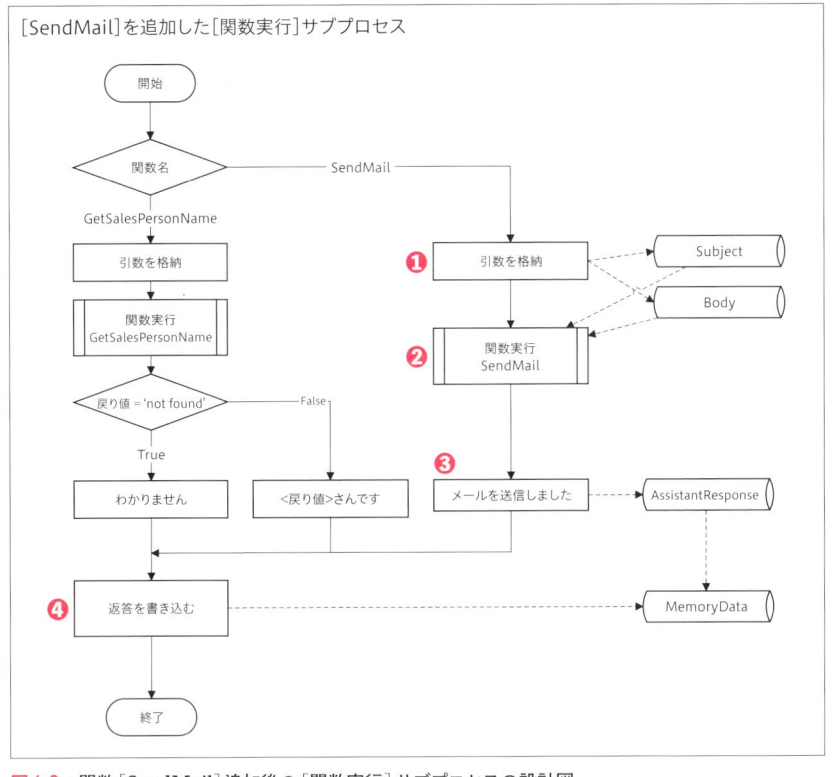

 内に記載されているテキスト:

[SendMail]を追加した[関数実行]サブプロセス

開始

関数名 —— SendMail

GetSalesPersonName

引数を格納

関数実行
GetSalesPersonName

戻り値 = 'not found' —— False

True

わかりません

<戻り値>さんです

❶ 引数を格納 ⟶ Subject / Body

❷ 関数実行
SendMail

❸ メールを送信しました ---→ AssistantResponse

❹ 返答を書き込む ---------→ MemoryData

終了

図6.3：関数［SendMail］追加後の［関数実行］サブプロセスの設計図

6.3 アシスタントボットを開発する

設計図を基にアシスタントボットを開発しましょう。

6.3.1 フロー［チャットボット1号］をコピーする

フロー［チャットボット1号］をコピーして、「アシスタントボット」という名前のフローを作成しましょう。手順は「4.2.1 フローをコピーする」を参考にしてください。コピーが完了すると、コンソール上にフロー［アシスタントボット］が表示されるので、このフローの［編集］をクリックし、フローデザイナーでこのフローを開きます。

6.3.2 関数の定義を外部から読み込むように変更する

メインフローの7ステップ目にある［変数の設定］アクションで関数の定義を行いたいと考えていますが、複数の関数の定義を設定することと、将来の汎用性を考慮して、関数の定義を外部のテキストファイルで行い、そのテキストファイルを読み込む方式に変更します。

6.3.2.1 JSONファイルを作成する

JSONファイルを作成します。次の手順で作成します。

STEP 1 メモ帳を起動します。

STEP 2 7ステップ目の［変数の設定］アクションの設定ダイアログを開き、［値］の中身をすべて選択し、コピーします。

STEP 3 メモ帳に貼り付けます。

STEP 4 メモ帳の［ファイル］メニューをクリックし、［名前を付けて保存］を選択します。

STEP 5 「ドキュメントフォルダー」¥PAD¥Data に移動し、「assistantbot.json」という名前を付け、エンコードはUTF-8のままで保存します。

STEP 6 ［変数の設定］アクションの［キャンセル］をクリックして、設定ダイアログを閉じます。

JSONファイル［assistantbot.json］は編集するので、開いたままにしておいて
ください。

6.3.2.2 JSONファイルを読み込む

次に、このJSONファイルを読み取るようにフローを変更します。

6.3.2.2.1 ［特別なフォルダーを取得］アクションを移動する

JSONファイル［assistantbot.json］はドキュメントフォルダーの中のサブフォ
ルダーに格納されています。ドキュメントフォルダーのパスはサブフロー
[GetSalesPersonName] の1ステップ目の［特別なフォルダーを取得］アクション
の中で取得しています。このアクションをメインフローの7ステップ目にある［変
数の設定］アクションの前にカット＆ペーストで移動させます。現在のフローは**図
6.4**に示す通りです。

図6.4：メインフロー（6〜8ステップ）

6.3.2.2.2 JSONファイルから読み取る

JSONファイル［assistantbot.json］から関数の定義を読み取ります。8ステッ
プ目の［変数の設定］アクションの前に、［ファイル］アクショングループ内の
［ファイルからテキストを読み取る］アクションを追加します。設定ダイアログが表
示されたら、［ファイルパス］に「%DocumentsPath%\PAD\Data\assistantbot.
json」と入力します。［内容の保存方法］はデフォルトの［単一のテキスト値］のま
まで、［エンコード］もデフォルトの［UTF-8］のままにします。［生成された変数］
を［FunctionsJson］に変更し、［保存］をクリックします。

6.3.2.2.3 ［変数の設定］アクションを削除する

9ステップ目の［変数の設定］アクションは必要なくなったので、削除します。現
在のフローは**図6.5**に示します。これで関数の設定を追加する土台が整いました。

6	{x}	**変数の設定** 変数 Role に値 'あなたは優秀なアシスタントです。' を割り当てる
7	☆	**特別なフォルダーを取得** フォルダードキュメント のパスを取得し、 DocumentsPath に保存する
8	🗎	**ファイルからテキストを読み取る** ファイル DocumentsPath '\PAD\Data\assistantbot.json' の内容を読み取り、 FunctionsJson に保存する

図6.5：メインフロー（6〜8ステップ）

6.3.2.3 | メール送信関数の定義を追加する

　JSONファイル「assistantbot.json」にメールを送信する関数の設定を追加しましょう。

6.3.2.3.1 | 関数の説明と構造

　関数名は「SendMail」とします。関数［SendMail］の説明（description）は、「メールを送信します」です。

　この関数は「subject」と「body」という2つの引数を持っています。「subject」はメールの件名を示しています。「body」はメールの本文です。つまり、この関数に対してメールの件名と本文を提供すると、メールを送信してくれるということです。

6.3.2.3.2 | 関数の設定

　関数［SendMail］の定義をJSONで書くと**リスト6.1**のようになります。

リスト6.1：関数［SendMail］のJSON

```
{
    "type":"function",
    "function":  {
        "name": "SendMail",
        "description": "メールを送信します",
        "parameters":{
            "type":"object",
            "properties":{
                "subject":{
                    "type":"string",
                    "description":"メールの件名です"
                },
                "body":{
                    "type":"string",
```

```
                    "description":"メールの本文です"
            },
        },
        "required":["subject","body"],
    },
  },
},
```

6.3.2.3.3 | 関数定義の追加

リスト6.1のJSONテキストを**図6.6**の矢印部分に追加します。正確な入力が必要であるため、サンプルプログラム「Chapter6\リスト6_1.txt」からのコピー＆ペーストを推奨します。作業が完了したら、メモ帳を上書き保存して閉じます。完成したJSONファイルはサンプルプログラム「Chapter6\assistantbot.json」として提供しています。

作業の確認用にお使いいただくことも、該当のフォルダーにコピーしてそのままお使いいただくことも可能です。

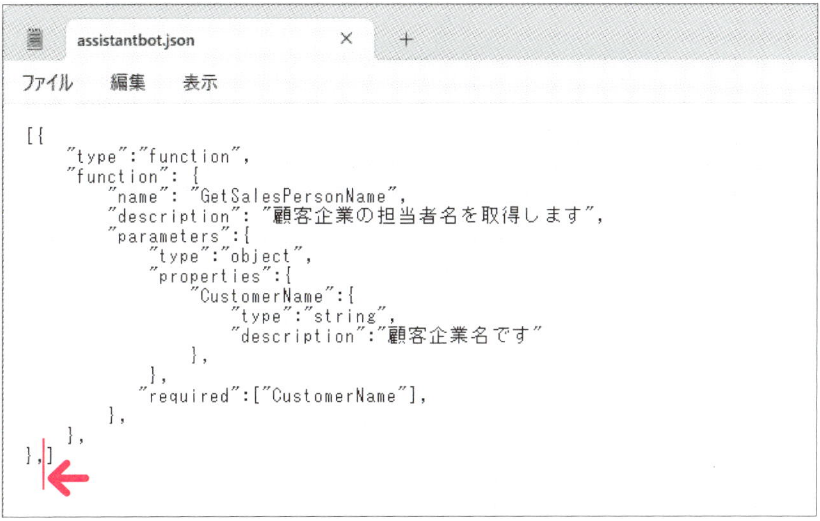

図6.6：assistantbot.json

6.3.3 | 関数[SendMail]を実装する

図6.3の設計図を基にフローを実装します。

6.3.3.1 | サブフロー［SendMail］を追加する

　まずはサブフロー［SendMail］を作成します。このサブフローは関数［SendMail］の実体となります。「6.3.3.3 サブフロー［SendMail］を開発する」でサブフロー内での実装を行います。

6.3.3.2 | メインフローを開発する

　次に、メインフローの開発を行います。メインフローを選択します。

6.3.3.2.1 | 返答を書き込む部分を外に出す

　図6.3の設計図を参照していただくと、リストカスタムオブジェクト［Memory Data］に返答を書き込むプロセスが2つの関数に共通していることがわかります。そのため、［Switch］ブロックから外に移動させます。

　26ステップ目の［項目をリストに追加］アクションをドラッグ＆ドロップで、27ステップ目の［End］アクションの下まで移動させます。移動後のフローは図6.7のようになります。

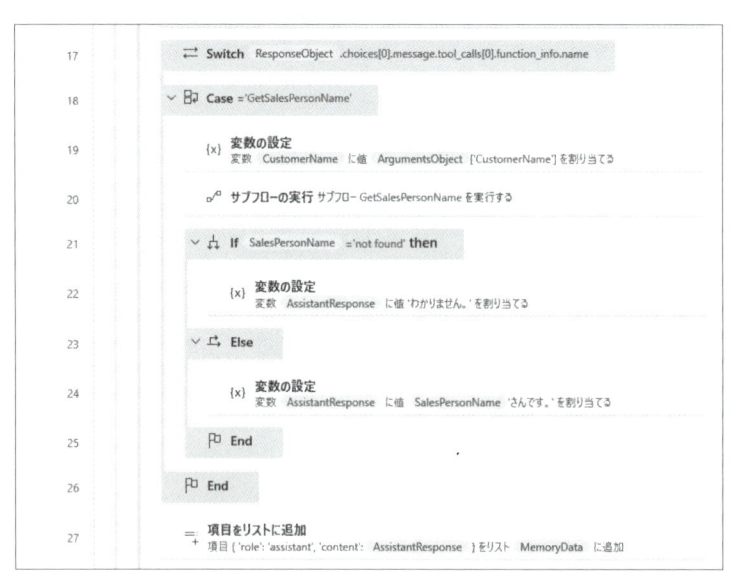

図6.7：メインフロー（17~27ステップ）

6.3.3.2.2 | ［Case］アクションの追加

　AIが関数［SendMail］の呼び出しを選択した場合に対応します。

26ステップ目の［End］アクションの前に、［条件］アクショングループ内の［Case］アクションを追加します。設定ダイアログが表示されたら、［演算子］はデフォルトの［と等しい (=)］のままにし、［比較する値］に「SendMail」と入力します。［保存］をクリックします。

6.3.3.2.3 | 引数［Subject］を格納する

　関数［SendMail］の引数を設定します。26ステップ目の［Case］アクションの後に、［変数の設定］アクションを追加します。設定ダイアログで、［変数］に「Subject」を設定し、［値］に「%ArgumentsObject['subject']%」と入力します。［保存］をクリックします。

6.3.3.2.4 | 引数［Body］を格納する

　もう1つの引数を設定します。先に追加した27ステップ目の［変数の設定］アクションの後に、［変数の設定］アクションを追加します。設定ダイアログで［変数］に「Body」を設定し、［値］に「%ArgumentsObject['body']%」と入力します。入力し終わったら、［保存］をクリックします。

6.3.3.2.5 | 関数［SendMail］を呼び出すアクション

　関数［SendMail］を呼び出すアクションを追加しましょう。28ステップ目の［変数の設定］アクションの後に、［フローコントロール］アクショングループ内の［サブフローの実行］アクションを追加します。設定ダイアログが表示されたら、［サブフローの実行］のドロップダウンリストから［SendMail］を選択し、［保存］をクリックします。

　現在のフローは**図6.8**の通りです。

図6.8：メインフロー（17~30ステップ）

6.3.3.2.6 | 返答を格納する

　変数［AssistantResponse］に「メールを送信しました」というテキストを格納します。図6.3❸の実装に対応しています。29ステップ目の［サブフローの実行］アクションの後に、［変数の設定］アクションを追加します。設定ダイアログが表示されたら、［変数］に「AssistantResponse」を設定し、［値］に「メールを送信しました」と入力し、［保存］をクリックします。

　これでメインフローの開発が完了しました。

6.3.3.3 | サブフロー［SendMail］を開発する

　次に、サブフロー［SendMail］の中身を開発していきます。まずはサブフロー［SendMail］を選択します。メールの送信にはOutlookを使用します。

6.3.3.3.1 | Outlook を起動する

　Outlookを起動するアクションを追加しましょう。サブフロー［SendMail］のワークスペースに［Outlook］アクショングループ内の［Outlookを起動します］アクションを追加します。設定ダイアログが表示されたら、［生成された変数］が「OutlookInstance」となっていることを確認し、［保存］をクリックします。

6.3.3.3.2 | メールメッセージの送信

　［Outlookを起動します］アクションの後に［Outlookからのメールメッセージの送信］アクションを追加します。設定ダイアログが表示され、［Outlookインスタンス］には初めから「%OutlookInstance%」が入力されています（図6.9❶）。［アカウント］にOutlookに設定されているアカウントのメールアドレスを入力します（図6.9❷）。［メールメッセージの送信元］はデフォルトの［アカウント］のままにします（図6.9❸）。これにより、Outlookに設定してあるデフォルトのアカウントが送信元となります。

　次に［宛先］に送信先のメールアドレスを入力します（図6.9❹）。［アカウント］に設定したメールアドレスと同じでも構いません。［CC］と［BCC］は空白のままでいいです。［件名］には「%Subject%」を設定し（図6.9❺）、［本文］には「%Body%」を設定します（図6.9❻）。［本文はHTMLです］はデフォルトの［無効］のままとします。［添付ファイル］もデフォルトの設定で問題ありません。［保存］をクリックします（図6.9❼）。

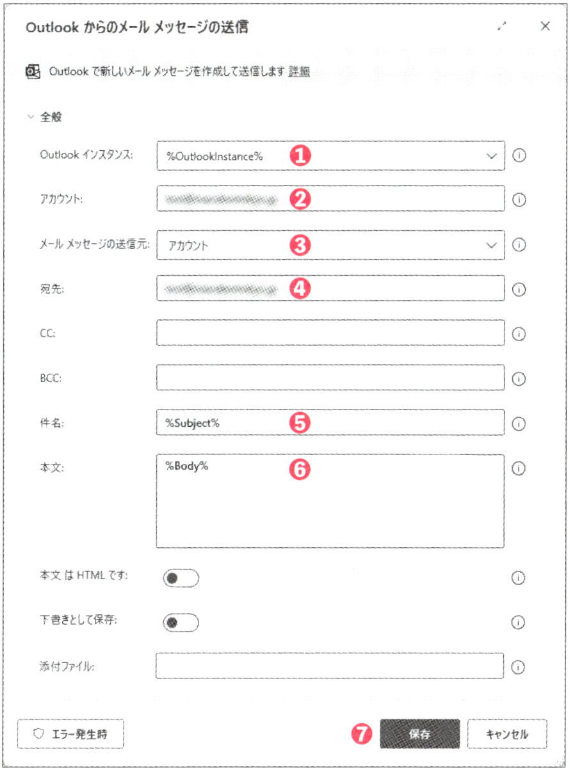

図6.9：［Outlookからのメールメッセージの送信］アクションの設定

これで、サブフロー［SendMail］のフロー開発は完了です。
サブフロー［SendMail］のフローは図6.10に示す通りです。

図6.10：サブフロー［SendMail］のフロー

6.3.4 アシスタントボットとしての性格を与える

最後に、このチャットボットに「アシスタントボット」としての性格を与えていきます。

6.3.4.1 チャットボット名の変更

メインフローを選択して、4ステップ目の［変数の設定］アクションの設定ダイアログを開きます。［値］を「アシスタントボット1号」に変更して、［保存］をクリックして変更を確定します。

6.3.4.2 初期メッセージの変更

変数［FirstMessage］も変更しましょう。5ステップ目の［変数の設定］アクションの設定ダイアログを開いて、［値］を「こんにちは。私はアシスタントボットです。ご質問をどうぞ！」に変更します。［保存］をクリックして確定します。

6.3.4.3 役割の変更

アシスタントボットの役割を詳しく記述しましょう。変数［Role］を変更します。6ステップ目の［変数の設定］アクションの設定ダイアログを開いて、［値］を「あなたは営業担当者を答えたり、会話の内容からメール内容を考えてメール送信してくれたりする業務アシスタントです。」に変更します。［保存］をクリックして確定します。

これだけでメール送信もできるアシスタントボットが完成しました。非常に簡単でしたね。フロー［アシスタントボット］を保存します。

6.3.5 アシスタントボットを実行する

それではアシスタントボットを実行してみましょう。フロー［アシスタントボット］の［実行］をクリックします。［アシスタントボット1号］画面が表示され、初期メッセージとして変数［FirstMessage］に設定されたテキストが表示されています。これにより、フロー［チャットボット1号］と同様に、共通チャットボット［CommonChatbot］に入力変数が適切に渡せていることが確認できます。

6.3.5.1　関数［GetSalesPersonName］の動作を確認する

　それでは、「AA商事の営業を担当している人って誰ですか？」と入力し、［送信］をクリックします。この質問はチャットボット1号を使用したときにも行ったものです。まずは、同じ操作ができるかどうかを確認しています。しばらく待つと「bot: ○○○　○○○○さんです。」という回答が表示されます。同じ操作ができることが確認できました。

6.3.5.2　関数［SendMail］の動作を確認する

　次に、［アシスタントボット1号］画面に「このやり取りをメール送信してください」と入力して、［送信］をクリックします。しばらくすると、「bot: メールを送信しました」という回答が表示されます。ただし、まれにメール送信の関数を選択してくれないときもあります。もしメールが送信されなかった場合は、「このやり取りをメール送信してください」と再度依頼します。

　メール送信された場合、図6.11のようにメールが届きます。内容は実行のたびに少し変化します。メールの件名と本文は、ユーザーとAIの会話からAIが生成したものです。本当に驚くべきことです。

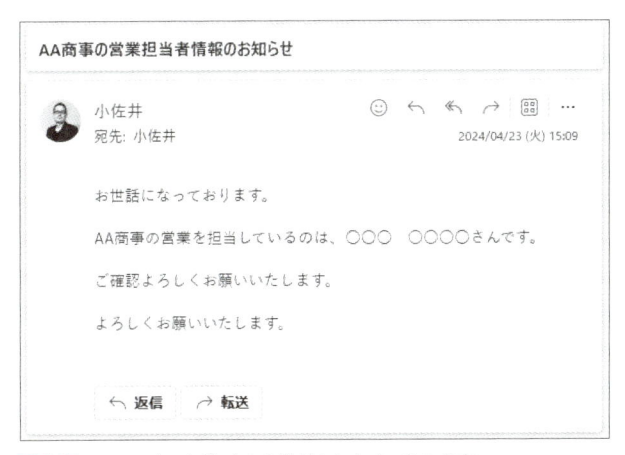

図6.11：アシスタントボットから送信されたメールの内容

　関数の呼び出しだけでなく、AIと会話を行うこともできるので、質問の回答をもらったり、文章を要約してもらったりしてから、メールを送ってもらうことも可能です。この一連のやり取りを実際に行った結果が図6.12です。

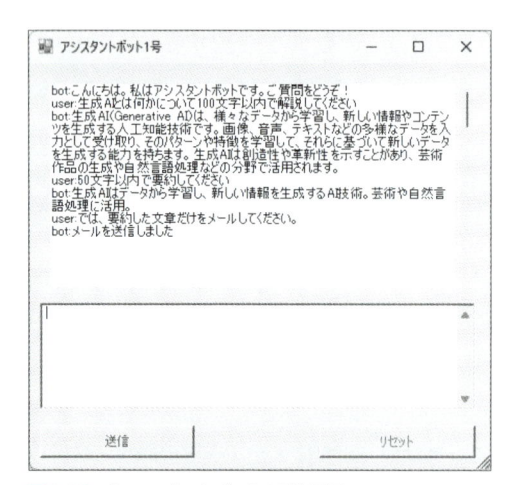

図6.12：［アシスタントボット1号］画面

　メールが図6.13のように届きます。「要約した文章だけをメールしてください」
という依頼がしっかりと反映されていることが確認できます。

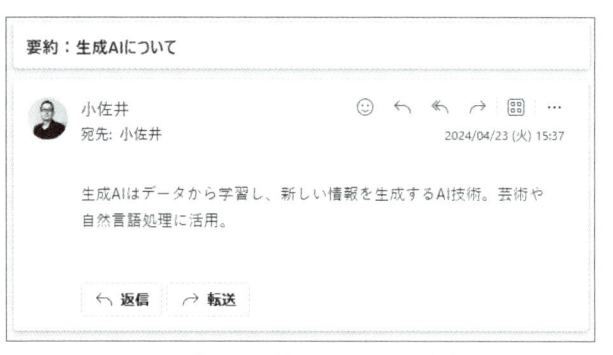

要約：生成AIについて

小佐井
宛先: 小佐井　　　　　　　　　　　　　　　　2024/04/23 (火) 15:37

生成AIはデータから学習し、新しい情報を生成するAI技術。芸術や
自然言語処理に活用。

↩ 返信　　↪ 転送

図6.13：アシスタントボットから送信されたメールの内容

　［アシスタントボット1号］画面の右上にある ［×］ ボタンをクリックして、アシ
スタントボットを終了させます。
　このアシスタントボットを改良して、複数の宛先にメールを送信できるようにし
たり、定型的な業務を組み込んだりすることで、より実用的になります。ぜひ、独
自のアシスタントボットを開発してください。

アシスタントボットの開発

COLUMN RPAの目的は工数削減だけではない

長年業務自動化に携わってきましたが、「業務効率化しても仕事が増えるだけ」といった否定的な考えを持った人はいませんでした。

むしろ、「やるべき仕事があるのに、手作業に手間を取られてできないから自動化してほしい」という話が多いです。

では、「現在行っている作業をどんどん自動化すればよい」のでしょうか？　いいえ、残念ながら「現在行っている作業を自動化しても効果は薄い」のです。

現在行っている作業部分を自動化したとしても、それによって生まれた時間でまた別の単純作業を探し出して始めてしまうか、同じ仕事の量を増やしてしまうので、結局「やるべき仕事」はできないままというケースが多いのです。なので、本当に生産性を上げたいのであれば、「やるべき仕事」のほうを自動化するほうが効果的です。

「現在行っている作業を自動化したので工数削減できた」というほうがRPAとしての評価を得やすいので、「現在は行っていないけれどやるべき仕事を自動化する」というインセンティブが働きにくいものです。もし、RPAの効果を「削減工数」だけで評価しているとしたら、再考の余地がありそうですね。

COLUMN サンプルフローを動作させる手順

本書で提供している「サンプルプログラム\Chapter6」フォルダーにあるテキストファイルを使って復元することで、Chapter6のフローを動作させることができます。以下に復元の方法を解説しますので、手順に従って操作してください。

STEP 1 フロー［アシスタントボット］を作成する

　新しいフローを作成し、フロー名を「アシスタントボット」とします。

STEP 2 サブフローをすべて作成する

　次の2つのサブフローを作成します。

1. GetSalesPersonName
2. SendMail

STEP 3 テキストファイルから復元する

　メインフローを選択します。ファイル「アシスタントボット_Main.txt」をメモ帳で開いて、中身のテキストをすべてコピーして、メインフローに貼り付けます。エラーが表示されますが、無視して作業を続けます。

　メインフローと同様に他のサブフローにも貼り付けます。この作業によりエラーは解消されます。それぞれに対応しているテキストファイルは**表6.1**の通りです。

表6.1：テキストファイル名とサブフローの関連

サブフロー	テキストファイル
GetSalesPersonName	アシスタントボット_GetSalesPersonName.txt
SendMail	アシスタントボット_SendMail.txt

STEP 4 ［Desktopフローを実行］アクションを再設定する

メインフローを選択し、14ステップ目の［Desktopフローを実行］アクションの設定ダイアログを開きます。「このDesktopフローは存在しません」というエラーが表示されますので、［Desktopフロー］のドロップダウンリストから［Common Chatbot］を再選択します。

「5.4.5 親フロー側に入出力変数を設定する」を参考に、［Desktopフローを実行］アクションを再設定します。作業が完了したら親フロー［チャットボット1号］を保存します。

STEP 5 メールアドレスを設定する

サブフロー［SendMail］の2ステップ目の［Outlookからのメールメッセージの送信］アクションの設定ダイアログを開きます。［アカウント］にOutlookに設定されているアカウントのメールアドレスを入力します。次に［宛先］に送信先のメールアドレスを入力します。変更後に、［保存］をクリックします。

STEP 6 サンプルファイルを配置する

サンプルプログラムの「Chapter4」フォルダー内にある「担当一覧.xlsx」をコピーし、「ドキュメントフォルダー\PAD\Data」に配置します。

さらに、サンプルプログラムの「Chapter6」フォルダー内にある「assistantbot.json」をコピーし、「ドキュメントフォルダー\PAD\Data」に配置します。

STEP 7 フローを保存する

完成したのでフロー［アシスタントボット］を保存してください。これにより、フローが復元できたので、フローを実行して動作を確認してください。

COLUMN Copilot in Windows との比較

米 Microsoft は 2024 年 2 月に、Windows に搭載している「Copilot in Windows」の新機能「Power Automate via Copilot in Windows」を発表しました。

- Announcing Windows 11 Insider Preview Build 26058（Canary and Dev Channels）
- URL https://blogs.windows.com/windows-insider/2024/02/14/announcing-windows-11-insider-preview-build-26058-canary-and-dev-channels/

この機能では、ユーザーが Copilot にプロンプトを通じて作業を指示すると、Copilot が自動的に作業手順を計画し、Power Automate for desktop を用いて Windows デスクトップ上で実行します。
この機能によって自動化できる作業の例が紹介されています。

1. フォルダー内の全 PDF ファイルをリネームし、ファイル名の末尾に「final」を追加する
2. すべての Word ファイルを別のフォルダーに移動する
3. PDF ファイルを最初のページで分割する
4. 世界で最も標高の高い 5 つの山を Excel シートに記入する
5. チームメンバー全員に「よい週末を！」というメールを送信する

この機能は、単純なフローを自動生成する点で優れていますが、アシスタントボットのように Excel から営業担当者を特定するような複雑なフローの生成は困難であると思われます。将来的には、複雑なフローも自動生成できるようになると予想されますが、本書を参考にアシスタントボットを開発することで、AI と Power Automate for desktop の連携の可能性をさらに理解できるでしょう。

Chapter 7

ノンプログラミングボットの
開発

前Chapterで開発したアシスタントボットは、「自然言語で自動化を実行する」というコンセプトでした。この自動化を動作させるためには、あらかじめプログラムを作成しておく必要がありましたね。しかし、本Chapterではそのプログラム自体をAIに作らせ、Power Automate for desktopで実行させるというアプローチを取ります。この新しいコンセプトを「ノンプログラミングボット」と名付けました。「どのような動作をするのか?」楽しみながら開発してみてください。

7.1 ノンプログラミングボットの概要

プログラミング不要でフローが作成できたら便利だと思いませんか？　本Chapterで開発するチャットボットは、ユーザーが作業を指示するとAIが自動的にプログラムを生成し、Power Automate for desktopがそのプログラムを実行することでデスクトップ操作の自動化を実現します。自動生成されるプログラム（スクリプト）にはVBScriptを用います。

前Chapterのコラムで紹介した「Copilot in Windows」の新機能「Power Automate via Copilot in Windows」ととてもよく似たコンセプトですが、本書はこの機能が発表される数ヶ月前から執筆しており、この本の方向性の正しいことがわかりますね。Copilotの機能が進化しても、自らフローを開発する経験は、未来の技術の方向性や活用法を理解するのに役立ち、決して無駄にはなりません。では、さっそく始めましょう。

✎ COLUMN　RPAも設計しよう

なぜか「RPAは設計しなくてよい」という風潮があるようです。RPAの設計についての書籍は、私が過去に書いたもの以外見たことがありませんし、設計に触れたRPA関連書籍も見かけません（もちろんすべての書籍を読んだわけではありませんが）。個人的に行っている簡単な作業を自動化するだけであれば設計の必要はありません。しかし、業務に活用しようと思ったら設計は必須だと考えます。その理由は以下の通りです。

1. フローが整理され、可読性・メンテナンス性の高いフローが開発できる
2. 開発者と運用者間で意思疎通できる（つまり開発者と運用者を分けられる）
3. 引き継ぎが容易になる
4. RPAツールのリプレイスの際に役立つ
5. 会社に資産として残せる

RPAは「業務を自動化する」という性質上、設計書でありながら、業務設計書、運用手順書、引継書を兼ねたようなものになります。本書も設計図を示してから、実装手順を解説しています。RPA開発の書籍では見たことのない手法だと思います。フロー開発の際は、設計図を書き、開発を行うことを推奨します。

7.2 設計図を作成する

設計図を作成します。［チャットボット1号］の設計図から変更する部分は前Chapterのアシスタントボットと同じなので図6.1を参照してください。

7.2.1 ［関数実行］サブプロセスの設計

［関数実行］サブプロセスの設計を図7.1で説明します。変数［Script］にAIが生成した関数の引数を格納し（図7.1❶）、その後、関数［RunScript］を実行します（図7.1❷）。関数実行後の戻り値［RunScript］が空（ゼロバイト文字列）の場合、

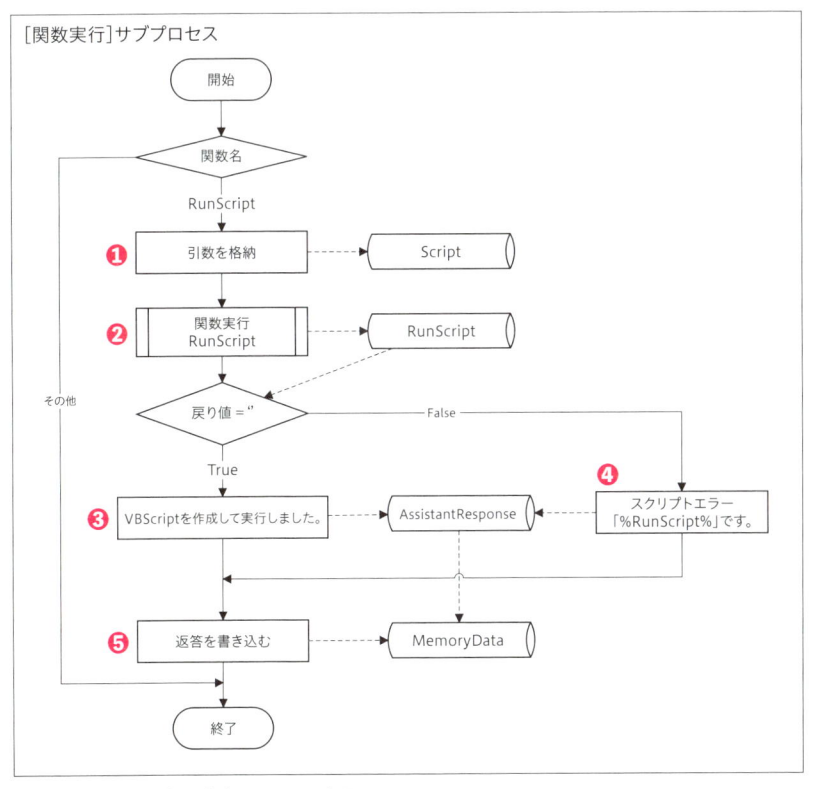

図7.1：［関数実行］サブプロセスの設計図

変数［AssistantResponse］に「VBScriptを作成して実行しました。」というメッセージを格納します（図7.1❸）。戻り値［RunScript］に文字列が含まれている場合は、関数［RunScript］でエラーが発生したと判断し、エラーメッセージを変数［AssistantResponse］に格納します（図7.1❹）。最終的に、変数［AssistantResponse］の内容をリストカスタムオブジェクト［MemoryData］に追加します（図7.1❺）。

7.2.2　関数［RunScript］の設計

　関数［RunScript］の設計図を図7.2で説明します。最初に、関数の戻り値［RunScript］の値に空（ゼロバイト文字列）を初期設定します（図7.2❶）。次に、関数の引数［Script］に格納されたVBScriptを実行します（図7.2❷）。スクリプト実行時にエラーが発生した場合、エラーメッセージは変数［ScriptError］に格納されます。このエラーメッセージを戻り値［RunScript］の値に設定します（図7.2❸）。

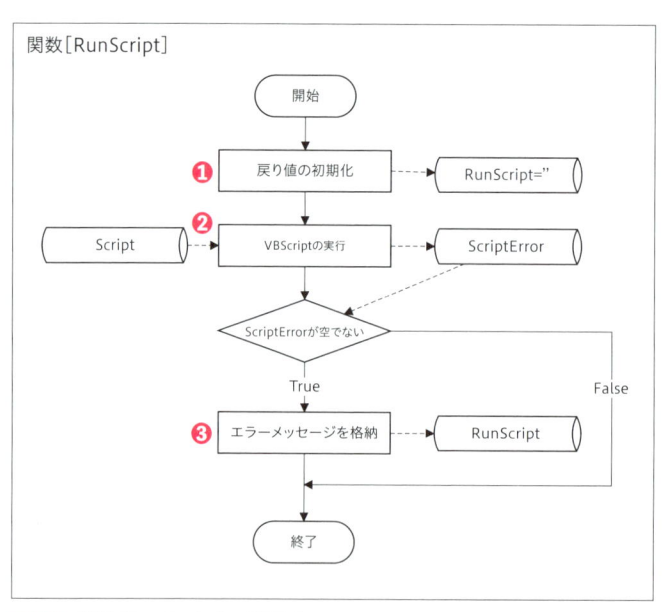

図7.2：関数［RunScript］の設計図

プログラミング不要で、ユーザーの指示に従ってデスクトップ操作の自動化を実現するチャットボットを開発します。

7.3.1 フロー［チャットボット1号］をコピーする

最初に、フロー［チャットボット1号］をコピーして［ノンプログラミングボット］という名前のフローを作成します。コピーする手順は「4.2.1 フローをコピーする」を参考にしてください。フローデザイナーでフロー［ノンプログラミングボット］を開きます。

現在のフローは図7.3のようになっています。

図7.3：メインフロー（1〜13ステップ）

7.3.2 関数［RunScript］を定義する

　関数［RunScript］を定義します。関数［RunScript］は、「VBScriptの実行を行います」という説明（description）を持っています。この関数には「script」という引数が与えられます。引数［script］はVBScriptで記述されたスクリプトです。

　7ステップ目の［変数の設定］アクションの設定ダイアログを開きます。［値］に関数［GetSalesPersonName］の定義が格納されているので、これをすべて削除し、**リスト7.1**のJSONを記述します。サンプルプログラム「Chapter7\リスト7_1.txt」からのコピー＆ペーストを推奨します。入力が完了したら、［保存］をクリックして変更を確定します。

リスト7.1：関数［RunScript］の定義

```
[{
    "type":"function",
    "function": {
        "name": "RunScript",
        "description": "VBScriptの実行を行います",
        "parameters":{
            "type":"object",
            "properties":{
                "script":{
                    "type":"string",
                    "description":"VBScriptで記述された➡
スクリプトです"
                },
            },
            "required":["script"],
        },
    },
},]
```

7.3.3 関数［RunScript］を追加する

　図7.2の設計図を基にフローを実装します。

7.3.3.1 関数［GetSalesPersonName］を削除する

ノンプログラミングボットでは、関数［GetSalesPersonName］は不要になるため、サブフローを削除します。手順は以下の通りです。

STEP 1 ［サブフロー］メニューをクリックし、「GetSalesPersonName」を探します。

STEP 2 「GetSalesPersonName」の右側にある3点アイコン（その他のアクション）をクリックし、メニューから［削除］を選択します。

STEP 3 ［サブフローを削除する］ダイアログが表示されたら、［削除］をクリックします。

サブフローを削除した際にエラーが発生しますが、手順に従って作業を進めることでエラーは解消されます。

7.3.3.2 サブフロー［RunScript］を追加する

「RunScript」という名前のサブフローを追加します。

7.3.3.3 戻り値の初期化を行う

図7.2❶の実装です。サブフロー［RunScript］のワークスペースに［変数の設定］アクションを追加します。設定ダイアログが表示されたら、［変数］に「RunScript」と入力し、［値］には「''」入力します（'はシングルクォーテーションです。シングルクォーテーション2つで空文字を表します）。これにより、関数［RunScript］の戻り値が初期化されます。設定後、［保存］をクリックします。

7.3.4 メインフローを修正する

サブフロー［RunScript］の開発を一時中断し、次にメインフローの修正に取り掛かります。詳細は設計図（図7.1）を参照してください。

7.3.4.1 ［Case］アクションの変更

［Case］アクションの変更を行います。まず、メインフローを開きます。次に、17ステップ目の［Case］アクションの設定ダイアログを開きます。［比較する値］を「RunScript」に変更し、［保存］をクリックします。

7.3.4.2 | 関数の引数の変更

関数 [RunScript] の引数 [Script] の設定を行います。18 ステップ目にある [変数の設定] アクションの設定ダイアログを開き、[変数] を「Script」に変更します。[値] には「%ArgumentsObject['script']%」を設定し、[保存] をクリックします。

7.3.4.3 | 関数実行アクションの変更

19 ステップ目の [サブフローの実行] アクションの設定ダイアログを開いて、ドロップダウンリストから [RunScript] を選択します。選択後、[保存] をクリックします。

7.3.4.4 | 戻り値に基づく条件分岐の変更

関数実行後の戻り値に基づく条件分岐を変更します。戻り値の変数が [Sales PesronName] から [RunScript] に変更されます。

20 ステップ目の [If] アクションの設定ダイアログを開き、[最初のオペランド] を「%RunScript%」に変更します。[演算子] のドロップダウンリストから「空である」を選択して、[保存] をクリックします。

7.3.4.5 | 関数の正常終了時の処理を実装

関数 [RunScript] が正常に終了した場合の処理を実装します。21 ステップ目の [変数の設定] アクションの設定ダイアログを開き、[値] を「VBScriptを作成して実行しました。」に変更します。変更後、[保存] をクリックします。

7.3.4.6 | 関数の異常終了時の処理を実装

関数 [RunScript] 内でエラーが発生した場合の処理を実装します。23 ステップ目の [変数の設定] アクションの設定ダイアログを開き、[値] を「スクリプトエラー 「%RunScript%」 です。」に変更します。変更後、[保存] をクリックします。

これですべてのエラーを解消しました。フロー全体を保存してください。現在のフローを図7.4に示します。

16	⇄ **Switch** ResponseObject .choices[0].message.tool_calls[0].function_info.name
17	∨ 🔲 **Case** ='RunScript'
18	{x} **変数の設定** 変数 Script に値 ArgumentsObject ['script'] を割り当てる
19	◻ **サブフローの実行** サブフロー RunScript を実行する
20	∨ ⌐ **If** RunScript 空である **then**
21	{x} **変数の設定** 変数 AssistantResponse に値 'VBScriptを作成して実行しました。' を割り当てる
22	∨ ⌐ **Else**
23	{x} **変数の設定** 変数 AssistantResponse に値 'スクリプトエラー「' RunScript '」です。' を割り当てる
24	⌿ **End**
25	=_ **項目をリストに追加** 項目 { 'role': 'assistant', 'content': AssistantResponse } をリスト MemoryData に追加
26	⌿ **End**

図7.4：メインフロー（16〜26ステップ）

7.3.5 関数［RunScript］を完成させる

関数［RunScript］を完成させます。サブフロー［RunScript］を開きます。

7.3.5.1 ［VBScriptの実行］アクションの追加

サブフロー［RunScript］にVBScriptを実行するアクションを追加します。［変数の設定］アクションの後に、［スクリプト］アクショングループ内の［VBScriptの実行］アクションを追加します。設定ダイアログで［実行するVBScript］に「%Script%」を設定します（**図7.5❶**）。［生成された変数］を展開し、［VBScript Output］はデフォルトの［有効］のままとし、［ScriptError］も［有効］にします（**図7.5❷**）。設定後、［保存］をクリックします（**図7.5❸**）。

図7.5：［VBScriptの実行］アクションの設定

7.3.5.2 スクリプトエラー発生時の処理を実装

　VBScriptの実行時にエラーが発生した場合、エラーメッセージを変数［RunScript］に格納し、これが関数［RunScript］の戻り値になります。

7.3.5.2.1 条件分岐を追加する

　［VBScriptの実行］アクションの後に、［条件］アクショングループ内の［If］アクションを追加します。設定ダイアログで［最初のオペランド］に「%ScriptError.IsEmpty%」を設定し、［演算子］はデフォルトの［と等しい (=)］のままとし、［2番目のオペランド］には「%False%」と入力します。これで「スクリプトエラーが存在する場合」という条件が設定されます。［保存］をクリックします。

7.3.5.2.2 エラーメッセージを変数［RunScript］に格納する

　3ステップ目の［If］ブロック内に、［変数の設定］アクションを追加します。設定ダイアログで［変数］に「RunScript」を、［値］に「%ScriptError%」を設定し、［保存］をクリックします。

　関数［RunScript］が図7.6のように完成しました。

図7.6：関数［RunScript］のフロー

7.3.6 ノンプログラミングボットとしての性格を与える

最後にノンプログラミングボットとしての性格を与えていきます。

7.3.6.1 チャットボット名の変更

チャットボット名を変更します。メインフローを選択して、4ステップ目の［変数の設定］アクションの設定ダイアログを開きます。［値］を「ノンプログラミングボット1号」に変更して、［保存］をクリックして変更を確定します。

7.3.6.2 初期メッセージの変更

変数［FirstMessage］も変更しましょう。5ステップ目の［変数の設定］アクションの設定ダイアログを開いて、［値］を「こんにちは。私はプログラムを生成するボットです。どういった処理がしたいか教えてください。」に変更します。［保存］をクリックして変更を確定します。

7.3.6.3 役割の変更

ノンプログラミングボットの役割を詳しく記述しましょう。変数［Role］を変更します。6ステップ目の［変数の設定］アクションの設定ダイアログを開いて、［値］を「あなたは優秀なプログラマーです。ユーザーからの質問の内容を満たすVBScriptを記述してください。」に変更します。［保存］をクリックして変更を確定します。

これで完成です。フローを保存してください。

7.3.7 ノンプログラミングボットを実行する

ノンプログラミングボットをテストしましょう。フロー［ノンプログラミング
ボット］の［実行］をクリックします。［ノンプログラミングボット 1 号］画面が表
示され、初期メッセージとして変数［FirstMessage］に設定されたテキストが表
示されています。これにより、共通チャットボット［CommonChatbot］に入力変
数が適切に渡せていることが確認できます。

7.3.7.1 簡単なプログラムの実行

はじめに、簡単な依頼を行ってみましょう。［ノンプログラミングボット 1 号］画
面の質問・依頼入力部分に リスト 7.2 に記載の内容を入力し、［送信］をクリックし
ます。このテキストはサンプルプログラムの「Chapter7\ リスト 7_2.txt」からのコ
ピー＆ペーストを推奨します。

リスト 7.2：ノンプログラミングボットへの依頼 1

```
「お元気ですか？」というメッセージボックスを表示してくださ→
い。「はい」がクリックされたら終了し、「いいえ」がクリック→
されたら「お大事に」と表示してください。
```

しばらくすると「お元気ですか？」というメッセージが表示されます。何度も実
行すると違う反応が返ってくることがあります。［いいえ］をクリックします（図
7.7 ❶）。プログラムが正しく生成されていれば、「お大事に」と表示されるはずで
す。図 7.7 ❷ に示したようにメッセージが表示されたので、動作が正しいことが確
認できました。

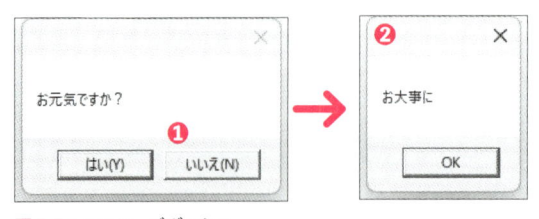

図 7.7：メッセージボックス

［OK］をクリックすると、図 7.8 に示されるような会話が表示されます。終了す
るために、メッセージボックス右上の［×］ボタンをクリックします。

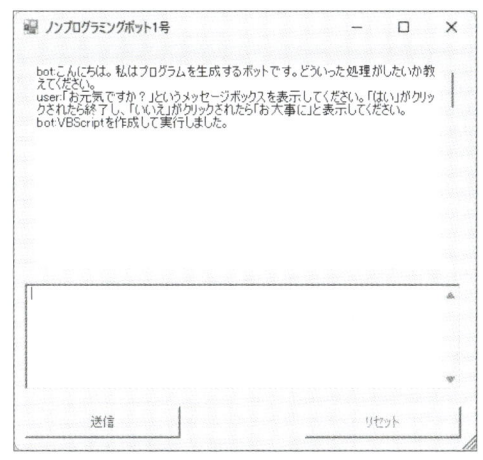

図7.8：［ノンプログラミングボット1号］画面

　フローが終了したら、［変数］ペインで変数［Script］を確認します。図7.9に示すように、プログラムが正しく生成されていることが確認できます。生成されるプログラムは毎回異なります。次に、より複雑なプログラムを生成して実行してみましょう。

```
変数の値                           ×

Script　（テキスト値）

1   Dim message
    message = MsgBox("お元気ですか？", vbYesNo)

    If message = vbYes Then
        MsgBox "終了"
    Else
        MsgBox "お大事に"
    End If

                                        閉じる
```

図7.9：変数［Script］の値

7.3.7.2 ｜ より複雑なプログラムの実行

　フロー［ノンプログラミングボット］を実行します。［ノンプログラミングボット1号］画面が表示されたら、リスト7.3の通りに入力し、［送信］をクリックします。この依頼文はサンプルプログラム「Chapter7\リスト7_3.txt」からのコピー＆ペーストを推奨します。

リスト7.3：ノンプログラミングボットへの依頼2

> 新規Excelを起動してください。そのExcelドキュメントに値を書
> き込んでください。項目は「店舗CD」と「店舗名」とします。
> 「店舗CD」は数値4桁（1000から連番）、「店舗名」は日本の都市
> 名をランダムに選択して記述してください。

10件が自動的に作成されました（**図7.10**）。件数の指定はしていませんが、AIが自動で10件を設定したようです。表示されているExcelドキュメントは保存せずに閉じます。

	A	B	C	D	E
1	店舗CD	店舗名			
2	1001	京都			
3	1002	仙台			
4	1003	仙台			
5	1004	名古屋			
6	1005	札幌			
7	1006	京都			
8	1007	東京			
9	1008	京都			
10	1009	横浜			
11	1010	京都			
12					

図7.10：ノンプログラミングボットが作成したExcelドキュメント

そのまま続けて、［ノンプログラミングボット1号］画面の質問・依頼入力部分に「作成するデータは100件にしてください。」と入力し、［送信］をクリックします。しばらくすると、100件のデータを含むExcelドキュメントが作成されます。このように自然言語でプログラムを簡単に修正できることは驚くべきことです。［ノンプログラミングボット1号］画面は［×］ボタンをクリックして閉じます。

フローが終了したら、［変数］ペインの変数［Script］の内容を確認します。筆者の場合は、**リスト7.4**のVBScriptが生成されており、「GetRandomCity」という関数まで生成しています。このスクリプトはフローを実行するたびに若干異なるため、**リスト7.4**は参考用として理解してください。

リスト7.4：生成されたVBScript

```
Set objExcel = CreateObject("Excel.Application")
objExcel.Visible = True
Set objWorkbook = objExcel.Workbooks.Add()
Set objWorksheet = objWorkbook.Worksheets(1)
```

```
objWorksheet.Cells(1, 1).Value = "店舗CD"
objWorksheet.Cells(1, 2).Value = "店舗名"

For i = 1 To 100
    objWorksheet.Cells(i + 1, 1).Value = 1000 + i
    objWorksheet.Cells(i + 1, 2).Value = GetRandomCity()
Next

Function GetRandomCity()
    Dim cities
    cities = Array("東京", "大阪", "名古屋", "札幌", →
"福岡", "神戸", "京都", "広島")
    Randomize
    GetRandomCity = cities(Int((UBound(cities) - →
LBound(cities) + 1) * Rnd + LBound(cities)))
End Function
```

✏️ **COLUMN** サンプルフローを動作させる手順

本書で提供している「サンプルプログラム\Chapter7」フォルダーにあるテキスト
ファイルを使って復元することで、Chapter7のフローを動作させることができま
す。以下に復元の方法を解説しますので、手順に従って操作してください。

STEP 1 フロー［ノンプログラミングボット］を作成する

新しいフローを作成し、フロー名を「ノンプログラミングボット」とします。

STEP 2 サブフローを作成する

「RunScript」という名前のサブフローを作成します。

STEP 3 テキストファイルから復元する

メインフローを選択します。ファイル「ノンプログラミングボット_Main.txt」を
メモ帳で開いて、中身のテキストをすべてコピーして、メインフローに貼り付けま
す。エラーが表示されますが、無視して作業を続けます。

サブフロー［RunScript］に「ノンプログラミングボット_ RunScript.txt」の内容
を貼り付けます。この作業によりエラーは解消されます。

STEP 4 ［Desktopフローを実行］アクションを再設定する

メインフローを選択し、13ステップ目の［Desktopフローを実行］アクションの
設定ダイアログを開きます。「このDesktopフローは存在しません」というエラー
が表示されますので、［Desktopフロー］のドロップダウンリストから［Common
Chatbot］を再選択します。

「5.4.5 親フロー側に入出力変数を設定する」を参考に、[Desktopフローを実行]アクションを再設定します。作業が完了したら親フロー [チャットボット1号] を保存します。

フローを保存する

完成したのでフロー [ノンプログラミングボット] を保存してください。以上でフローが復元できたので、フローを実行して動作を確認してください。

✏️ **COLUMN** ノンプログラミングボットの応用と未来像

ノンプログラミングボットの一つの応用例として、生成されたプログラムを保存し、次回からそのプログラムを呼び出して利用することが考えられます。これにより、以前に作成し気に入ったプログラムを再実行するか、新しいプログラムを作成するかを選択できます。このようなフローを実装することで、より便利なボットを構築できます。具体的な作り方についてはこの場では触れませんが、応用として試してみると興味深いでしょう。

本書で紹介したVBScriptの例は基本的なものですが、業務全体を自動化する複雑なロジックを自然言語だけで生成するのは現段階では難しいです。しかし、将来的にこの技術が実現できるようになれば、プログラミング経験のないユーザーも自動化プロセスを開発し、進化させることが可能になるでしょう。

📋 **MEMO** RPAによる自動化の3パターン

筆者は自動化を3つのパターンに分けて捉えています。

1. API連携の代わり
複数のシステム間のマスタ連携やデータ移行に使うパターン。API（Application Programming Interface）が用意されていないシステムや、APIを持っているが技術力を持ったエンジニアがいない場合に、RPAを利用してシステム連携を実現する。

2. システム機能の拡張
既存システムの機能では満たせない要件をRPAで補完するパターン。システム改修費用が高くて承認が下りない場合や、要件の変更が多く柔軟な対応が必要な場合にRPAを利用する。また、「システム操作に時間がかかるので工数を削減したい」「操作ミスを減らしたい」といった場合もある。

3. 独自アプリ開発

RPAを使って簡易的なシステム開発を行うパターン。たとえば「プロモーション用の
メールを一斉配信するアプリを開発する」といったもの。

本書で開発するチャットボットは「3. 独自アプリ開発」のパターンです。これは教育
にも使えるというメリットがあります。基本的なプログラミング技術（制御フロー、
変数、関数、デバッグなど）を身に付けることができます。

Chapter8

データゲットボットの開発

本 Chapter では、ユーザーが求める情報を自然な会話を通じて抽出するチャットボットの開発について解説します。このチャットボットは、社内データから適切な情報を抽出する技術がないユーザーでも利用可能です。そのため、従来は情報システム部門が担当していたデータ抽出作業の負担を軽減できると考えられます。

8.1 データゲットボットの概要

データベースからデータを抽出するためには、SQLステートメントの記述が必要です。多くの技術者はこれを「SQL文」と呼んでいますが、Power Automate for desktopでは「SQLステートメント」という表現を用いているため、本書でも「SQLステートメント」と呼ぶことにします。このチャットボットは、SQLステートメントに関する知識がないユーザーでも、意識することなく社内データから適切な情報を抽出できるようにしてくれます。

✏ **COLUMN** **RPAは人間の代わりじゃない、が……**

RPAが普及し始めた当初、「RPAは人間の代わりに働く」と盛んに宣伝されました。しかし、この売り文句のまま、人間をRPAに置き換えて働かせられた企業がどれくらいあるでしょうか？　筆者は「人間がすでにコンピュータの代わりにやっている仕事を見つけよう」と主張しています。

では、どうすれば「人間がすでにコンピュータの代わりにやっている仕事」は見つかるのでしょうか？　それには「スキマ」を見つければいいのです。

1. データベースとデータベースのスキマ
2. データベースと業務のスキマ
3. 業務と業務のスキマ

スキマができると、そこを人が埋めます。別の見方をすると、スキマに人が入り込んで仕事を作り出している状態です。やがて、これが「業務」と呼ばれ、定型化します。別の人に引き継がれ業務が固定化する場合もあれば、一人の人がその業務を抱え込んで属人化する場合もあります。これが「人間がすでにコンピュータの代わりにやっている仕事」の正体です。本来はRPAのようなITツールでカバーしておくべきだったのです。ただし、これは「生成AIが出てくる前」までの話です。生成AIがRPAに組み込めるようになってきたため、「RPAが人間の代わりに働く」ということも現実味を帯びてきました。本書で紹介しているチャットボットたちはその原型です。今後のAIとRPAの進化によっては、考え方も発展させていかないといけなくなるでしょう。

8.2 設計図を作成する

　データゲットボットはフロー［チャットボット1号］を基に開発します。フロー［チャットボット1号］の設計図に対する変更点は、Chapter6のアシスタントボットと同様です。詳細は**図6.1**を参照してください。

8.2.1 ［関数実行］サブプロセスの設計

　［関数実行］サブプロセスの設計を**図8.1**で説明します。変数［Sql］にAIが生成した関数の引数を格納します（**図8.1❶**）。その後、関数［GetData］を実行します（**図8.1❷**）。関数実行後の戻り値［GetData］の先頭が「エラー」でない場合は、「以下のようなデータを抽出しました。%GetData%」というメッセージを変数

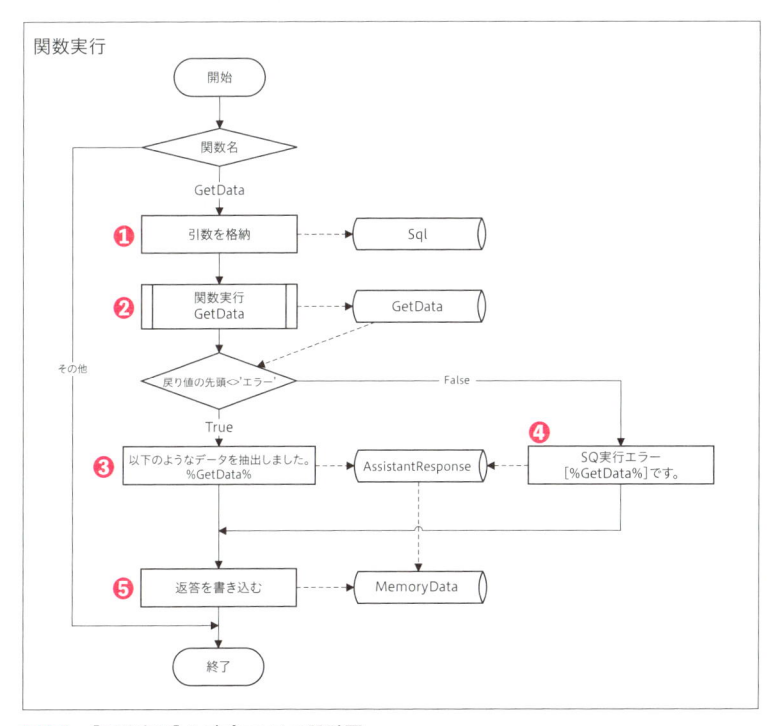

図8.1：［関数実行］サブプロセスの設計図

[AssistantResponse] に格納します（**図8.1❸**）。その他の場合は、関数 [GetData] でエラーが発生したと判断し、「SQL実行エラー [%GetData%] です。」というメッセージを格納します（**図8.1❹**）。最終的に、変数 [AssistantResponse] の内容をリストカスタムオブジェクト [MemoryData] に追加します（**図8.1❺**）。

8.2.2　関数 [**GetData**] の設計

関数 [GetData] の設計を**図8.2**と**図8.3**で説明します。

8.2.2.1　関数 [**GetData**] の全体設計

関数 [GetData] の全体設計を**図8.2**で説明します。まず、関数の戻り値 [GetData] に空（ゼロバイト文字列）を初期設定します（**図8.2❶**）。次に、関数の引数 [Sql] に格納されたSQLステートメントを実行し、この実行結果をデータテーブル [QueryResult] に格納します（**図8.2❷**）。SQLステートメント実行時にエラーが発生した場合、エラーメッセージを表示し、このエラーメッセージの先頭に「エラー」というテキストを加え、戻り値 [GetData] の値に設定します（**図8.2❸**）。

戻り値 [GetData] が空の場合、SQLステートメントの実行が正常に完了したことを示します（**図8.2❹**）。データテーブル [QueryResult] がゼロ件の場合は、「エラー：抽出対象のデータがありません。」というメッセージを戻り値 [GetData] に格納します（**図8.2❺**）。データテーブル [QueryResult] が1件以上の場合は、抽出データの保存を行うサブプロセスを実行します（**図8.2❻**）。

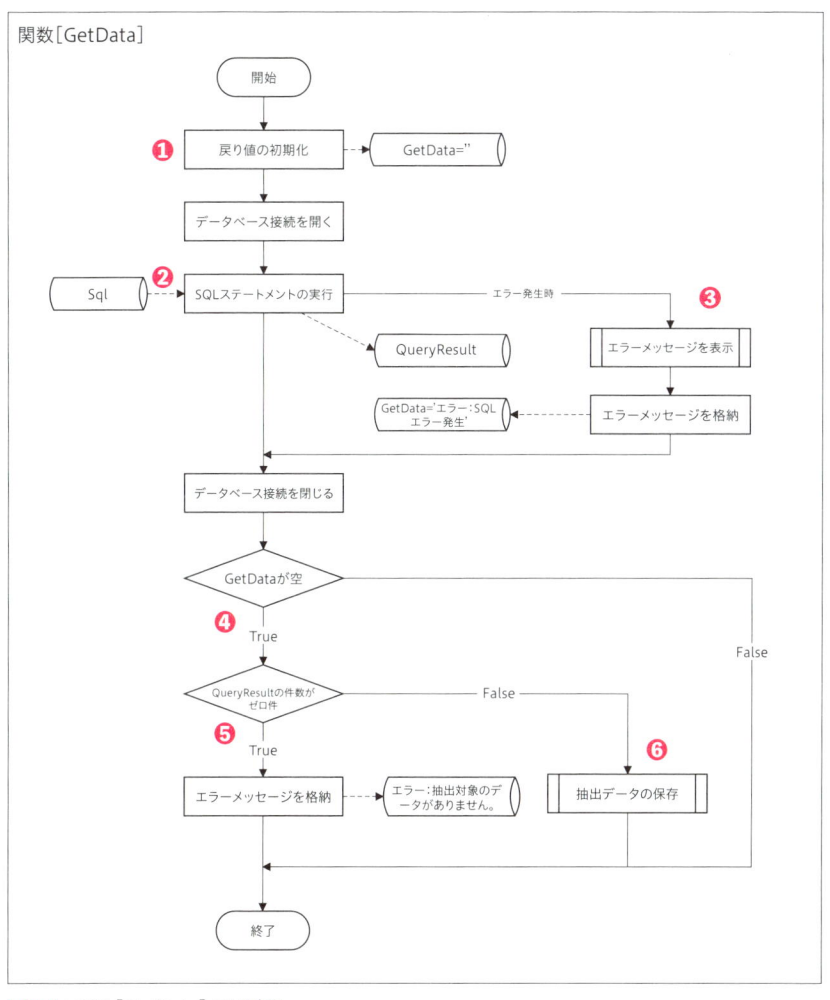

図8.2：関数［GetData］の設計図

8.2.2.2 ［抽出データの保存］サブプロセスの設計

　データテーブル［QueryResult］に1件以上のデータが存在する場合に実行される［抽出データの保存］サブプロセスの設計を図8.3で説明します。

　まず、データテーブル［QueryResult］のデータをテキスト形式で戻り値［GetData］に格納します。全件を格納するとデータ量が膨大になる可能性があるため、テキストには最大3件のデータ行のみを格納します（図8.3❶）。次に、このテキストをメッセージボックスで表示し、ユーザーに保存するかどうかの選択を促し

ます（**図8.3❷**）。ユーザーが保存を選択した場合、保存ダイアログが表示され、保存場所を選べるようにします（**図8.3❸**）。ユーザーが［キャンセル］ボタンを選択した場合は、処理を終了します。ユーザーが［OK］を選択した場合は、データテーブル［QueryResult］の内容をCSV形式で保存します。ファイル名が重複しないよう、日時をファイル名に加えます（**図8.3❹**）。

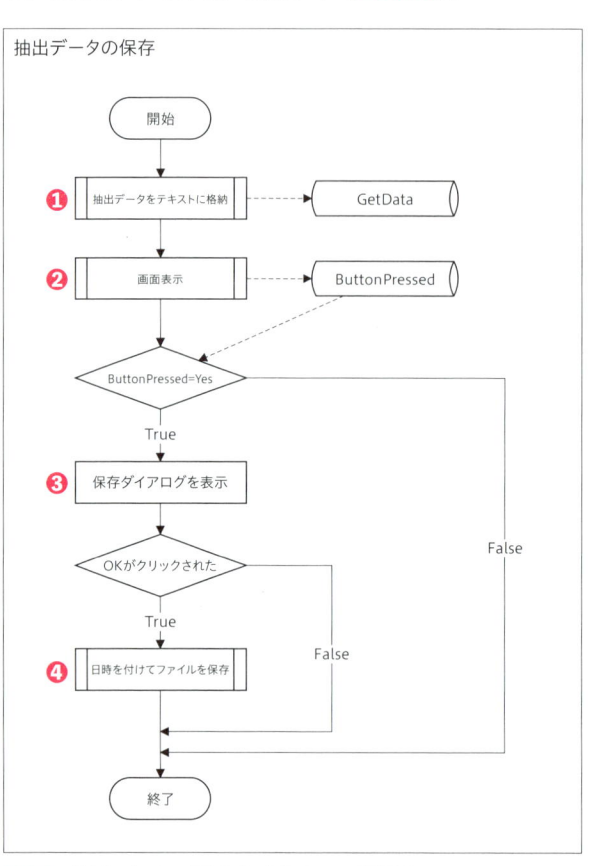

図8.3：［抽出データの保存］サブプロセスの設計図

8.3 SQLite をインストールする

開発を行う前に、まずデータベースを準備しましょう。本書では「SQLite」を使用します。一般的にデータベースと言えば、設定が複雑でハードディスクの容量を大きく圧迫するというイメージがありますが、SQLiteは異なります。SQLiteは単にファイルをコピーするだけで配布可能で、サンプルを提供する際には非常に便利です。

本書を参考にチャットボットを開発し、社内で利用する場合は、MySQLやSQLServerなどサーバーで稼働するデータベースに変更する必要があります。ただし、テスト用途としては、SQLiteの性能で十分です。

8.3.1 SQLite をダウンロードしてインストールする

SQLiteをダウンロードして、インストールしましょう。

8.3.1.1 SQLite の公式 Web サイトにアクセスする

SQLite の公式 Web サイトにアクセスします。以下のリンクからダウンロードページに直接アクセスできます。図8.4のように「SQLite Download Page」が開きます。

- SQLite のダウンロードページ
- URL https://www.sqlite.org/download.html

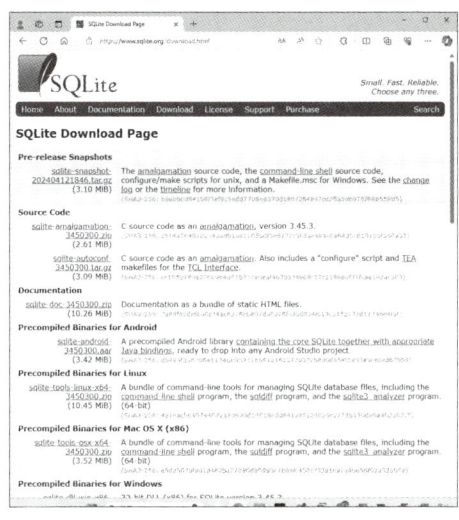

図8.4：SQLite のダウンロードページ

8.3.1.2 | SQLiteをダウンロードする

Windows用のセクションから、プリコンパイルされたZIP形式のファイル「sqlite-tools-win-x64-XXXXXXX.zip」をダウンロードしましょう（**図8.5**）。バージョンは更新されるので、最新バージョンをダウンロードします。

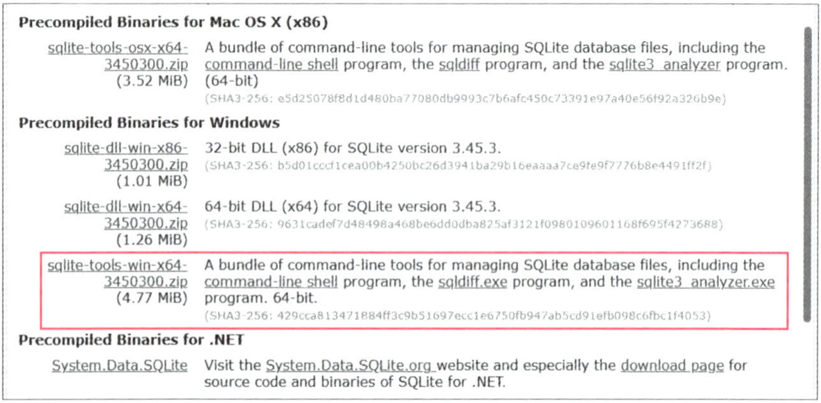

図8.5：プリコンパイルされたZIP形式のファイル

> **📄 MEMO SQLiteのバージョンを指定しない理由**
>
> SQLiteの公式サイトでは過去のバージョンのダウンロードは提供されていないため、本書では最新バージョンの使用を推奨しています。最新バージョンを使用する場合、「8.5.5.1［SQL接続を開く］アクションを追加する」で解説するODBCドライバーの設定画面が変更される可能性がありますが、機能には大きな違いが生じないと考えられます。
>
> 本書と同じバージョン（3.45.3）を使用する場合は、ブラウザーのアドレスバーに以下のURLを直接入力して、ZIPファイルをダウンロードしてください。ただし、このURLの有効期限については保証できません。
>
> ● 本書と同じバージョンのSQLiteのダウンロード
> URL https://www.sqlite.org/2024/sqlite-tools-win-x64-3450300.zip

8.3.1.3 | ダウンロードしたZIPファイルを解凍する

まず、ドキュメントフォルダーの「PAD」フォルダー内に「SQLite」というフォルダーを作成します。次に、ダウンロードしたZIPファイルを解凍し、中に含まれる3つのexeファイル（「sqldiff.exe」「sqlite3.exe」「sqlite3_analyzer.exe」）を、先に作成した「ドキュメントフォルダー¥PAD¥SQLite」に配置します。

8.3.1.4 | パスを通す

ユーザーの環境変数に、SQLiteの実行ファイルが配置されているフォルダーの
パスを追加すると、コマンドラインから直接SQLiteを実行できるようになります。
次の手順で作業してください。

STEP 1 Windows画面下部の検索ボックスに「環境」と入力し、表示される「環
境変数を編集」アイコンをクリックします。

STEP 2 ［環境変数］画面が開いたら、ユーザー環境変数内の「Path」をダブルク
リックします。

STEP 3 ［環境変数名の編集］画面が開いたら、［新規］をクリックし（図8.6❶）、
「ドキュメントフォルダー¥PAD¥SQLite」を入力します（図8.6❷）。「ド
キュメントフォルダー」は環境によって異なります。ドキュメントフォル
ダーのパスの確認方法は、「4.3.3.1 フロー作成の準備を行う」の「MEMO
ドキュメントフォルダーのパスの確認方法」を参考にしてください。

STEP 4 ［OK］をクリックして、［環境変数名の編集］画面を閉じます（図8.6❸）。

STEP 5 ［環境変数］画面でも［OK］をクリックし、画面を閉じます。

STEP 6 Path を反映させるために、パソコンを再起動します。

図8.6：［環境変数名の編集］画面

8.3.2 SQLite の動作確認を行う

SQLiteのダウンロードとインストールが完了したので、動作させましょう。

8.3.2.1 SQLite のデータベースを作る

SQLiteでは、データベースは単一のファイルとして保存されます。ドキュメントフォルダーの中のPADフォルダー直下に作成することにします。コマンドプロンプトを起動して、ドキュメントフォルダーの中のPADフォルダーに移動します。**リスト8.1**のように入力します。

リスト8.1：PADフォルダーに移動

```
cd ＜ドキュメントフォルダー＞\pad
```

ドキュメントフォルダーが「C:\Users\＜ユーザーID＞\Documents」の場合は＜ドキュメントフォルダー＞には「%USERPROFILE%\Documents」と入力します。通常、コマンドプロンプトを起動した際のカレントフォルダーが「C:\Users\＜ユーザーID＞」となっているので、単純に「cd documents\pad」と入力しても同じフォルダーに移動します。

個人用OneDriveがドキュメントフォルダーに設定されている場合は、「%OneDrive%\ドキュメント」と入力することで移動できるでしょう。環境に合わせて変更してください。

PADフォルダーまで移動したら、**リスト8.2**のように入力して、「test」というデータベースを作成します。

リスト8.2：データベース［test］の作成

```
sqlite3 test.db
```

現在、コマンドプロンプトの画面は**図8.7**のようになっています。「sqlite>」となっているのは、SQLiteに接続できた状態です。

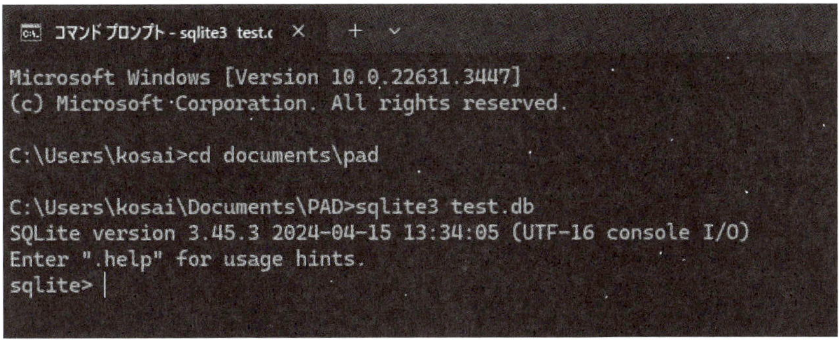

図8.7：コマンドプロンプトの画面

8.3.2.2 テーブルを作る

SQLiteに接続できたので、簡単なテーブルを作ってみましょう。[Customers] というテーブルで、[CustomerID]（顧客ＩＤ）と [Name]（名前）というフィールドを持っています。[CustomerID] は自動でIDが付加されます。**リスト8.3** のSQLステートメントを入力して、Enterキーを押します。このSQLステートメントはサンプルプログラムの「Chapter8\ リスト 8_3.txt」からのコピー＆ペーストを推奨します。ペーストした際に「警告：複数の行を含むテキストを貼り付けようとしています…」というメッセージが出る可能性がありますが、[強制的に貼り付け] を選択します。

リスト8.3：テーブルの作成

```
CREATE TABLE Customers (
    CustomerID INTEGER PRIMARY KEY AUTOINCREMENT,
    Name TEXT NOT NULL
);
```

8.3.2.3 データを挿入する

テーブル [Customers] が作成できたので、このテーブルにデータを3件挿入しましょう。**リスト8.4** のSQLステートメントを入力して、Enterキーを押します。このSQLステートメントはサンプルプログラムの「Chapter8\ リスト 8_4.txt」からコピー＆ペーストすることをお勧めします。エラーが表示されなければ、SQLステートメントが無事に実行された証拠です。

リスト8.4：データの挿入

```
INSERT INTO Customers (Name) VALUES ('saito keiichi'),→
('kosai hiroyuki'),('kimura takashi');
```

8.3.2.4 データを抽出する

　データを抽出してみましょう。リスト8.5のSQLステートメントを入力して、Enterキーを押します。

リスト8.5：データの抽出

```
SELECT * FROM Customers;
```

　図8.8のようにデータが抽出されます。SQLiteの動作が確認できました。

```
sqlite> SELECT * FROM Customers;
1|saito keiichi
2|kosai hiroyuki
3|kimura takashi
sqlite>
```

図8.8：コマンドプロンプトの画面

8.3.2.5 SQLiteとの接続を切断する

　リスト8.6のように入力することで、接続を終了することができます。切断したらコマンドプロンプトを閉じます。

リスト8.6：SQLiteの切断

```
.quit
```

8.3.2.6 テスト用データベースの確認と削除

　「test.db」という名前のファイルが、PADフォルダーに存在することを確認してください。このtest.dbは削除します。

8.3.3 | SQLite ODBC Driverをインストールする

Power Automate for desktopからSQLiteを操作するためには、SQLite ODBC Driverをインストールする必要があります。

8.3.3.1 | SQLite ODBC Driverのインストーラーのダウンロード

以下のURLにアクセスします。**図8.9**のようにSQLite ODBC Driverのページが開きます。

• SQLite ODBC Driver
URL http://www.ch-werner.de/sqliteodbc/

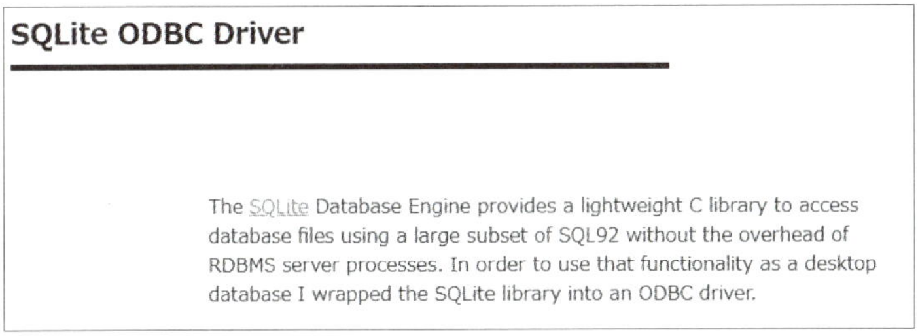

SQLite ODBC Driver

The SQLite Database Engine provides a lightweight C library to access
database files using a large subset of SQL92 without the overhead of
RDBMS server processes. In order to use that functionality as a desktop
database I wrapped the SQLite library into an ODBC driver.

図8.9：SQLite ODBC Driverのページ

ページをスクロールし、sqliteodbc_w64.exe（本書はWindows11 64bit版を想定しています）をクリックしてダウンロードし（**図8.10**）、任意の場所に保存します。Google Chromeの場合、「安全でないダウンロードがブロックされました」というポップアップが表示され、ダウンロードがブロックされるので、このポップアップ内の［保存］をクリックしてダウンロードを行ってください。

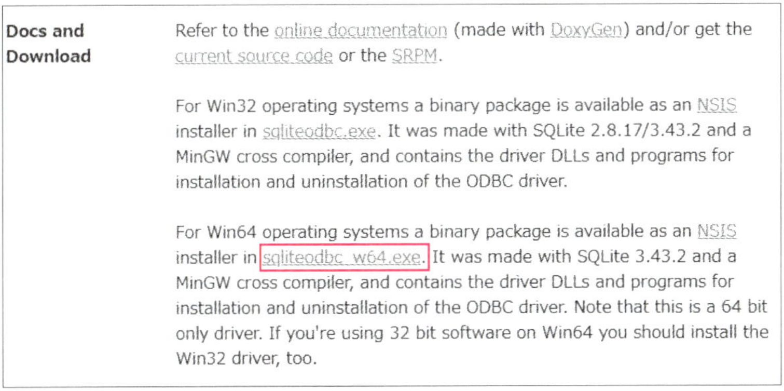

| Docs and Download | Refer to the online documentation (made with DoxyGen) and/or get the current source code or the SRPM.

For Win32 operating systems a binary package is available as an NSIS installer in sqliteodbc.exe. It was made with SQLite 2.8.17/3.43.2 and a MinGW cross compiler, and contains the driver DLLs and programs for installation and uninstallation of the ODBC driver.

For Win64 operating systems a binary package is available as an NSIS installer in sqliteodbc_w64.exe. It was made with SQLite 3.43.2 and a MinGW cross compiler, and contains the driver DLLs and programs for installation and uninstallation of the ODBC driver. Note that this is a 64 bit only driver. If you're using 32 bit software on Win64 you should install the Win32 driver, too. |

図8.10：sqliteodbc_w64.exeのダウンロード

8.3.3.2 | SQLite ODBC Driver のインストール

ダウンロードが完了したら、[sqliteodbc_w64.exe]をダブルクリックします。[ユーザーアカウント制御]の画面が表示されたら、[はい]を選択します。次の手順でインストールします。

STEP 1 [SQLite3 ODBC Driver for Win64 Setup]ダイアログが表示されるので、[Next]をクリックします。

STEP 2 [License Agreement]ダイアログが表示されるので、[I Agree]をクリックします。

STEP 3 [Choose Install Location]ダイアログが表示されるので、[Destination Folder]はデフォルトのまま変更せずに、[Next]をクリックします。

STEP 4 [Choose Components]ダイアログが表示されるので、[Select components to install]は何もチェックせず、[Install]をクリックします。

STEP 5 「SQLite ODBC for Win64 Installation The installation of SQLite ODBC Driver is complete.」というメッセージが表示されるので、[Finish]をクリックします。

SQLite にテーブルを
作成する

　データゲットボットでは購買履歴データを自然言語で集計したり抽出したりします。4つのテーブルを作成します。

8.4.1　テーブル定義

　データゲットボットで使用する購買履歴テーブルとその関連マスタの定義をまとめています（**表8.1**～**表8.4**）。

8.4.1.1　顧客マスタのテーブル情報

表8.1：顧客マスタのテーブル情報

テーブル情報

論理テーブル名	顧客マスタ
物理テーブル名	Customers

カラム情報

No	論理名	物理名	データ型	Not Null
1	顧客ID	CustomerID	INTEGER	Yes（PK）
2	氏名	Name	TEXT	Yes
3	Eメールアドレス	Email	TEXT	No
4	住所	Address	TEXT	No
5	生年月日	DateOfBirth	DATE	No

8.4.1.2 | 商品マスタのテーブル情報

表8.2：商品マスタのテーブル情報

テーブル情報

論理テーブル名	商品マスタ
物理テーブル名	Products

カラム情報

No	論理名	物理名	データ型	Not Null
1	商品ID	ProductID	INTEGER	Yes (PK)
2	商品名	ProductName	TEXT	Yes
3	価格	Price	REAL	Yes
4	カテゴリ	Category	TEXT	No

8.4.1.3 | 店舗マスタのテーブル情報

表8.3：店舗マスタのテーブル情報

テーブル情報

論理テーブル名	店舗マスタ
物理テーブル名	Stores

カラム情報

No	論理名	物理名	データ型	Not Null
1	店舗ID	StoreID	INTEGER	Yes (PK)
2	店舗名	StoreName	TEXT	Yes
3	住所	Address	TEXT	No
4	チャネル	SalesChannel	TEXT	Yes

8.4.1.4 | 購買履歴のテーブル情報

表8.4：購買履歴のテーブル情報

テーブル情報

論理テーブル名	購買履歴
物理テーブル名	PurchaseHistory

カラム情報 （続き）

No	論理名	物理名	データ型	Not Null
1	購買履歴ID	PurchaseHistoryID	INTEGER	Yes（PK）
2	顧客ID	CustomerID	INTEGER	Yes
3	商品ID	ProductID	INTEGER	Yes
4	店舗ID	StoreID	INTEGER	Yes
5	購買日	PurchaseDate	DATE	Yes
6	購買数量	Quantity	INTEGER	Yes
7	購買金額	TotalAmount	REAL	Yes

8.4.1.5 | ER図

ER図（エンティティ・リレーションシップ図）を描くと、**図8.11**のようになります。各テーブル間に示されている線は、リレーションを表しています。

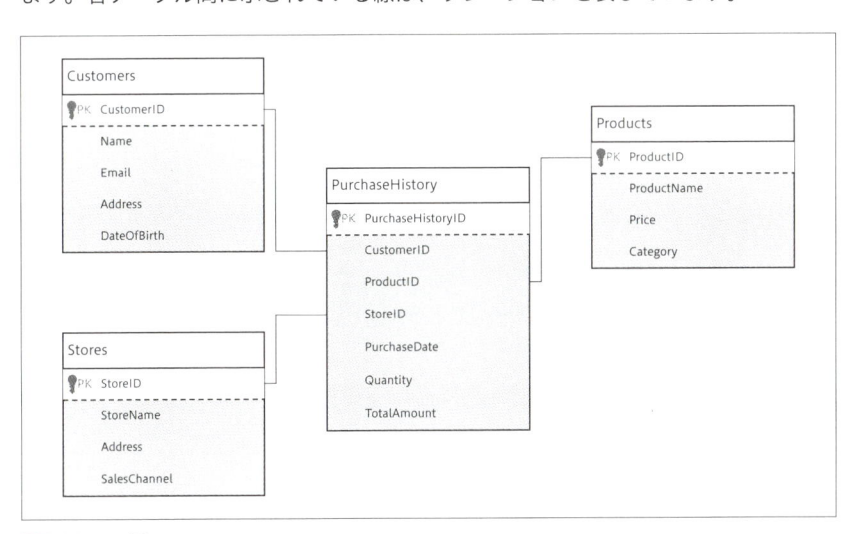

図8.11：ER図

8.4.2 | データベースを作成する

これらのテーブルをSQLiteで作成しますが、最初にデータベースを作成します。コマンドプロンプトを起動し、ドキュメントフォルダー内のPADフォルダーに移動します。コマンドは、**リスト8.1**を参照してください。

次に、「crm」という名前のデータベースを作成します。**リスト8.7**のように入力します。

リスト8.7：データベース「**crm.db**」の作成

```
sqlite3 crm.db
```

8.4.3 テーブルを作成する

このデータベースに4つのテーブルを作成します。**リスト8.8**のSQLステートメントを入力して、Enterキーを押します。このSQLステートメントはサンプルプログラムの「Chapter8\リスト8_8.txt」からコピー＆ペーストすることをお勧めします。ペーストした際に「警告：複数の行を含むテキストを貼り付けようとしています…」というメッセージが表示される場合がありますが、［強制的に貼り付け］を選択します。

リスト8.8：テーブルの作成

```
-- 顧客テーブルの作成
CREATE TABLE Customers (
    CustomerID INTEGER PRIMARY KEY AUTOINCREMENT,
    Name TEXT NOT NULL,
    Email TEXT,
    Address TEXT,
    DateOfBirth DATE
);

-- 商品テーブルの作成
CREATE TABLE Products (
    ProductID INTEGER PRIMARY KEY AUTOINCREMENT,
    ProductName TEXT NOT NULL,
    Price REAL NOT NULL,
    Category TEXT
);

-- 店舗テーブルの作成
CREATE TABLE Stores (
    StoreID INTEGER PRIMARY KEY AUTOINCREMENT,
    StoreName TEXT NOT NULL,
    Address TEXT,
```

```
    SalesChannel TEXT NOT NULL
);

-- 購入履歴テーブルの作成
CREATE TABLE PurchaseHistory (
    PurchaseHistoryID INTEGER PRIMARY KEY AUTOINCREMENT,
    CustomerID INTEGER,
    ProductID INTEGER,
    StoreID INTEGER,
    PurchaseDate DATE NOT NULL,
    Quantity INTEGER NOT NULL,
    TotalAmount REAL NOT NULL,
    FOREIGN KEY (CustomerID) REFERENCES Customers ➡
(CustomerID),
    FOREIGN KEY (ProductID) REFERENCES Products ➡
(ProductID),
    FOREIGN KEY (StoreID) REFERENCES Stores (StoreID)
);
```

8.4.4 データを挿入する

　テーブルが作成されたので、データを挿入します。**リスト8.9**にデータ挿入の
SQLステートメントを一部表示しています。このSQLステートメントはサンプル
プログラムの「Chapter8\リスト8_9.txt」からコピー＆ペーストしてください。
ペーストした際に「警告：複数の行を含むテキストを貼り付けようとしています…」
というメッセージが表示される場合がありますが、[強制的に貼り付け] を選択しま
す。

リスト8.9：データの挿入

```
INSERT INTO Customers (CustomerID, Name, Email, Address, ➡
DateOfBirth) VALUES
(1, '佐藤恵一', 'sato_keiichi@example.com', ➡
'東京都新宿区1-1-1', '1945-06-12'),
（中略）
(50, '藤本さやか', 'fujimoto_sayaka@example.com', ➡
'愛知県豊橋市50-50-50', '1988-12-12');

INSERT INTO Products (ProductID, ProductName, Price, ➡
Category)
```

```
VALUES
(1, 'コップ', 500, '食器'),
（中略）
(100, 'テレビ', 40000, '家電');

INSERT INTO Stores (StoreID, StoreName, Address, ➡
SalesChannel) VALUES
(1, '福岡店', '福岡市中央区1-1-1', 'Store'),
（中略）
(20, '松山店', '松山市中央区19-20-21', 'EC');

INSERT INTO PurchaseHistory (CustomerID, ProductID, ➡
StoreID, PurchaseDate, Quantity, TotalAmount) VALUES
(10, 1, 5, '2021-05-14', 2, 1000),
（中略）
(49, 91, 11, '2020-04-14', 10, 300000);
```

8.4.5 データを確認する

　データが挿入できたかどうか確認してみましょう。**リスト8.10** のSQLステートメントを入力してEnterキーを押します。

リスト8.10：データを取得する

```
SELECT * FROM PurchaseHistory WHERE CustomerID = 10;
```

　図8.12 のようにデータが抽出されます。これでデータは正しく入っていると確認できました。

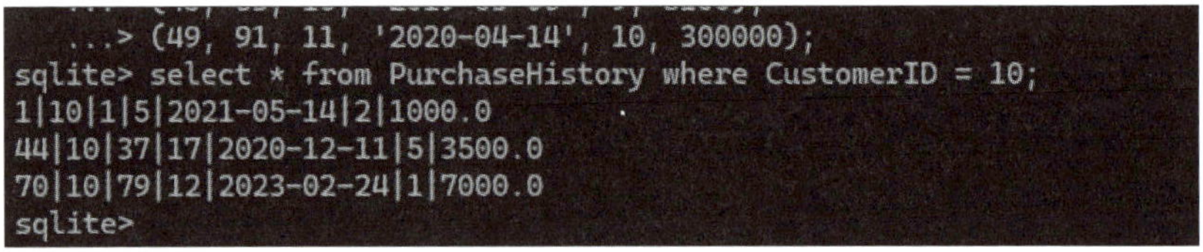

```
   ...> (49, 91, 11, '2020-04-14', 10, 300000);
sqlite> select * from PurchaseHistory where CustomerID = 10;
1|10|1|5|2021-05-14|2|1000.0
44|10|37|17|2020-12-11|5|3500.0
70|10|79|12|2023-02-24|1|7000.0
sqlite>
```

図8.12：抽出されたデータ

　コマンドプロンプトのsqliteプロンプトに「.quit」と入力して、sqliteとの接続を切断後、コマンドプロンプトに「exit」と入力して閉じてください。

8.5 データゲットボットを開発する

フローを開発していきましょう。フロー［チャットボット1号］を変更して作っていくことにします。今回はデータベースを使用するので、データベースの扱いに慣れていない場合は、しっかりと手順を踏んで理解してください。

8.5.1 フロー［チャットボット1号］をコピーする

最初に、フロー［チャットボット1号］をコピーして、［データゲットボット］という名前のフローを作成します。コピーの手順は「4.2.1 フローをコピーする」を参考にしてください。フローデザイナーでフロー［データゲットボット］を開きます。

フローを確認する場合は図7.3を参考にしてください。

8.5.2 関数［GetData］を定義する

関数［GetData］を定義します。関数［GetData］は、「SQLステートメントを受けてデータ抽出を行います」という説明（description）が付いています。この関数には「sql」という引数が与えられます。引数［sql］はデータ抽出に必要なSQLステートメントです。

7ステップ目の［変数の設定］アクションの設定ダイアログを開きます。［値］に関数［GetSalesPersonName］の定義が格納されているので、これをすべて削除し、リスト8.11のJSONを記述します。サンプルプログラム「Chapter8\リスト8_11.txt」からコピー＆ペーストすることをお勧めします。［保存］をクリックして変更を確定します。

リスト8.11：関数［GetData］の定義

```
[{
    "type":"function",
    "function": {
        "name": "GetData",
        "description": "SQLステートメントを受けてデータ抽出➡
```

```
を行います",
        "parameters":{
            "type":"object",
            "properties":{
                "sql":{
                    "type":"string",
                    "description":"データ抽出に必要なSQL⇒
ステートメントです"
                },
            },
            "required":["sql"],
        },
    },
},]
```

8.5.3 | 関数 ［GetData］ を追加する

図8.2 の設計図を基にフローに関数 ［GetData］ を追加します。

8.5.3.1 | 関数 ［GetSalesPersonName］ を削除する

データゲットボットでは、関数 ［GetSalesPersonName］ は不要になるため、サブフローを削除します。削除手順は 「7.3.3.1 関数 ［GetSalesPersonName］ を削除する」 を参照してください。サブフローを削除した際にエラーが発生しますが、手順に従って作業を進めることでエラーは解消されます。

8.5.3.2 | サブフロー ［GetData］ を追加する

「GetData」 という名前のサブフローを追加します。

8.5.3.3 | 戻り値の初期化を行う

図8.2 ❶の実装です。サブフロー ［GetData］ のワークスペースに ［変数の設定］ アクションを追加します。設定ダイアログが表示されたら、［変数］ に 「GetData」 と入力し、［値］ には 「''」 と入力します （'はシングルクォーテーションです。シングルクォーテーション 2 つで空文字を表します）。これにより、関数 ［GetData］ の戻り値が初期化されます。設定後、［保存］ をクリックします。

これが関数 ［GetData］ の戻り値となります。エラーがなければ空白 （正確にはゼロバイト文字列） が呼び出し元に返ります。

8.5.4　メインフローを修正する

サブフロー［GetData］の開発を一時中断し、次にメインフローの修正に取り掛かります。詳細は設計図（図8.1）を参照してください。

8.5.4.1　［Case］アクションの変更

［Case］アクションの変更を行います。まず、メインフローを開きます。次に、17ステップ目の［Case］アクションの設定ダイアログを開きます。［比較する値］を「GetData」に変更し、［保存］をクリックします。

8.5.4.2　関数の引数の変更

関数［GetData］の引数［Sql］の設定を行います。18ステップ目にある［変数の設定］アクションの設定ダイアログを開き、［変数］を「Sql」に変更します。［値］には「%ArgumentsObject['sql']%」を設定し、［保存］をクリックします。

8.5.4.3　関数実行アクションの変更

19ステップ目の［サブフローの実行］アクションの設定ダイアログを開いて、ドロップダウンリストから［GetData］を選択します。選択後、［保存］をクリックします。

8.5.4.4　戻り値に基づく条件分岐の変更

関数実行後の戻り値に基づく条件分岐を変更します。20ステップ目の［If］アクションの設定ダイアログを開き、［最初のオペランド］を「%GetData%」に変更します。［演算子］のドロップダウンリストから［次の値で始まらない］を選択し、［2番目のオペランド］に「エラー」と入力します。［保存］をクリックします。

8.5.4.5　関数の正常終了時の処理を実装

関数［GetData］が正常に終了した場合の処理を実装します。21ステップ目の［変数の設定］アクションの設定ダイアログを開き、［値］をリスト8.12の通りに入力します。

リスト8.12：［変数の設定］アクションの値

```
以下のようなデータを抽出しました。
%GetData%
```

変更後、［保存］をクリックします。

8.5.4.6 | 関数の異常終了時の処理を実装

次に関数［GetData］内でエラーが発生した場合の処理を実装します。23ステップ目の［変数の設定］アクションの設定ダイアログを開き、［値］を「SQL実行エラー［%GetData%］です。」に変更します。変更後、［保存］をクリックします。

これですべてのエラーを解消しました。フロー全体を保存します。現在のフローを図8.13に示します。

図8.13：メインフロー（16〜26ステップ）

8.5.5 | 関数［GetData］を完成させる

関数［GetData］を完成させます。サブフロー［GetData］を開きます。設計図は図8.2を参照してください。

8.5.5.1 | ［SQL接続を開く］アクションを追加する

SQLステートメントを実行するフローの開発を行いましょう。

8.5.5.1.1 | ドキュメントフォルダーのパスを取得する

　データベース「crm.db」をドキュメントフォルダー内の「PAD」フォルダーに配置したので、ドキュメントフォルダーのパスを取得します。

　[変数の設定]アクションの後に、[フォルダー]アクショングループ内の[特別なフォルダーを取得]アクションを追加します。設定ダイアログが表示されたら、[特別なフォルダーの名前]のドロップダウンリストで[ドキュメント]を選択します。[生成された変数]を[DocumentsPath]に変更し、[保存]をクリックします。

8.5.5.1.2 | [SQL接続を開く] アクションを追加する

　[特別なフォルダーを取得]アクションの後に、[データベース]アクショングループ内の[SQL接続を開く]アクションを追加します。

8.5.5.1.2.1 ［接続文字列の作成］アイコンのクリック

　設定ダイアログで[接続文字列]の入力ボックスにある[接続文字列の作成]（四角のウィンドウに星マークが入ったアイコン）をクリックします。[データリンクプロパティ]ダイアログが表示されます。

8.5.5.1.2.2 ［データリンクプロパティ］ダイアログの操作 ── その①

　[プロバイダー]タブに「接続するデータを選択します」とありますので、リストの中から「Microsoft OLE DB Provider for ODBC Drivers」を選択し（**図8.14 ❶**）、[次へ(N)>>]をクリックします（**図8.14 ❷**）。

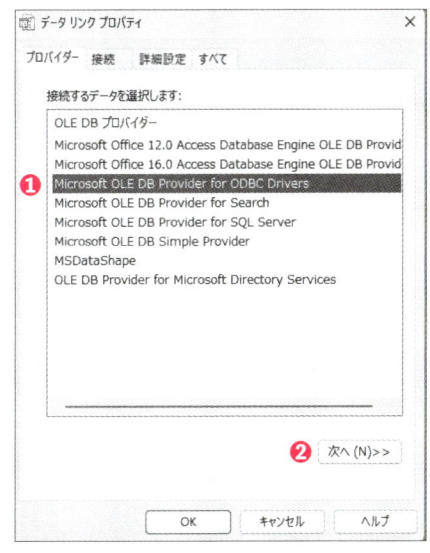

図8.14：[データリンクプロパティ]ダイアログ

8.5.5.1.2.3 ［接続］タブの操作

　［接続］タブが開きます。［1.データ
ソースを指定します：］の［接続文字
列を使用する］のラジオボタンをク
リックします（**図8.15❶**）。「接続文字
列（C）」が入力できるようになります。
接続文字列入力ボックスの右側にある
［ビルド（U）...］をクリックします（**図
8.15❷**）。［データソースの選択］ダイ
アログが表示されます。

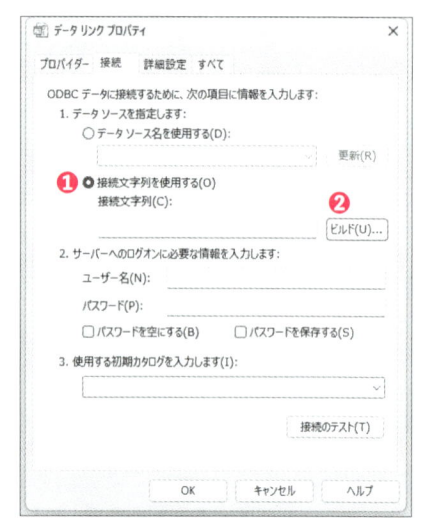

図8.15：［接続］タブ

8.5.5.1.2.4 ［データソースの選択］ダイアログの操作

　［データソースの選択］ダイアログが表示されたら、［コンピューターデータソー
ス］タブを選択し（**図8.16❶**）、データソース名の［SQLite3 Datasource］を選択
し（**図8.16❷**）、［OK］をクリックします（**図8.16❸**）。これにより、［SQLite3
ODBC Driver Connect］ダイアログが表示されます。

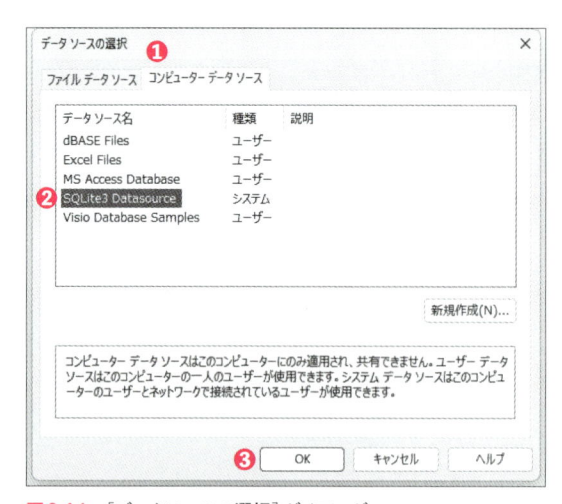

図8.16：［データソースの選択］ダイアログ

8.5.5.1.2.5 ［**SQLite3 ODBC Driver Connect**］ダイアログの操作

　［SQLite3 ODBC Driver Connect］ダイアログが表示されたら、［Data Source Name］は「SQLite3 Datasource」のまま変更せずに、［Database Name］の右側にある［Browse…］をクリックします（図8.17❶）。［開く］ダイアログが表示されるので、SQLiteのデータベースファイルを指定します。「ドキュメントフォルダー¥PAD」に配置しているので、このフォルダーを開いて、「crm.db」を選択し、［開く］をクリックします。［開く］ダイアログが閉じて、［SQLite3 ODBC Driver Connect］ダイアログがフロントに表示されるので、［OK］をクリックします（図8.17❷）。

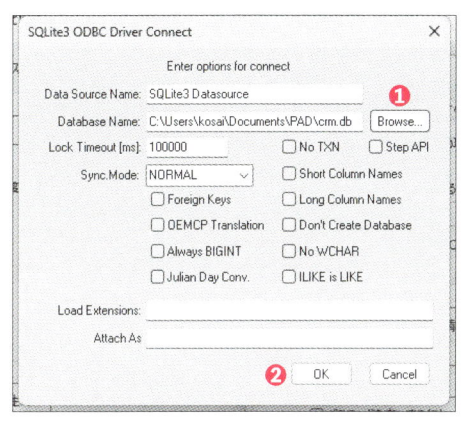

図8.17：［SQLite3 ODBC Driver Connect］ダイアログ

8.5.5.1.2.6 ［**データリンクプロパティ**］ダイアログの操作 —— その②

　［データリンクプロパティ］ダイアログがフロントに表示されるので、［接続のテスト］をクリックします。［Microsoftデータリンク］ダイアログが表示され、「接続のテストに成功しました」と表示されていれば成功です。［Microsoftデータリンク］ダイアログは［OK］をクリックして閉じます。

　エラーが出る場合は［DSN（Data Source Name）］か［Database］が間違っているはずなので、よく確認して設定してください。

　接続に成功したら、［データリンクプロパティ］ダイアログの［OK］をクリックします。［SQL接続を開く］アクションがフロントに表示されるので、［生成された変数］に［SQLConnection］が設定されていることを確認して［保存］をクリックします。

8.5.5.1.3 ｜ データベースのパスを変更する

　[SQL接続を開く] アクションの [接続文字列] には、データベース「crm.db」のパスが設定されています。このパスに変数 [DocumentsPath] を組み込むことで、他のユーザーにフローをコピーして渡しても修正せずに動作させることができます。

　3ステップ目の [SQL接続を開く] アクションの設定ダイアログを開き、[接続文字列] の中から「Database=<ドキュメントフォルダーパス>\PAD\crm.db」と記述されている部分を「Database=%DocumentsPath%\PAD\crm.db」に変更します。変更後、[保存] をクリックします。

8.5.5.2 ｜ [SQLステートメントの実行] アクションを追加する

　[SQLステートメントの実行] アクションを追加します。3ステップ目の [SQL接続を開く] アクションの後に、[データベース] アクショングループ内の [SQLステートメントの実行] アクションを追加します。設定ダイアログで [接続の取得方法] はデフォルトの「SQL接続変数」のままとします（図8.18❶）。このプロパティでは、SQL接続情報の取得方法を選択します。SQL接続変数は先の [SQL接続を開く] アクションで取得済みです。[接続の取得方法] で [SQL接続文字列] を選択すると、直接接続文字列を入力する必要があります。

　[SQL接続] には最初から「%SQLConnection%」と入力されているので、このままにします（図8.18❷）。[SQLステートメント] にSQLステートメントを入力

図8.18：[SQLステートメントの実行] アクションの設定

します。「%Sql%」と入力します（図8.18❸）。［タイムアウト］にはSQLクエリが
タイムアウトするまでの秒数を指定します。デフォルトは30秒ですので、このまま
とします（図8.18❹）。

　［生成された変数］に［QueryResult］という変数が設定されていることを確認し
ます（図8.18❺）。この変数にはSQLステートメントの実行結果が格納されます。
この結果を後続のアクションで使用します。［保存］をクリックして設定を適用しま
す（図8.18❻）。

8.5.5.3　SQL接続を閉じる

　データベースとの接続を切ります。［SQLステートメントの実行］アクションの
後に、［データベース］アクショングループ内の［SQL接続を閉じる］アクション
を追加します。設定ダイアログで、［SQL接続］には最初から「%SQLConnection%」
と入力されているので、そのまま［保存］をクリックします。

　現在のフローを図8.19に示します。

図8.19：サブフロー［GetData］のフロー

8.5.5.4　異常系の処理を作成する

　SQLステートメントはAIが自動的に作成してくれますが、必ずしも正しいとは
限りません。SQLステートメントに誤りがあった場合はエラーが発生します。この
エラーに対応するためにエラー処理を作成しましょう。

8.5.5.4.1 エラー処理用のサブフローを作成する

エラー処理用のサブフローを作成します。「SQLErrorCatch」という名前のサブフローを作成します。

8.5.5.4.2 最後のエラーを取得する

最後に発生したエラーの情報を取得します。サブフロー [SQLErrorCatch] のワークスペースに、[フローコントロール] アクショングループ内の [最後のエラーを取得] アクションを追加します。設定ダイアログで [保存先] が変数 [LastError] になっていることを確認します。[エラーを消去する] はデフォルトの [無効] のままとし、[保存] をクリックします。

8.5.5.4.3 エラーメッセージを表示する

エラーメッセージを表示します。[最後のエラーを取得] アクションの後に、[メッセージボックス] アクショングループ内の [メッセージを表示] アクションを追加します。設定ダイアログが表示されたら、[メッセージボックスのタイトル] に「SQLエラー」と入力し（**図8.20❶**）、[表示するメッセージ] に「SQL実行時にエ

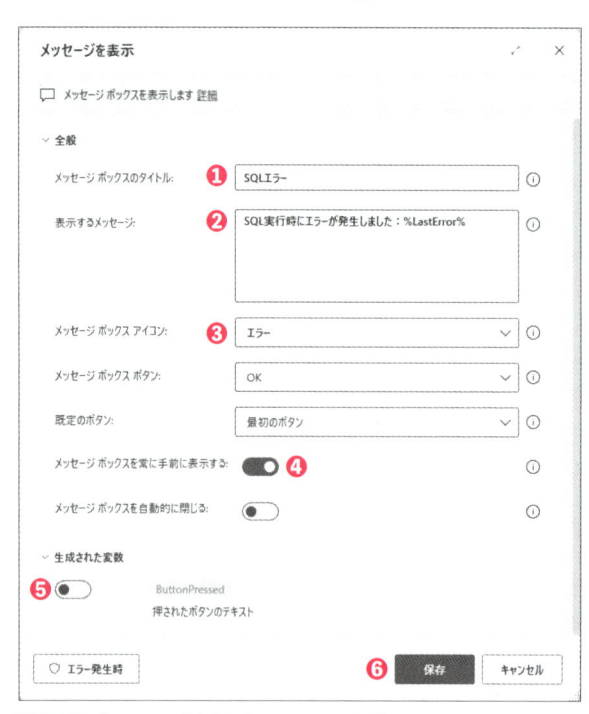

図8.20：[メッセージを表示] アクションの設定

ラーが発生しました：%LastError%」と入力します（図8.20❷）。[メッセージボックスアイコン］のドロップダウンリストから［エラー］を選択し（図8.20❸）、[メッセージボックスを常に手前に表示する］を［有効］にします（図8.20❹）。生成された変数は使わないので［生成された変数］は［無効］にして（図8.20❺）、[保存］をクリックします（図8.20❻）。

8.5.5.4.4 | 戻り値にエラー発生のメッセージを格納する

変数［GetData］にエラーメッセージを格納します。これが関数［GetData］の戻り値となります。[メッセージを表示］アクションの後に、[変数の設定］アクションを追加します。設定ダイアログで［変数］に「GetData」を設定し、[値］に「エラー：SQLエラー発生」と入力します。入力し終わったら、[保存］をクリックします。

これでエラー発生時に呼び出されるサブフローの実装が完了しました（図8.21）。

図8.21：サブフロー［SQLErrorCatch］のフロー

8.5.5.4.5 | エラー処理を実装する

サブフロー［GetData］を選択します。

4ステップ目の［SQLステートメントの実行］アクションの設定ダイアログを開き、ダイアログの左下にある［エラー発生時］をクリックします。エラー発生時の設定画面に切り替わります。

[すべてのエラー］内の［新しいルール］のプラスアイコンをクリックし（図8.22❶）、表示されたメニューの中から［サブフローの実行］を選択します。[サブフローの実行］という欄が表示されましたね。[サブフローの実行］のドロップダウンリストから［SQLErrorCatch］を選択します（図8.22❷）。次に、[フロー実行を続行する］をクリックします（図8.22❸）。[例外処理モード］のドロップダウンリストはデフォルトの［次のアクションに移動］のままとします（図8.22❹）。設定が完

了したら、[保存] をクリックします（**図8.22❺**）。

図8.22：[SQLステートメントの実行] アクションの設定

　これで、エラーが発生したら、サブフロー［SQLErrorCatch］が実行され、その後、[SQL接続を閉じる] アクションが実行されるという流れができました。エラーが発生しなかった場合は、そのまま [SQL接続を閉じる] アクションが実行されます。

8.5.5.5 SQLステートメントの実行結果により分岐する

　SQLステートメントの実行結果により分岐します。設計図は**図8.2**の❹を参照してください。

　戻り値［GetData］が空の場合はエラーが発生しておらず、テキストが含まれている場合はエラーが発生したことになります。

　[SQL接続を閉じる] アクションの後に、[条件] アクショングループ内の [If] アクションを追加します。設定ダイアログで [最初のオペランド] に「%GetData%」を設定し、[演算子] のドロップダウンリストから「空である」を選択して、[保存]をクリックします。

8.5.5.6 データ件数によって分岐する

　SQLステートメント実行エラーが発生しなかったとしても、必ずしも正常とは限りません。データ件数が0件の場合があり得ます。そのための分岐を作っていきます。設計図は**図8.2**の❺を参照してください。

6ステップ目の［If］ブロック内に、さらに［If］アクションを追加します。設定ダイアログが表示されたら、［最初のオペランド］に「%QueryResult.RowsCount%」を設定します。［QueryResult］は［SQLステートメントの実行］アクションで生成された変数で、データの抽出結果が格納されています。データ件数を取得するために「RowsCount」プロパティを参照します。

［演算子］はデフォルトの「と等しい (=)」のままとし、［2番目のオペランド］に「0」と入力します。設定が完了したら、［保存］をクリックします。

現在のフローを図8.23に示します。

図8.23：サブフロー［GetData］（5~9ステップ）

8.5.5.7 抽出データがない場合の実装

抽出データがない場合は、戻り値［GetData］にエラーが発生したことを示すエラーメッセージを格納します。設計図は図8.2の❺を参照してください。

7ステップ目の［If］アクションの後に、［変数の設定］アクションを追加します。設定ダイアログが表示されたら、［変数］に「GetData」を設定します。［値］に「エラー：抽出対象のデータがありません。」と入力し、［保存］をクリックします

8.5.5.8 抽出したデータを表示する

抽出したデータが存在する場合、最大3件だけメッセージボックスに表示します。抽出したデータが2件だった場合は、2件のみ表示されます。最初に、データ表示するためのテキストを作成していきます。設計図は図8.3を参照してください。

8.5.5.8.1 ［Else］アクションの追加

8ステップ目の［変数の設定］アクションの後に、［条件］アクショングループ内の［Else］アクションを追加します。

8.5.5.8.2 | テキストの結合

抽出したデータはデータテーブル［QueryResult］に格納されています。メッセージボックスに表示するために、データテーブルのヘッダー項目名を結合します。

9ステップ目の［Else］アクションの後に、［テキスト］アクショングループ内の［テキストの結合］アクションを追加します。設定ダイアログで［結合するリストを指定］に「%QueryResult.ColumnHeadersRow%」を設定します（図8.24❶）。「QueryResult.ColumnHeadersRow」とは、データテーブル［QueryResult］の項目名を格納した行です。

次に、［リスト項目を区切る区切り記号］のドロップダウンリストで［標準］を選択します（図8.24❷）。そうすると、［標準の区切り記号］が表示されるので、デフォルトの［スペース］のままとします（図8.24❸）。これは、リストの項目を区切るためにスペースを使用することを指しています。［回数］はデフォルトの「1」のままとします（図8.24❹）。

［生成された変数］を変数［GetData］に変更します（図8.24❺）。これにより、変数［GetData］にはデータテーブル［QueryResult］のヘッダー項目がテキストとして格納されています。設定が完了したら、［保存］をクリックします（図8.24❻）。

図8.24：［テキストの結合］アクションの設定

8.5.5.8.3 | 区切りを表すテキストを追加する

データテーブル［QueryResult］のヘッダー項目を格納できたので、次にデータ部分を追加していきます。その前に、ヘッダー項目の下部に区切りを示すテキストを追加します。メッセージボックスに表示した際に見やすくするためです。

10ステップ目の［テキストの結合］アクションの後に、［テキスト］アクショングループ内の［テキストに行を追加］アクションを追加します。設定ダイアログが表示されたら、［元のテキスト］に「%GetData%」を設定します。［追加するテキスト］には「---------------」と入力します。「-（半角ハイフン）」を15個程度です。［生成された変数］を変数［GetData］に変更します。これにより、変数［GetData］にはデータテーブルのヘッダー項目と区切り文字列が格納されました。［保存］をクリックします。

　現在のフローを図8.25に示します。

図8.25：サブフロー［GetData］（6〜13ステップ）

8.5.5.8.4 ｜ 抽出したデータ件数分ループする

　データテーブル［QueryResult］のデータ部分を変数［GetData］に追加するため、データの件数分ループ処理を行います。11ステップ目の［テキストに行を追加］アクションの後に、［ループ］アクショングループ内の［Loop］アクションを追加します。設定ダイアログで［開始値］に「0」、［終了］に「%QueryResult.RowsCount - 1%」、［増分］に「1」と入力します。設定が完了したら、［保存］をクリックします。

8.5.5.8.5 ｜ 条件分岐する

　表示するのは3件までなので、4件目以上はテキストに追加しないように制御します。先に追加した［Loop］ブロックの中に、［条件］アクショングループ内の［If］アクションを追加します。設定ダイアログが表示されたら、［最初のオペランド］に

「%LoopIndex%」を設定します。[演算子]のドロップダウンリストから「より小さい(<)」を選択し、[2番目のオペランド]に「3」と入力します。これにより、変数[LoopIndex]が3より小さい、つまり4回目未満（カウントは0から）の場合のみ、[If]ブロック内の処理が実行されることになります。[保存]をクリックします。

8.5.5.8.6 | テキストの結合

データテーブル[QueryResult]の値をテキスト型の変数に格納します。

13ステップ目の[If]ブロックの中に[テキスト]アクショングループ内の[テキストの結合]アクションを追加します。設定ダイアログが表示されたら、[結合するリストを指定]に「%QueryResult[LoopIndex]%」と入力します。[QueryResult]はデータテーブルですから、「%QueryResult[LoopIndex]%」はデータの行を示します。

次に、[リスト項目を区切る区切り記号]のドロップダウンリストで[標準]を選択します。[標準の区切り記号]が表示されるのでデフォルトの[スペース]のままとします。[回数]はデフォルトの「1」のままとします。[生成された変数]は[JoinedText]のままにし、[保存]をクリックします。

8.5.5.8.7 | 行を追加する

14ステップ目の[テキストの結合]アクションで結合したテキストを、変数[GetData]に追加します。[テキストの結合]アクションの後に、[テキスト]アクショングループ内の[テキストに行を追加]アクションを追加します。設定ダイアログが表示されたら、「元のテキスト」に「%GetData%」を設定し、「追加するテキスト」には「%JoinedText%」を設定します。[生成された変数]を変数[GetData]に変更します。これにより、変数[GetData]にはデータテーブルのヘッダー項目と区切り文字列、データテーブルの値が格納された状態になります。この値部分が最大3件までループします。[保存]をクリックします。

8.5.5.8.8 | ループを抜ける

変数[LoopIndex]の値が「3」より大きくなった場合はループを抜けます。15ステップ目の[テキストに行を追加]アクションの後に、[条件]アクショングループ内の[Else]アクションを追加します。

[Else]ブロック内に、[ループ]アクショングループ内の[ループを抜ける]アクションを追加します。これにより、データテーブルの件数分ループする処理の途中でループを抜けることができます。

19ステップ目の［End］アクションの後に、［メッセージボックス］アクショングループ内の［メッセージを表示］アクションを追加します。

設定ダイアログが表示されたら、［メッセージボックスのタイトル］に「抽出されたデータ」と入力し（図8.26❶）、［表示するメッセージ］にリスト8.13のように入力します（図8.26❷）。

リスト8.13：［表示するメッセージ］に入力する値

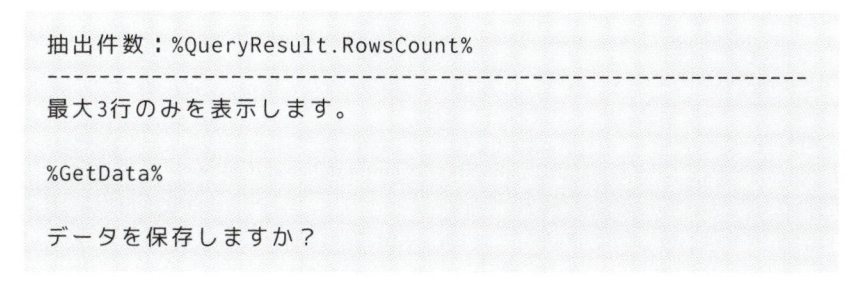

```
抽出件数：%QueryResult.RowsCount%
-------------------------------------------------------------
最大3行のみを表示します。

%GetData%

データを保存しますか？
```

［メッセージボックスボタン］のドロップダウンリストで［はい - いいえ］を選択し（図8.26❸）、［メッセージボックスを常に手前に表示する］を［有効］にします

図8.26：［メッセージを表示］アクションの設定

（図8.26❹）。他のプロパティはデフォルトのままで構いません。［生成された変数］に「ButtonPressed」が設定されていることを確認して（図8.26❺）、［保存］をクリックします（図8.26❻）。

　現在のフローを図8.27に示します。これで抽出したデータを表示させるフローが完成しました。フロー［データゲットボット］を保存してください。

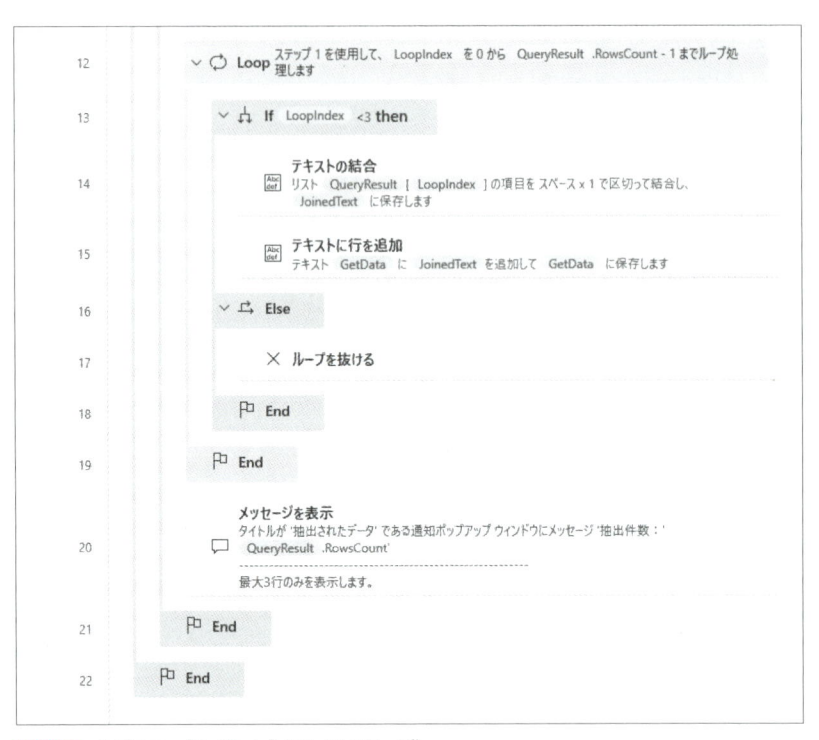

図8.27：サブフロー［GetData］（12~22ステップ）

8.5.5.9　抽出データのCSV保存処理

　20ステップ目のメッセージボックスが表示された際の「データを保存しますか？」という問いに対して、ユーザーが［はい］をクリックした場合は、データテーブル［QueryResult］の内容をCSVファイルに保存します。設計図は図8.3の❸❹を参照してください。

8.5.5.9.1 | データを保存するかどうかで分岐する

データを保存するかどうかで分岐するための制御を行います。20ステップ目の［メッセージを表示］アクションの後に、［条件］アクショングループ内の［If］アクションを追加します。設定ダイアログで、［最初のオペランド］に「%Button Pressed%」を設定し、［演算子］はデフォルトの［と等しい (=)］のままとします。［2番目のオペランド］に「Yes」と入力し、［保存］をクリックします。

8.5.5.9.2 | CSVファイルを保存するフォルダーの場所を選択させる

CSVファイルを保存するフォルダーの場所をユーザーが選択できるようにします。

21ステップ目の［If］ブロックの中に、［メッセージボックス］アクショングループ内の［フォルダーの選択ダイアログを表示］アクションを追加します。設定ダイアログが表示されたら、［ダイアログの説明］に「保存場所を選択してください。」と入力し、［初期フォルダー］に「%DocumentsPath%」を設定します。この設定により、CSVファイルのデフォルトの保存場所はドキュメントフォルダーとなります。［フォルダー選択ダイアログを常に手前に表示する］を［有効］にします。［生成された変数］が［SelectedFolder］と［ButtonPressed2］になっていることを確認し、［保存］をクリックします。

現在の設定を図8.28に示します。

図8.28：サブフロー［GetData］（20～23ステップ）

8.5.5.9.3 | ユーザーの操作により分岐する

これでCSVファイルを保存するフォルダーが選択されました。しかし、この段階で［Cancel］がクリックされる可能性もあります。「CSV保存しようと思ったけど、やっぱりやめた」というケースです。この場合は保存せず、［フォルダーの選択ダイ

ログを表示］アクションで［はい］がクリックされた場合のみ、CSV保存処理を
行います。

　22ステップ目の［フォルダーの選択ダイアログを表示］アクションの後に、［条
件］アクショングループの［If］アクションを追加します。設定ダイアログが表示
されたら、［最初のオペランド］に「%ButtonPressed2%」を設定します。［演算
子］はデフォルトの［と等しい (=)］のままとし、［2番目のオペランド］に「OK」
と入力して、［保存］をクリックします。

8.5.5.9.4 ｜ CSV保存処理を作成する

　CSV保存処理を作成します。CSVファイル名に現在の日付と時間を組み込みま
す。そのため、現在の日時を取得するアクションを追加します。

8.5.5.9.4.1　現在の日時を取得する

　23ステップ目の［If］ブロックの中に、［日時］アクショングループ内の［現在の
日時を取得］アクションを追加します。設定ダイアログが表示されたら、［取得］は
デフォルトの［現在の日時］のままとし、［タイムゾーン］もデフォルトの［システ
ムタイムゾーン］のままとします。［生成された変数］が［CurrentDateTime］に
なっていることを確認し、［保存］をクリックします。

8.5.5.9.4.2　取得した日時をテキストに変換する

　ここで取得した変数［CurrentDateTime］はDateTime型変数なので、ファイル
名に使用するためにテキスト値に変換します。24ステップ目の［現在の日時を取
得］アクションの後に、［テキスト］アクショングループ内の［datetimeをテキス
トに変換］アクションを追加します。設定ダイアログで［変換するdatetime］に
「%CurrentDateTime%」を設定します（図8.29❶）。［使用する形式］は［標準］
と［カスタム］が選択できます。［標準］を選択すると［標準形式］には図8.29❷
の形式が選択できます。

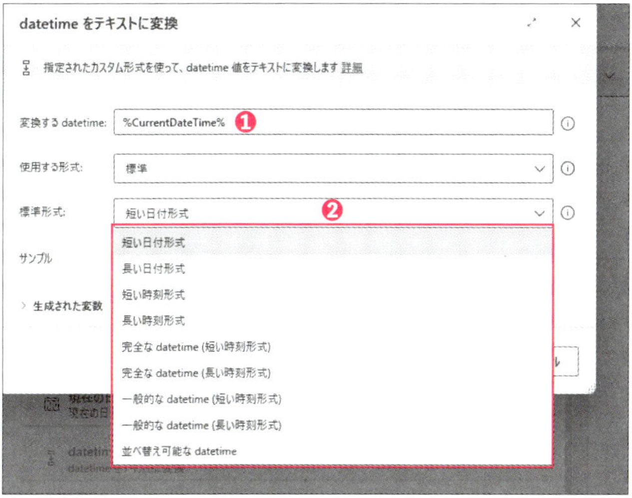

図8.29：［使用する形式］で［標準］を選択した場合の［標準形式］

CSVファイル名には「yyyyMMddHHmmss」形式のテキストを付加したいので、［標準］のどの形式にも当てはまりません。そのため、［カスタム］を選択し（**図8.30**❶）、入力可能になった［カスタム形式］に「yyyyMMddHHmmss」と入力してください（**図8.30**❷）。大文字と小文字は区別されるので注意して入力してください。［サンプル］に実際に表示される形式が出てくるので、そこで確認します（**図8.30**❸）。年月と時刻（時・分・秒）が表示されていればOKです。現在の正しい日時が表示されるわけではないので、少し戸惑いますね。本当に正しいかどうかはフローを実行して確認するしかありません。［生成された変数］が［FormattedDate

図8.30：［datetimeをテキストに変換］アクションの設定

Time］になっていることを確認して（図8.30❹）、［保存］をクリックします（図8.30❺）。

8.5.5.9.4.3　［CSVファイルに書き込む］アクションを追加する

　最後に、［CSVファイルに書き込む］アクションを追加します。25ステップ目の［datetimeをテキストに変換］アクションの後に、［ファイル］アクショングループ内の［CSVファイルに書き込む］アクションを追加します。設定ダイアログが表示されたら、［書き込む変数］に「%QueryResult%」を設定します（図8.31❶）。これはSQLステートメントを実行し、抽出したデータを格納したデータテーブルです。［ファイルパス］に「%SelectedFolder%\%FormattedDateTime%.csv」と設定します（図8.31❷）。［エンコード］はデフォルトの［UTF-8］のままとします（図8.31❸）。

図8.31：［CSVファイルに書き込む］アクションの設定―1

　［詳細］をクリックして、展開します（図8.32❶）。［列名を含めます］を［有効］にします（図8.32❷）。これでデータテーブル［QueryResult］の列名がCSVファイルに書き込まれます。他の設定はデフォルトのままとし、［保存］をクリックします（図8.32❸）。

図8.32：［CSVファイルに書き込む］アクションの設定─2

現在のフローは図8.33で確認してください。

図8.33：サブフロー［GetData］（21〜28ステップ）

8.5.6　データゲットボットとしての性格を与える

データゲットボットとしての性格を与えていきます。

8.5.6.1 チャットボット名の変更

チャットボット名を変更します。メインフローを選択して、4ステップ目の［変数の設定］アクションの設定ダイアログを開きます。［値］を「データゲットボット1号」に変更して、［保存］をクリックして変更を確定します。

8.5.6.2 初期メッセージの変更

変数［FirstMessage］も変更しましょう。5ステップ目の［変数の設定］アクションの設定ダイアログを開いて、［値］を「こんにちは。私はデータを抽出するボットです。どういったデータが欲しいか教えてください。」に変更します。［保存］をクリックして確定します。

8.5.6.3 役割の変更

データゲットボットの役割を詳しく記述しましょう。変数［Role］を変更します。6ステップ目の［変数の設定］アクションの設定ダイアログを開いて、［値］を**リスト8.14**の通りに変更します。サンプルプログラムの「Chapter8\ リスト8_14.txt」の内容をコピー＆ペーストすることを推奨します。ここでデータベース「crm.db」のテーブル構造をAIに教えます。これにより、AIはこのテーブル構造を理解し、適切なSQLステートメントを構成します。設定が完了したら、［保存］をクリックして確定します。フロー［データゲットボット］を保存します。

リスト8.14：［変数の設定］アクションの［値］に設定するテキスト

```
あなたは優秀なデータベースエンジニアです。
以下のように定義されたテーブルがあります。これらの定義に基づ➡
いてユーザーからの質問に適切に答えてください。

#定義データ：
-- 顧客テーブル:Customers
    列名:CustomerID,型:INTEGER
    列名:Name,型:TEXT
    列名:Email,型:TEXT
    列名:Address,型:TEXT
    列名:DateOfBirth,型:DATE

-- 商品テーブル:Products
    列名:ProductID,型:INTEGER
    列名:ProductName,型:TEXT
    列名:Price,型:REAL
    列名:Category,型:TEXT
```

```
-- 店舗テーブル:Stores
    列名:StoreID,型:INTEGER
    列名:StoreName,型:TEXT
    列名:Address,型:TEXT
    列名:SalesChannel,型:TEXT

-- 購入履歴テーブル:PurchaseHistory
    列名:PurchaseHistoryID,型:INTEGER
    列名:CustomerID,型:INTEGER
    列名:ProductID,型:INTEGER
    列名:StoreID,型:INTEGER
    列名:PurchaseDate,型:DATE
    列名:Quantity,型:INTEGER
    列名:TotalAmount,型:REAL
    FOREIGN KEY (CustomerID) REFERENCES Customers ➝
(CustomerID),
    FOREIGN KEY (ProductID) REFERENCES Products ➝
(ProductID),
    FOREIGN KEY (StoreID) REFERENCES Stores (StoreID)
```

8.5.7 | データゲットボットを実行する

8.5.7.1 | フローを実行する

データゲットボットの動作をテストしましょう。フローデザイナーの［実行］を クリックします。［データゲットボット1号］画面が表示され、初期メッセージとし て「bot: こんにちは。私はデータを抽出するボットです。どういったデータが欲し いか教えてください。」というメッセージが表示されます。これにより、共通チャッ トボット［CommonChatbot］に入力変数が適切に渡されていることが確認できま す。

8.5.7.2 | 欲しいデータをデータゲットボット1号に教える

取得したいデータをデータゲットボット1号に依頼します。プロンプトボックス に「売上累計の高い上位10人を抽出してください。」と入力してください。

いきなり難しそうな問題ですね。抽出できるでしょうか？ ［送信］をクリックし ます。しばらく待つと、図8.34のメッセージボックスが表示されます。

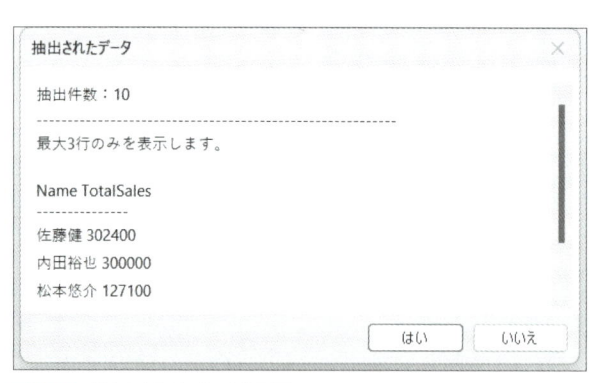

図8.34：［抽出されたデータ］画面

　いかがでしょうか？　依頼の内容から、AIが必要なSQLステートメントを作成
し、データベースからデータを取得した上で、上位3件だけを表示しています。
　「売上累計の高い上位10人を抽出してください。」という文章を解析して、SQL
ステートメントを自動作成するプログラムを作るとすると、高い技術力が必要であ
ることは想像できますね。その上、データ抽出して、画面に一部だけ表示するとい
う処理まで短時間で行うのですから、AIとPower Automate for desktopの組み
合わせが強力であることが実感できるでしょう。

8.5.7.3 ｜ 依頼を続ける

　データは保存せずに操作を続けます。［抽出されたデータ］画面で［いいえ］をク
リックすると、［データゲットボット1号］画面が再度表示されます。図8.35をご
覧ください。3件のデータが表示されていることが確認できますね。

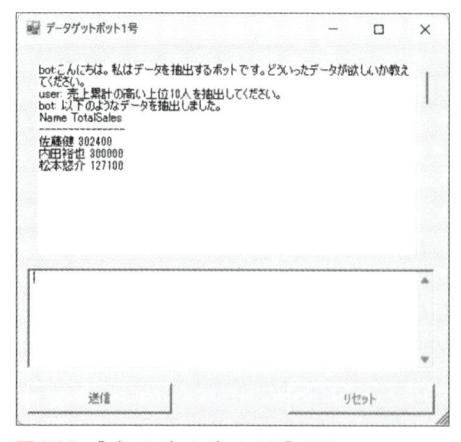

図8.35：［データゲットボット1号］画面

続けて依頼します。抽出されたデータに住所の情報も表示してもらいましょう。プロンプトボックスに「抽出データに住所も加えてください。」と入力します。

AIと会話が継続しているので、「先ほどのデータに加えて」などの文言を入力する必要はありません。［送信］をクリックし、しばらくすると図8.36のように住所の情報が付加されたデータが表示されます。

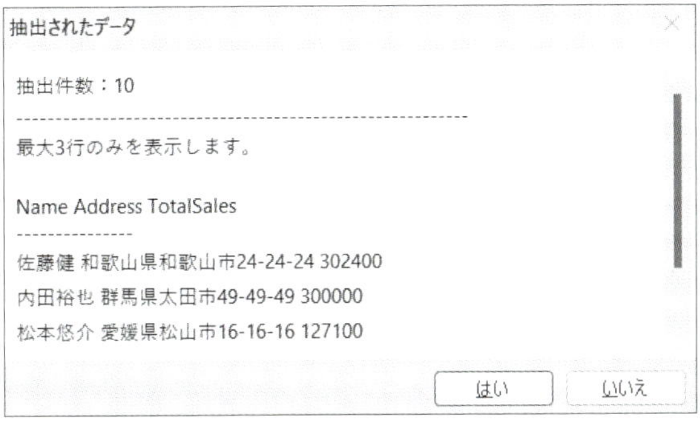

抽出されたデータ   ×

抽出件数：10

最大3行のみを表示します。

Name Address TotalSales

佐藤健 和歌山県和歌山市24-24-24 302400
内田裕也 群馬県太田市49-49-49 300000
松本悠介 愛媛県松山市16-16-16 127100

  はい   いいえ

図8.36：［抽出されたデータ］画面

会話によりデータが取得でき、取得内容も調整していけることが実感できますね。まるでコンピュータと日本語で会話ができているかのようです。

8.5.7.4 | データをCSVファイルに保存する

このデータをCSVファイルに保存しましょう。［抽出されたデータ］画面で［はい］をクリックします。図8.36の画面には表示されていませんが、テキスト表示部分をスクロールすると「データを保存しますか？」という問いが存在します。その問いに対する答えです。

［フォルダーの参照］画面が表示されます。ドキュメントフォルダー直下に保存しましょう。［フォルダーの参照］画面のフォルダー一覧で［ドキュメント］を選択した状態で、［OK］をクリックします。フローが続行され、［データゲットボット1号］画面が表示されるので、［×］ボタンをクリックしてフローを終了させます。

保存されたCSVファイルを確認してみましょう。ドキュメントフォルダーを開いて、更新日時の一番新しいCSVファイルを開きます。図8.37の通り、10件の顧客データが書き込まれていれば成功です。このCSVファイルは閉じてください。

	A	B	C
1	Name	Address	TotalSales
2	佐藤健	和歌山県和歌山市24-24-24	302400
3	内田裕也	群馬県太田市49-49-49	300000
4	松本悠介	愛媛県松山市16-16-16	127100
5	岡本一郎	栃木県宇都宮市36-36-36	113000
6	井上真紀	香川県高松市17-17-17	105000
7	松井翔子	群馬県前橋市35-35-35	90000
8	中田恵	山梨県甲府市34-34-34	89900
9	中村優子	岩手県盛岡市37-37-37	82100
10	小川誠	宮崎県宮崎市25-25-25	72900
11	吉田裕也	山形県山形市33-33-33	57200
12			

図8.37：保存されたCSVファイル

8.6 抽出データ表示画面を変更する

図8.36でわかる通り［抽出されたデータ］画面の抽出データ表示領域が狭く、メッセージ全体が見えないため、PowerShellで画面を開発します。

8.6.1 設計を行う

8.6.1.1 抽出データ表示画面の設計

図8.38のように画面設計を行います。［保存する］というボタンより画面の下側の幅が広く感じますが、実際に動作させると適切な表示になるように調整しています。

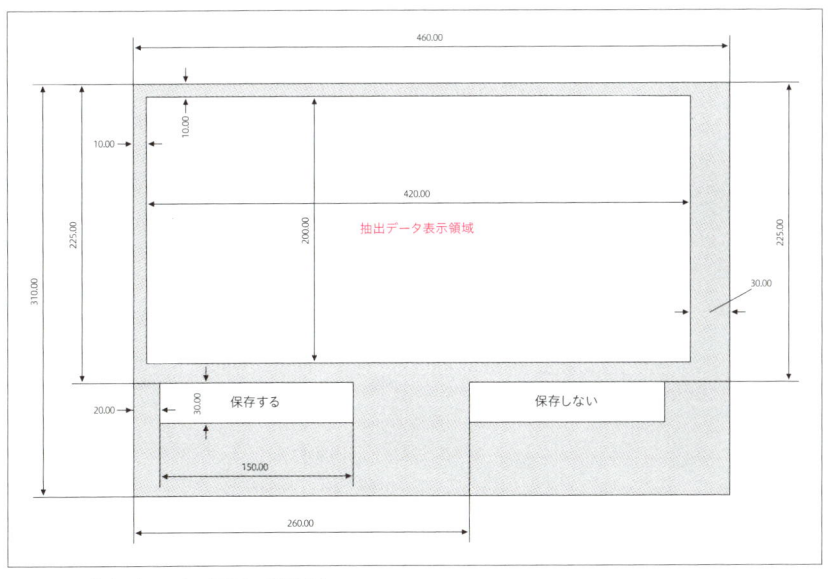

図8.38：抽出データ表示画面の設計図

［抽出データの保存］サブプロセスの設計の変更

　抽出データ表示画面の変更に伴って、［抽出データの保存］サブプロセスの設計を変更します（**図8.39**）。

　メッセージボックスで表示していた抽出データ表示画面をPowerShellで開発し（**図8.39❶**）、［保存する］ボタンをクリックした場合の戻り値は「save」とし、［保存しない］ボタンをクリックした場合の戻り値は「quit」とします。

　この戻り値を基に、その後の分岐の条件を変更します（**図8.39❷**）。

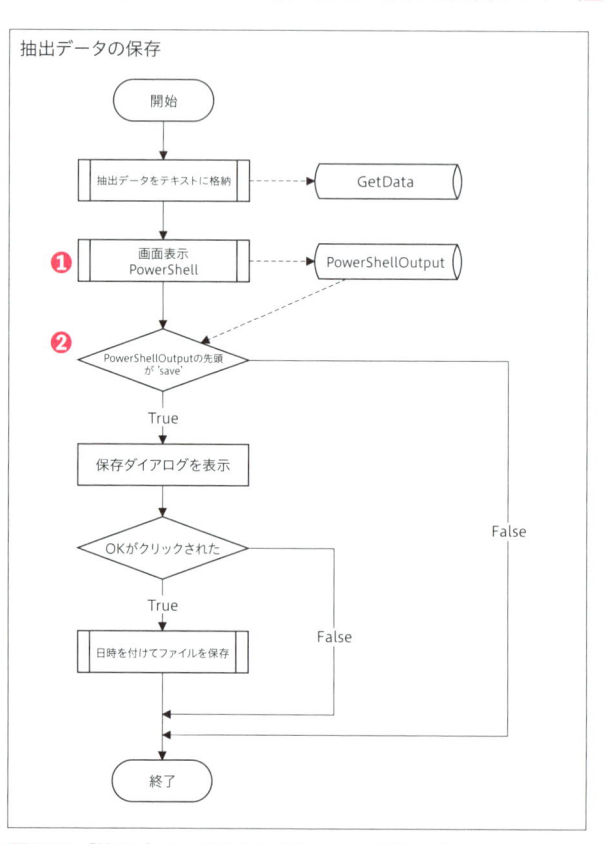

図8.39：［抽出データの保存］サブプロセスの設計の変更

実装する

　図8.38および**図8.39**の設計を基に、実装を行います。

8.6.2.1 表示用のテキストを変数に格納する

　抽出データ表示画面に表示するためのテキストを変数に格納することから始めます。サブフロー［GetData］を選択します。

　変数名は［DisplayText］とします。20ステップ目の［メッセージを表示］アクションの前に、［変数の設定］アクションを追加します。設定ダイアログが表示されたら、［変数］に「DisplayText」を設定します。［値］に**リスト8.15**のテキストを入力します。入力できたら、［保存］をクリックします。

リスト8.15：［変数の設定］アクションに設定する値

```
抽出件数：%QueryResult.RowsCount%
------------------------------------------------------------
最大3行のみを表示します。

%GetData%

データを保存しますか？
```

8.6.2.2 PowerShell の実行

　20ステップ目の［変数の設定］アクションの後に、［スクリプト］アクショングループ内の［PowerShellスクリプトの実行］アクションを追加します。設定ダイアログで、［実行するPowerShellコード］に**リスト8.16**のスクリプトを入力します。サンプルプログラムの「Chapter8\リスト8_16.txt」からコピー＆ペーストすることをお勧めします。［生成された変数］に［PowershellOutput］と表示されていることを確認し、［保存］をクリックします。

リスト8.16：PowerShellスクリプト

```
# Load assembly
Add-Type -AssemblyName System.Windows.Forms

# Create a custom TextBox control with IME mode set to ⇒
Hiragana
Add-Type -ReferencedAssemblies System.Windows.Forms ⇒
-TypeDefinition @"
using System.Windows.Forms;
public class TextBoxWithIme : TextBox {
    public TextBoxWithIme() : base() {
        this.ImeMode = ImeMode.Hiragana;
    }
```

```
    // Add a public property
    public string PublicProperty { get; set; }
}
"@

# Formの作成
$form = New-Object System.Windows.Forms.Form
$form.Text = "抽出されたデータ"
$form.Size = New-Object System.Drawing.Size(460,310)
$form.StartPosition = "CenterScreen"

# Panelの作成（スクロール機能付き）
$panel = New-Object System.Windows.Forms.Panel
$panel.Location = New-Object System.Drawing.Point(10,10)
$panel.Size = New-Object System.Drawing.Size(420,200)
$panel.AutoScroll = $true

# Labelの作成
$Label1 = New-Object System.Windows.Forms.Label
$Label1.Location = New-Object System.Drawing.Point(10,10)
$Label1.Size = New-Object System.Drawing.Size(380,1000)
$Label1.Text = "%DisplayText%"
$Label1.BackColor = "#FFFFFF"

# LabelをPanelに追加
$panel.Controls.Add($label1)

# PanelをFormに追加
$form.Controls.Add($panel)

# ［保存する］ボタンの作成
$buttonContinue = New-Object System.Windows.Forms.Button
$buttonContinue.Location = New-Object System.Drawing.➡
Point(20,225)
$buttonContinue.Size = New-Object System.Drawing.➡
Size(150,30)
$buttonContinue.Text = "保存する"
$buttonContinue.ForeColor = [System.Drawing.Color]::➡
Green # Set text color to Green
$buttonContinue.Add_Click({
    $form.Tag = "save"
    $form.DialogResult = [System.Windows.Forms.➡
DialogResult]::OK
```

```
    $form.Close()
})

$form.Controls.Add($buttonContinue)

# [ 保存しない ] ボタンの作成
$buttonQuit = New-Object System.Windows.Forms.Button
$buttonQuit.Location = New-Object System.Drawing.➡
Point(260,225)
$buttonQuit.Size = New-Object System.Drawing.Size(150,30)
$buttonQuit.Text = "保存しない"
$buttonQuit.ForeColor = [System.Drawing.Color]::Red ➡
# Set text color to red
$buttonQuit.Add_Click({
    $form.Tag = "quit"
    $form.DialogResult = [System.Windows.Forms.➡
DialogResult]::OK
    $form.Close()
})
$form.Controls.Add($buttonQuit)

# Set focus to textbox1 when form loads
$form.Add_Shown({
    $buttonContinue.Focus()
})

# Show form
$result = $form.ShowDialog()

# Check the result
if ($result -eq [System.Windows.Forms.DialogResult]::OK) {
    Write-Output $form.Tag
} else {
    Write-Output "quit"
}
```

8.6.2.3 保存条件の変更

　23ステップ目の［If］アクションを［PowerShellスクリプトの実行］アクションからの戻り値によって分岐するように変更します。

　23ステップ目の［If］アクションの設定ダイアログを開き、［最初のオペランド］

を「%PowershellOutput%」に変更します。［演算子］を［先頭］に変更し、［2番目のオペランド］を「save」に変更します。［保存］をクリックします。

8.6.2.4 元のメッセージを削除する

22ステップ目の［メッセージを表示］アクションを削除します。現在のフローは図8.40の通りです。フロー［データゲットボット］を保存してください。

図8.40：サブフロー［GetData］の20〜23ステップ目のフロー

8.6.2.5 実行して確認する

抽出データ表示画面の変更が完成したので、動作を確認しましょう。フローデザイナーの［実行］をクリックします。［データゲットボット1号］画面が開いたら、「8.5.7 データゲットボットを実行する」と同様に、「売上累計の高い上位10人を抽出してください。」と入力し、［送信］をクリックします。

しばらくすると、図8.41のように［抽出されたデータ］画面が表示されます。図8.34と比較して、テキストの表示領域が拡大され、すべてのテキストがスクロールせずに視認できるようになっています。また、ボタンの表示も直感的に理解できるようになりましたね。

このまま、データゲットボット1号と会話を続けましょう。［抽出されたデータ］画面の［保存しない］をクリックします。

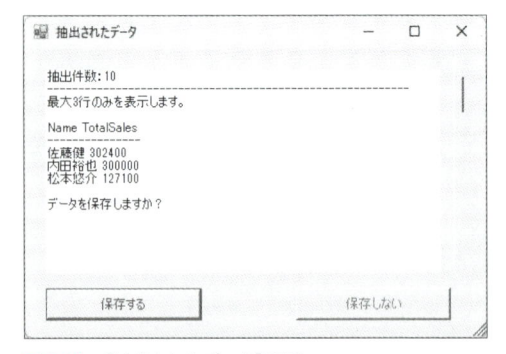

図8.41：［抽出されたデータ］画面

データゲットボットを色々と試す

　続けてデータゲットボット1号に依頼してみましょう。現在は売上累計の高い上位3人が表示されているので、1番目に表示されている佐藤さんの購入履歴を抽出してもらうよう依頼します。[データゲットボット1号]画面のプロンプトボックスに「売上累計1番の佐藤さんの購入履歴をすべて教えてください。」と入力し、[送信]をクリックします（図8.42）。

　データが抽出され、図8.43のように表示されます。この表示では、英語と数値ばかりで理解しにくいので、会話を重ねます。[保存しない]ボタンをクリックします。

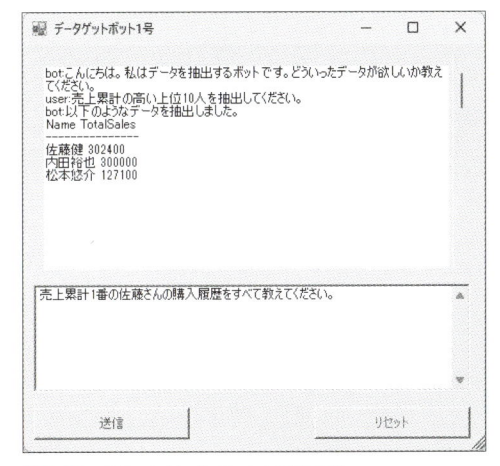

図8.42：[データゲットボット1号]画面

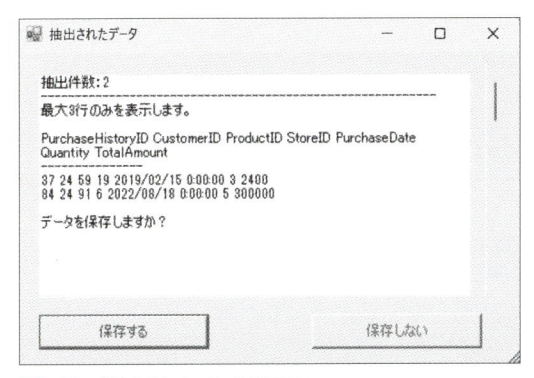

図8.43：[抽出されたデータ]画面

再び［データゲットボット1号］画面が表示されるので、プロンプトボックスに**リスト8.17**の依頼を入力して、［送信］をクリックします。この依頼文はサンプルプログラムの「Chapter8\リスト8_17.txt」からコピー＆ペーストすることをお勧めします。

リスト8.17：［データゲットボット1号］画面に入力する依頼文

> 顧客名と商品名も加えてください。PurchaseHistoryIDと⇒
> CustomerIDとProductIDはいりません。ヘッダーの項目は日本語に⇒
> 変換してください。

しばらく待つと、**図8.44**のように［抽出されたデータ］画面が表示されます。項目名が日本語に変更され、顧客名、商品名も追加されていることを確認します。必ずしも正しいSQLステートメントが生成される保証はないので、エラーが発生する場合もあります。エラーが発生した場合でも、もう一度同じ依頼文を送ることで成功することがあります。

動作が確認できたので、［保存しない］ボタンをクリックし、表示される［データゲットボット1号］画面の［×］ボタンでフローを終了させます。

自然言語だけで、色々な種類のデータを抽出できることが理解できましたね。納得のいくデータが抽出できるまで、会話を重ねて精度を高めることが、このチャットボットを使いこなすコツです。

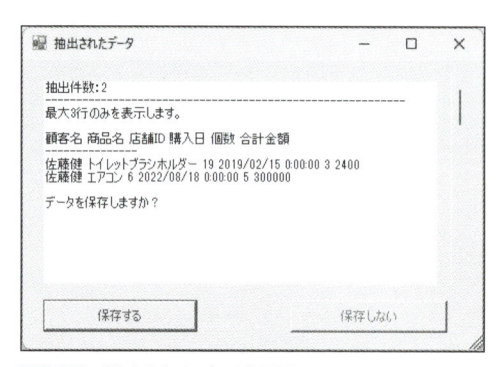

図8.44：［抽出されたデータ］画面

✎ **COLUMN** **サンプルフローを動作させる手順**

本書で提供している「サンプルプログラム\Chapter8」フォルダーにあるテキストファイルを使って復元することで、Chapter8のフローを動作させることができます。以下に復元の方法を解説しますので、手順に従って操作してください。

STEP 1 フロー［データゲットボット］を作成する

新しいフローを作成し、フロー名を「データゲットボット」とします。

STEP 2 サブフローを作成する

2つのサブフローを作成します。それぞれの名前を「GetData」と「SQLError Catch」とします。

STEP 3 テキストファイルから復元する

メインフローを選択します。ファイル「データゲットボット_Main.txt」をメモ帳で開いて、中身のテキストをすべてコピーして、メインフローに貼り付けます。エラーが表示されますが、無視して作業を続けます。

メインフローと同様に他のサブフローにも貼り付けます。この作業によりエラーは解消されます。それぞれに対応しているテキストファイルは**表8.5**の通りです。

表8.5：テキストファイル名とサブフローの関連

サブフロー	テキストファイル
GetData	データゲットボット_GetData.txt
SQLErrorCatch	データゲットボット_SQLErrorCatch.txt

STEP 4 ［Desktopフローを実行］アクションを再設定する

メインフローを選択し、13ステップ目の［Desktopフローを実行］アクションの設定ダイアログを開きます。「このDesktopフローは存在しません」というエラーが表示されますので、［Desktopフロー］のドロップダウンリストから［Common Chatbot］を再選択します。

「5.4.5 親フロー側に入出力変数を設定する」を参考に、［Desktopフローを実行］アクションを再設定します。作業が完了したら親フロー［チャットボット1号］を保存します。

STEP 5 サンプルファイルを配置する

「8.3 SQLiteをインストールする」の通りSQLiteとSQLite ODBC Driverをインストールして、動作するように設定します。動作が確認できたら、サンプルプログラムの「Chapter8」フォルダー内にある「crm.db」をコピーし、「ドキュメントフォルダー\PAD」に配置します。

STEP 6 フローを保存して実行する

完成したのでフロー［データゲットボット］を保存してください。これにより、フローが復元できたので、フローを実行して動作を確認してください。

COLUMN セキュリティの観点から考える

Chapter8では顧客データの抽出をサンプルとして使用しましたが、このままユーザーに公開することはセキュリティ上問題があります。簡単に顧客の氏名や住所などの個人情報が抽出できてしまうためです。実際に業務に組み込む場合、最低限以下のような対策が必要です。

・データベースへの接続文字列を非公開にする
・データベース側でアクセス権を設定する
・データベースに個人情報を格納しない
・Power Automateのプレミアム版を利用して、運用状況を監視する

実際に運用できるシステムとは差がありますので、本書のフローは、データゲットボットの動作原理や効果を理解するための入門として捉えてください。

また、本書で紹介しているすべてのチャットボットについても同様に、このフローのままユーザーに展開することはできません。共通チャットボットにOpenAI APIキーを設定しているためです。

Power Automateのプレミアム版を利用することで、「フローの実行のみ」の権限を与えて共有できますが、「フローのコピー」が可能なため厳密な管理はできません。OpenAI APIキーを公開せずにフローを共有するには、機密情報を保管するサービスを利用することが最も現実的です。

本書は「無償版のPower Automate for Desktopを使って、チャットボットを作成することで、Power Automate for DesktopとAIの可能性を知り、Power Automate for Desktopの開発技術を向上させる」ことを目的としています。本格的なチャットボットの開発と展開は次のステップと捉えてください。

Chapter9

ChatGPTと Power Automate for desktopの拡張と進化

本Chapterでは、目覚ましい進化を続ける生成AI、特にChatGPTについて考察すると共に、Power Automate for Desktopと生成AIの連携する未来についても考えてみます。また、ChatGPTとPower Automate for Desktopの最新のアップデートについても確認しておきましょう。

9.1 ChatGPTのポジティブな視点と懸念点

ChatGPTの登場は、AIの進歩を世の中に知らしめ、世間で様々な議論を呼んでいます。このセクションでは、ChatGPTに対するポジティブな評価と懸念点を紹介します。

9.1.1 ポジティブな視点

最も注目される点は「生産性の向上」です。ChatGPTは文書作成、プログラミングのコード生成、メールの草案作成など、様々なことができます。本書でも解説したように、VBScriptやSQLステートメントを生成することができました。また、本書で使用しているPowerShellのスクリプトの記述も、実はChatGPTに手伝ってもらいました。このように、ITエンジニアの生産性は明らかに向上します。

ITエンジニアでなくても、顧客対応の補助、文書作成、マーケティング活動への応用など、幅広い活動に活用できるでしょう。また、情報へのアクセスも向上しました。調べたいことに対して、ダイレクトに答えが返ってきます。題材によっては検索エンジンを使うより手軽に答えを得ることができます。検索上位から順番にサイトを見て回ったり、広告を避けたりする手間がなくなるからです。

さらに、簡単に理解できない情報や概念についても、かみ砕いて説明してもらったり、質問を重ねて話を深掘りしたりすることで、より深く理解することが可能になりました。

9.1.2 懸念点

「誤った情報を出力することがある」という点は大きな懸念です。ChatGPTに限らず生成AIは「確かな情報」を提供するわけではなく、学習した内容の中から文章のつながりを基に次のテキストを生成する仕組みです。このため、まったく事実とは違う情報を作り出してしまうことがあります。この問題は「ハルシネーション」と呼ばれています。正確な情報を得るためには、提供された情報の検証が必要です。

また、生成AIがイラストレーションや音楽などを生成する際、既存の作品に類似した内容を生み出すことがあります。これは、著作権や知的財産権の侵害につながる懸念があり、すでにSNS上では大きな論争になっています。

「プライバシーとセキュリティ」の点も懸念されています。ユーザーからの質問やデータがプライバシー侵害のリスクにさらされる可能性があり、個人情報の扱いやデータの保護に関する懸念を引き起こします。

「ポジティブな視点」の中で「情報へのアクセスも向上しました」と述べましたが、同時に将来的には問題を抱えています。多くの人が情報収集に生成AIを利用するようになると、現在無料で情報を公開しているWebサイトへのアクセスは減ることは間違いないでしょう。そうすると、このようなWebサイトは情報を無料で公開することが難しくなり、AIの学習対象も必然的に減少します。インターネットのユーザーにとっても、情報収集コストが上昇することが想定されます。

ChatGPTに限らず生成AIのポジティブな側面と懸念点のバランスを考えて、その利用を最大限に活用しつつ、潜在的なリスクを最小限に抑えることがとても重要ですね。

> ✏️ **COLUMN** **IT助けて君1号（その1）**
>
> 本書では3つのボットを作成しました。もう1つ、情報システム部門の方々に役立つアイデアをご紹介します。
> 情報システム部の仕事の中で一番多いのは何でしょう？
> 筆者はサラリーマン時代に情報システム部で働いていましたし、独立してからも何社かに聞いたことがありますが、おそらく「問い合わせ対応」が一番多いのではないかと思います。
> これは情報システム部に限らず、人事部や経理部でも同様で、問い合わせ対応にかかる時間はかなり大きいと思います。これを少しでも削減できれば、大きな効果が期待できます。
> そこで、本書で開発したチャットボットを応用して「ITヘルプボット」を開発してみてはいかがでしょうか。名付けて「IT助けて君1号」です。
> 「IT助けて君1号」の役割は、「情報システム部門の代わりにITの問い合わせに答える」ことです。
>
> ⇒COLUMN：IT助けて君1号（その2）に続きます

9.2

ChatGPTの
最新のアップデート

ChatGPTの進化速度はとても速く、本書を執筆している間にもどんどんと変化してきています。有償版のChatGPT Plusに関することが多いですが、いくつか紹介します。

9.2.1　GPT-4 Turboの登場

　2023年11月に、GPT-4のアップグレード版である「GPT-4 Turbo」が発表されました。GPT-4 Turboは、GPT-4モデルよりも性能が向上しており、128,000トークンのコンテキストに対応でき、より長いプロンプトの入力を処理できます。学習データには2023年4月までの情報が含まれます。また、GPT-4に比べて入力トークンが3倍安く、出力トークンが2倍安いことが特徴です。

- 参考：GPT-4 Turbo and GPT-4
URL　https://platform.openai.com/docs/models/gpt-4-turbo-and-gpt-4

- 参考：GPT-4 Turbo in the OpenAI API
URL　https://help.openai.com/en/articles/8555510-gpt-4-turbo-in-the-openai-api

9.2.2　GPT-4oの登場

　2024年5月にOpenAIは「GPT-4o」を発表しました。GPT-4-Turboと同等の能力を持ちながら、テキスト生成が2倍速く、APIの利用コストは半分です。特にその高速性が大きな話題を呼んでいます。ほぼ、人と自然に会話できるレベルです。

- 参考：GPT-4o
URL　https://platform.openai.com/docs/models/gpt-4o

　さらに、2024年7月にOpenAIは「GPT-4o-mini」を発表しました。「GPT-4o」の小型モデルで、専門的な知識に関する対応は「GPT-4o」より弱いものの一般的な会話に対応するには十分な知能を持っています。「3.2.2 OpenAI APIの利用料金」で解説した通り、APIの利用料金が他のモデルに比べて格段に安いことが特徴です。

9.2.3 GPTsとGPT Store

　OpenAIは、「GPTs」という新しいサービスを導入しました。これはユーザーがChatGPTをカスタマイズし、オリジナルのチャットボットを作成できるようにするものです。また、GPTsを集約する「GPT Store」も稼働しており、クリエイターが作成したGPTsを他のユーザーと共有できるようになります。将来的には収益化も開始される予定です。

- 参照：Introducing GPTs
URL https://openai.com/index/introducing-gpts

- 参照：Introducing the GPT Store
URL https://openai.com/index/introducing-the-gpt-store

9.2.4 Assistants API

　開発者向けの新機能として、「Assistants API」が発表されました。開発者が自身のアプリケーション内でAIアシスタントを構築できるようにするものです。本書で使用した「Chat Completions API」では、会話履歴を独自に保存しましたが、「Assistants API」はスレッド形式で会話を保存できます。また、「Assistants API」はアップロードしたファイルを参照し情報を抽出する「File Search」、コードを生成して実行する「Code Interpreter」、本書でも解説した「Function Calling」という3つのツールを利用することができます。このようにAIアシスタントを開発するために必要な機能を最初から備えているAPIと言えるでしょう。

- 参照：Assistants API Overview（Beta）
URL https://platform.openai.com/docs/assistants/overview/agents

　ChatGPTは、より高度で精度の高いモデルの開発の方向に進んでいます。またGPTsやAssistants APIの登場でわかるように、実践的な利用にカスタマイズでき、応用範囲が拡大しています。

9.3 Power Automate for desktop の最新のアップデート

Power Automate for desktopは毎月アップデートされます。新しいアクションが追加されたり、バグが修正されたりします。その中でも大きな変化がありそうなアップデートを2つ挙げます。

9.3.1 Copilotとの統合

Chapter6のコラムでも紹介したように、Windowsに搭載している「Copilot in Windows」の新機能「Power Automate via Copilot in Windows」を発表しました。この新機能はWindowsに組み込まれているCopilotがPower Automate for desktopを用いてWindowsデスクトップ上で作業を実行するものです。

この機能のリリースに先立ち、2023年11月に「Copilot in Power Automate（デスクトップ用 Power Automate の Copilot 生成型回答機能）」がリリースされました。

コンソールまたはフローデザイナーの画面右上にあるCopilotアイコンをクリックするとCopilotペインが表示されます（図9.1❶）。提案のプロンプトをクリックするか（図9.1❷）、「デスクトップ用Power Automateに関して質問する」ボックスに質問を入力することで、回答を得ることができます（図9.1❸）。

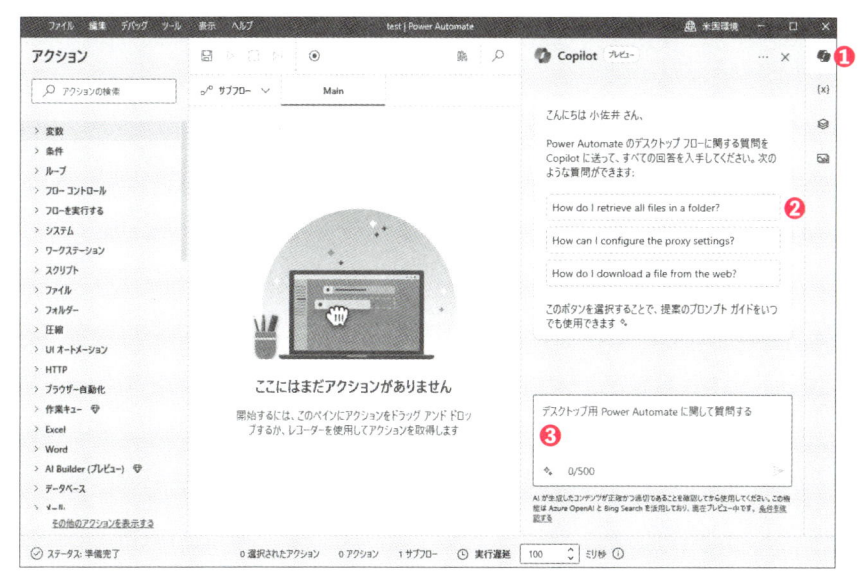

図9.1：デスクトップ用 Power Automate の Copilot 生成型回答機能

　2024年9月現在、このサービスはまだプレビュー版です。Power Platformの環境は米国に限定されており、職場または学校のアカウントでサインインする必要があります。Copilot は英語に最適化されているため、日本語での質問にはエラーが発生したり、不正確な回答が返ってきたりする可能性があります。したがって、現時点では日本語での十分な活用は難しいでしょう。しかし、AIとの統合は確実に進んでおり、今後の進化が期待されます。

• デスクトップ用 Power Automate の Copilot（プレビュー）
URL https://learn.microsoft.com/ja-jp/power-automate/desktop-flows/copilot-in-power-automate-for-desktop

9.3.2　Power Fxの登場

　2023年12月のバージョンアップから、Power Fx（プレビュー版）が使えるようになりました。

• Microsoft Power Fx overview
URL https://learn.microsoft.com/en-us/power-platform/power-fx/overview

フロー作成時に［Power Fxが有効（プレビュー）］を［有効］にすることで使用
できます（図9.2）。

図9.2：［Power Fxが有効（プレビュー）］を［有効］にする

Power Fxは、Microsoft Power Platform 全体で使用されるローコード言語で、
Excelで使用する関数と同じようなイメージです。実際に共通する関数が多数ある
ので、日常的にExcel関数を使用している場合は理解しやすいでしょう。

実際の使用例としては、図9.3の［メッセージを表示］アクションの設定ダイア
ログをご覧ください。［表示するメッセージ］に「=If(Len(UserInput) >= 5, "5文字
以上", "5文字未満")」と入力されています。変数［UserInput］にユーザーが入力
ダイアログで入力したテキストが格納されている場合、このテキストの文字数が5
以上か5未満かを判定して、表示を変えるという式になります。

Power Fxを使用しない場合、この動作を実現するには［If］アクションと［Else］
アクションを組み合わせる必要があります。かなりのアクション数を削減できてい
ますね。

図9.3：［メッセージを表示］アクションの設定にPower Fxを使用

　Power Fxを活用することで、より少ないステップで複雑な自動化に対応できるようになりそうです。プレビュー版から正式版になることに期待しましょう。

9.4 生成AIとPower Automate for desktopの連携の未来像

　最後に生成AIとPower Automate for desktopが連携する未来像を考察してみましょう。ユーザーがプロンプトを通じて作業を指示すると、AIが必要なサービスやツールを自動的に選択し、実行手順を計画し、実行するという未来像が見えてきます。

　Chapter6の「COLUMN：Copilot in Windowsとの比較」で紹介した「Power Automate via Copilot in Windows」は、その形の1つです。また、先に紹介した「Assistants API」も「File Search」、「Code Interpreter」、「Function Calling」という3つのツールを自動で選択するAIアシスタントです。

　この流れが進んでいくと、多くのユーザーは自然言語でAIに質問や指示を行うだけで、何を行うかはAIが判断し、AIの指示によりクラウド上のサービスやPower Automate for desktopが実行され、再びAIがユーザーに回答や結果報告を行うでしょう。ユーザーはAIと会話しているだけで、裏でどのような仕組みになっているのかを意識せず、「すべてAIが行ってくれている」という認識になるのではないでしょうか。RPA、クラウドサービス、業務アプリケーションがAIの中に溶けていく未来が想像できます。

　この感覚は、本書を参考にして実際にチャットボットを開発したら理解できるでしょう。たとえば、アシスタントボット1号は会話するだけで、営業担当者を検索して表示したり、メールを送信したりしました。データゲットボットは依頼するだけでデータ抽出を行いました。裏でプログラムが動作していることを知らなかったら、あたかもAIが作業を行っていると思うでしょう。

　さらに進んで、AIに指示しなくても日常的に行っているパソコン作業のログを基にして、AIが自動的にボットを作成し実行するようになるでしょう。

　このような未来に向かう中で、ITエンジニアは必要なくなるのでしょうか？　答えは「No」です。ITエンジニアの重要性はますます大きくなるでしょう。AIと実作

業をつなぐ最終調整の仕事が非常に重要になると考えられるからです。筆者は「AI」と「RPAを含む自動化サービス」を組み合わせた概念を「AIR（エアー）」と名付けています。これは、裏の自動化がAIR（空気）のように当たり前で意識せずに実行されるAIという意味を含めています。そして、このAIRを社内に取り込み、いち早く体制を整えた企業が伸びていくと想像しています。そのときに重要なのは、土台を支えるITエンジニアです。

✏️ **COLUMN** IT助けて君1号（その2）

たとえば、ユーザーが入力画面から「インターネットにつながりにくい状態が続いています。どうすればいいですか？」と質問すると答えてくれます（**図9.4**）。

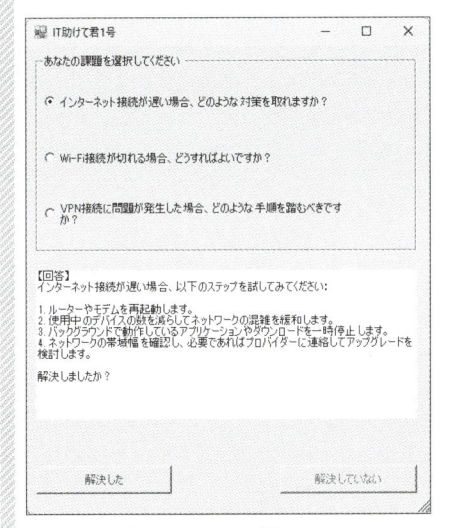

図9.4：IT助けて君1号の回答画面

解決しなかった場合は、質問を続けるか、問い合わせメールを送るかが選択できます。問い合わせメールを選択すると、これまでの会話を情報システム部宛に自動送信する仕組みです。

このボットのおかげで問い合わせの数はある程度減るでしょう。さらに、このような会話をデータベースに蓄積しておけば、後で分析して「IT助けて君1号」の回答精度を上げたり、質問が減るように業務改善することも可能です。この分析にChatGPTを使うこともできそうですね。

「IT助けて君1号」が「使える」となったら、本格的に開発してもいいでしょう。その際、1ヶ月の使用回数から問い合わせ対応の時間削減効果を算出し、費用対効果を見積もることで、どれくらいの開発費をかけてよいかもわかるでしょう。参考にしてみてください。

　今後AIを有効に利用するためには、基本的なロジックの理解が重要だと考えています。そのため、制御フラグ、フローの共通化、入出力変数の受け渡しなど、古典的な手法の解説と開発手順に多くのページを割きました。また、設計図に基づいた開発手順も他の書籍にはないオリジナルの内容です。

　最近では、RPAツールからプログラミングを始める市民開発者が増えており、特にPower Automate for desktopの登場により、その裾野は広がっています。著者はPower Automate for desktopのサポートを多くのユーザーに提供していますが、テクニックよりも基本的なロジックの理解が不足していると感じています。Webの操作やPDFからのデータ抽出、Excelの高度な操作を希望するユーザーの気持ちは理解できますが、まずは基本的なプログラミング知識の強化が必要です。本書を活用し、この点を強化してもらいたいと考えています。

　本書で開発できるAIチャットボットアプリをそのまま業務に導入することは難しいでしょう。セキュリティ対策や運用管理の考慮も必要です。本書はあくまで入門書であり、このアイデアを実用に結びつけるのは次のステップとなります。

　本書をほぼそのまま利用するアイデアとして、以下の3つがあります。

1 教育用
　本書の内容はプログラミング初級者には難しいため、中級レベルに引き上げるための教本として活用できます。

2 情報システム部内での使用
　ITリテラシーが高く、セキュリティを厳しく管理する必要がない環境であれば、実行結果を享受する目的で使用できます。

3 デモアプリとしての使用
　「AIを使って業務改善案を出してほしい」「AIを使って顧客サービスを作ってほしい」と依頼されたとき、知識がなければAIを得意とするIT企業に依頼することになりますが、本書の知識があればデモアプリを通じて、操作性やAIからの応答を確認し、ユーザーによるテストを内製化できます。これにより、やりたいことを整理し、

本格開発を依頼する際の費用を大幅に削減することが可能です。

　ともかく、自分の手を動かし、仕組みを理解し、問題点を把握することが大事です。まずは自分の手を動かして業務自動化アプリを作ってみましょう。

2024年9月
株式会社完全自動化研究所 小佐井 宏之

株式会社完全自動化研究所
（かぶしきがいしゃかんぜんじどうかけんきゅうじょ）
小佐井 宏之（こさい・ひろゆき）

福岡県出身。京都工芸繊維大学同大学院修士課程修了。まだPCが珍しかった中学の頃、プログラミングを独習。みんなが自由で豊かに暮らす未来を確信していた。あれから30年。逆に多くの人がPCに時間を奪われている現状はナンセンスだと感じる。業務完全自動化の恩恵を多くの人に届け、無意味なPC作業から解放し日本を元気にしたい。株式会社完全自動化研究所代表取締役社長。

ホームページ：　URL　https://marukentokyo.jp/
Xアカウント：@hiroyuki_kosai

装丁・本文デザイン	大下 賢一郎
装丁イラスト	iStock.com/supakritpumpy
DTP	株式会社シンクス
検証協力	村上 俊一
校正協力	佐藤 弘文

Power Automate for desktop×ChatGPT 業務自動化開発入門
RPAとAIによる自動化&効率化テクニック

2024年11月13日　初版第1刷発行

著　者	株式会社完全自動化研究所（かぶしきがいしゃかんぜんじどうかけんきゅうじょ） 小佐井 宏之（こさい・ひろゆき）
発行人	佐々木 幹夫
発行所	株式会社翔泳社（https://www.shoeisha.co.jp）
印刷・製本	株式会社ワコー

ISBN 978-4-7981-8431-9　Printed in Japan